职业技术·职业资格培训教材

化学分析工

HUAXUE FENXIGONG

三级 第2版

主　编　张永清

编　者　张永清　翁宇静　李　敏　陈兴利
　　　　范学超　张卫群

主　审　盛晓东

中国劳动社会保障出版社

图书在版编目(CIP)数据

化学分析工:三级/人力资源和社会保障部教材办公室等组织编写. —2版. —北京:中国劳动社会保障出版社,2014

1+X职业技术·职业资格培训教材

ISBN 978-7-5167-1538-3

Ⅰ.①化… Ⅱ.①人… Ⅲ.①化学分析-职业培训-教材 Ⅳ.①065

中国版本图书馆CIP数据核字(2014)第289325号

中国劳动社会保障出版社出版发行

(北京市惠新东街1号 邮政编码:100029)

*

三河市华骏印务包装有限公司印刷装订 新华书店经销
787毫米×1092毫米 16开本 20.5印张 370千字
2015年1月第2版 2015年1月第1次印刷
定价:48.00元

读者服务部电话:(010)64929211/64921644/84643933
发行部电话:(010)64961894
出版社网址:http://www.class.com.cn

版权专有 侵权必究

如有印装差错,请与本社联系调换:(010)80497374
我社将与版权执法机关配合,大力打击盗印、销售和使用盗版图书活动,敬请广大读者协助举报,经查实将给予举报者重奖。
举报电话:(010)64954652

内 容 简 介

本教材由人力资源和社会保障部教材办公室、中国就业培训技术指导中心上海分中心、上海市职业技能鉴定中心依据上海1+X化学分析工（三级）职业技能鉴定考核细目组织编写。教材从强化培养操作技能，掌握实用技术的角度出发，较好地体现了当前最新的实用知识与操作技术，对于提高从业人员基本素质，掌握高级化学分析工的核心知识与技能有很好的帮助和指导作用。

本教材在编写中根据本职业的工作特点，以能力培养为根本出发点，采用模块化的编写方式。全书内容共分为6章，主要内容包括有机分析、非水滴定法、光谱分析法、色谱分析法、电化学分析法及相关知识。每一章着重介绍相关专业理论知识与专业操作技能，使理论与实践得到有机的结合。

为方便读者掌握所学知识与技能，每章后附有本章测试题及答案，全书最后附有知识考核模拟试卷和技能考核模拟试卷，供巩固、检验学习效果时参考使用。

本教材可作为化学分析工（三级）职业技能培训与鉴定教材，也可供全国中、高等职业院校相关专业师生，以及相关从业人员参加职业培训、岗位培训、就业培训使用。

改 版 说 明

《1+X 职业技术·职业资格培训教材——化学分析工（高级）》自 2007 年出版以来深受从业人员的欢迎，经过多次重印，在化学分析工（三级）职业资格鉴定、职业技能培训和岗位培训中发挥了很大的作用。

随着我国科技进步、产业结构调整、市场经济的不断发展，新的国家和行业标准的相继颁布和实施，对三级化学分析工的职业技能提出了新的要求。为此，人力资源和社会保障部教材办公室、中国就业培训技术指导中心上海分中心、上海市职业技能鉴定中心联合组织了有关方面的专家和技术人员，按照新的三级化学分析工职业技能鉴定目录对教材进行了改版，使其更适应社会发展和行业需要，更好地为从业人员和社会广大读者服务。

为保持本套教材的延续性，顾及原有读者的层次，本次修订围绕化学分析工三级应知应会培训大纲和职业标准要求，根据教学和技能培训的实践以及化学分析工三级鉴定细目表，在原教材基础上进行了修改。新版教材在结构安排上作了调整，对旧标准、鉴定细目表和相关的技术内容进行了修订。在光谱分析法中新增了概述和原子吸收分光光度法二节，并重新作了编排；在色谱分析法中新增了样品前处理一节；在各仪器分析方法章节中增加了部分仪器维护保养知识、操作注意事项及仪器一般故障和排除方法。同时，随着仪器分析定性蓬勃发展，删去了目前较少用到的化学方法进行元素定性测定的内容。知识考核模拟试卷和操作技能训练题根据新题库作了适当调整，使教材内容更广，更具有实用性。教材编写内容涵盖教学实训和化工分析实践的重点、难点，对化学分析工操作技能的学习和鉴定更具有针对性。

本教材第 1 章由翁宇静编写，第 2 章由李敏编写，第 3 章由张卫群、陈兴利、张永清编写，第 4 章由张卫群、范学超、陈兴利编写，第 5 章由陈兴利、张永清编写，第 6 章由张永清编写，全书由主编统稿。在编写过程中得到有关组织和领导的支持与指导。在此，对给予帮助和支持的单位和个人表示衷心的感谢。

因编者水平和时间所限，教材中恐有不足甚至错误之处，欢迎读者及同行批评指正。

编　者

前　言

职业培训制度的积极推进，尤其是职业资格证书制度的推行，为广大劳动者系统地学习相关职业的知识和技能，提高就业能力、工作能力和职业转换能力提供了可能，同时也为企业选择适应生产需要的合格劳动者提供了依据。

随着我国科学技术的飞速发展和产业结构的不断调整，各种新兴职业应运而生，传统职业中也越来越多、越来越快地融进了各种新知识、新技术和新工艺。因此，加快培养合格的、适应现代化建设要求的高技能人才就显得尤为迫切。近年来，上海市在加快高技能人才建设方面进行了有益的探索，积累了丰富而宝贵的经验。为优化人力资源结构，加快高技能人才队伍建设，上海市人力资源和社会保障局在提升职业标准、完善技能鉴定方面做了积极的探索和尝试，推出了1＋X培训与鉴定模式。1＋X中的1代表国家职业标准，X是为适应经济发展的需要，对职业的部分知识和技能要求进行的扩充和更新。随着经济发展和技术进步，X将不断被赋予新的内涵，不断得到深化和提升。

上海市1＋X培训与鉴定模式，得到了国家人力资源和社会保障部的支持和肯定。为配合1＋X培训与鉴定的需要，人力资源和社会保障部教材办公室、中国就业培训技术指导中心上海分中心、上海市职业技能鉴定中心联合组织有关方面的专家、技术人员共同编写了职业技术·职业资格培训系列教材。

职业技术·职业资格培训教材严格按照1＋X鉴定考核细目进行编写，教材内容充分反映了当前从事职业活动所需要的核心知识与技能，较好地体现了适用性、先进性与前瞻性。聘请编写1＋X鉴定考核细目的专家，以及相关行业的专家参与教材的编审工作，保证了教材内容的科学性及与鉴定考核细目以及题库的紧密衔接。

职业技术·职业资格培训教材突出了适应职业技能培训的特色，使读者通过学习与培训，不仅有助于通过鉴定考核，而且能够有针对性地进行系统学习，真正掌握本职业的核心技术与操作技能，从而实现从懂得了什么到会做什么的飞跃。

职业技术·职业资格培训教材立足于国家职业标准，也可为全国其他省市开展新职业、新技术职业培训和鉴定考核，以及高技能人才培养提供借鉴或参考。

新教材的编写是一项探索性工作，由于时间紧迫，不足之处在所难免，欢迎各使用单位及个人对教材提出宝贵意见和建议，以便教材修订时补充更正。

人力资源和社会保障部教材办公室
中国就业培训技术指导中心上海分中心
上海市职业技能鉴定中心

目 录

第1章 有机分析
- 第1节 概述 ……………………………………………………… 2
- 第2节 有机物的鉴定 …………………………………………… 5
- 第3节 有机元素定量分析 ……………………………………… 24
- 第4节 有机物官能团定量分析 ………………………………… 36
- 第5节 操作技能训练 …………………………………………… 73
- 本章测试题 ……………………………………………………… 77
- 本章测试题答案 ………………………………………………… 80

第2章 非水滴定法
- 第1节 非水溶液酸碱滴定 ……………………………………… 84
- 第2节 非水溶液氧化还原滴定 ………………………………… 90
- 第3节 操作技能训练 …………………………………………… 94
- 本章测试题 ……………………………………………………… 96
- 本章测试题答案 ………………………………………………… 97

第3章 光谱分析法
- 第1节 概述 ……………………………………………………… 100
- 第2节 发射光谱分析法 ………………………………………… 105
- 第3节 紫外-可见分光光度法 ………………………………… 119
- 第4节 原子吸收分光光度法 …………………………………… 130
- 第5节 红外分光光度法 ………………………………………… 147
- 第6节 操作技能训练 …………………………………………… 156
- 本章测试题 ……………………………………………………… 159
- 本章测试题答案 ………………………………………………… 164

第 4 章　色谱分析法

第 1 节　色谱分析法的样品前处理 …………………………………… 168
第 2 节　样品前处理的原则与方法 …………………………………… 169
第 3 节　固相萃取 ……………………………………………………… 172
第 4 节　微萃取技术 …………………………………………………… 182
第 5 节　气相色谱 ……………………………………………………… 188
第 6 节　液相色谱 ……………………………………………………… 199
第 7 节　操作技能训练 ………………………………………………… 219
本章测试题 ……………………………………………………………… 223
本章测试题答案 ………………………………………………………… 226

第 5 章　电化学分析法

第 1 节　电位滴定法 …………………………………………………… 230
第 2 节　库仑分析法 …………………………………………………… 235
第 3 节　伏安分析法 …………………………………………………… 248
第 4 节　操作技能训练 ………………………………………………… 261
本章测试题 ……………………………………………………………… 264
本章测试题答案 ………………………………………………………… 269

第 6 章　相关知识

第 1 节　检验报告 ……………………………………………………… 272
第 2 节　实验结束工作 ………………………………………………… 275
第 3 节　分析实验室规章制度 ………………………………………… 279
第 4 节　分析实验室"三废"处理 …………………………………… 281
本章测试题 ……………………………………………………………… 286
本章测试题答案 ………………………………………………………… 287

目 录

知识考核模拟试卷（一） …………………………………………… 289
知识考核模拟试卷（二） …………………………………………… 295
知识考核模拟试卷（一）答案 ……………………………………… 302
知识考核模拟试卷（二）答案 ……………………………………… 303
技能考核模拟试卷（一） …………………………………………… 304
技能考核模拟试卷（二） …………………………………………… 307

第 1 章

有机分析

第 1 节　概述　　　　　　　　　　　/2
第 2 节　有机物的鉴定　　　　　　　/5
第 3 节　有机元素定量分析　　　　　/24
第 4 节　有机物官能团定量分析　　　/36
第 5 节　操作技能训练　　　　　　　/73

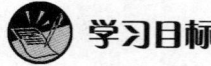 **学习目标**

1. 了解有机分析的特点和化学鉴定法的一般步骤。
2. 了解应用化学分析方法对有机化合物中元素进行定性和定量的方法及基本原理。
3. 了解应用化学分析方法对有机化合物及其官能团进行定性和定量的方法及基本原理。
4. 掌握钠熔法进行有机化合物中元素的定性方法。
5. 掌握有机化合物中羟基化合物的定量分析及其计算方法。

有机分析的对象是有机化合物，它是研究有机化合物分离、鉴定和测定的一门科学，是人类认识有机物质世界的重要手段之一，是分析化学的一个重要分支。有机化合物的分析和无机化合物的分析一样有物理分析方法和化学分析方法，物理分析方法是利用物质的物理和物理化学性质进行分析，化学分析方法是利用物质的化学性质，通过化学反应对物质进行分析。本章主要讨论有机化合物的化学分析方法。

第 1 节 概 述

一、有机分析的特点

有机化合物与无机化合物在分子结构和理化性质上有很多本质的差异，所以，在分析有机化合物时必须考虑有机物的特殊性及以下的特点和要求。

1. 有机物的溶解性及溶剂的选择

（1）有机物的溶解性。无机物一般是极性较强的离子型化合物，大多数可溶于水或经适当处理后可制成水溶液，因此无机物分析一般在水溶液中进行。但有机物绝大多数是极性不强或非极性的共价化合物，大多数有机物难溶于水。而且有机物的分子结构又极复杂，相互之间差异很大，因此有机物在各种溶剂中的溶解性也各不相同，只有少数相对分子质量较小的离子型的或极性较强的有机物可溶于水，大多数有机物都只溶于有机溶剂。

（2）溶剂的选择。有机物一般难溶于水，易溶于非极性的有机溶剂；但不同的有机物对溶剂的要求也不一样。因此，有机物分析时要依据有机物的性质选择适当的溶剂。选择的溶剂最好既能溶解试样又能溶解试剂，还要不影响分析结果。另外，由于水分对有机物分析常有干扰,所以如果所用的溶剂中含有水分时,使用前要进行提纯,以除去水分。

2. 分子反应和反应速度

有机化合物特点之一是有机物之间的反应多数是分子间的反应,反应进行时要破坏原来的分子,再形成新的分子,所以反应速度慢,反应比较复杂、副反应较多,特别是有些反应是可逆的不能进行到底,最后达到一个动态平衡。而这些特点是不符合化学分析法对化学反应的要求的。因此在进行有机分析时要创造一定的反应条件,加快反应速度、抑制副反应并使反应完全。在有机分析时一定要严格遵守操作规程,满足这些反应的条件。

3. 官能团的特殊性和分子的整体性

官能团是有机分子中具有特殊性质的原子或原子团。有机分析常利用官能团的特性反应来进行,但官能团是分子中的一个部分,它的性质一定会受到分子中其他部分或多或少的影响,所以同一官能团在不同的分子中其特性反应的活性会有所不同。因此,有机分析中同样的官能团在不同分子中可能要采用不同的分析方法。另一方面,某一官能团与试剂的特性反应,在另一些不含该官能团的有机物也可能和试剂发生类似的反应,即一种试剂一般不是某官能团的特效试剂。所以,有机物分析要依据试样的性质及干扰选择合适的分析方法,才能得到正确的分析结果。

二、有机分析的一般步骤

有机物的试样可分为两类:其一,试样的组成及各种组分在试样中的大致含量是已知的(通常是生产或科研中的原料、半成品或成品),分析的目的只是根据需要控制的项目,按照各类规定标准,选择适当的分析方法进行分析检测;其二,试样的组分是未知的,而这种未知试样还可分两种情况。一种是试样中含什么物质虽不知道,但这些物质不是新物质,它们的分子结构和性质都是已知的,文献上可查到的。分析的目的是要确定试样中含有哪些组分,这些组分在试样中的含量是多少;另一种试样是一种"完全新"的物质,人们对这类物质的结构和性质还不了解,分析的目的是要确定这类物质的分子组成、结构。

有机分析的方法主要有化学鉴定法和仪器鉴定法。本章主要介绍有机分析的化学鉴定法。

化学鉴定法的一般步骤是针对试样组分是未知的分析步骤,其中包括:

步骤1 初步实验 观察试样的物态、颜色、气味、酸碱性等。

步骤2 灼烧实验 将试样逐渐加热升温,进行灼烧。观察试样在整个加热过程中的变化;观察火焰的颜色;观察试样灼烧后有无残渣及残渣的性质。

步骤3 物理常数的测定 物质都有一些特征的物理性质,如熔点、沸点、密度、折光率、比旋光度、黏度等的特性常数,将试样的测定值与文献值对比,对试样物质进行鉴定。

步骤 4　元素定性分析　有机物中的碳、氢、氧元素一般不进行定性鉴定，主要鉴定有机物中的氮、硫、卤素等元素，若灼烧实验时有残渣需再做金属元素的鉴定。

步骤 5　分组实验　根据有机物在几种试剂中的溶解行为，或对某些酸碱指示剂的颜色变化来判别试样应属于哪一类物质，缩小未知试样的推断范围。

步骤 6　官能团的检验　根据以上实验的结果，分析判断试样可能有哪些官能团，然后选择合适的方法，对试样进行这些官能团的鉴定，更进一步确定试样可能是哪一类物质。

步骤 7　查阅文献　鉴定至此，未知物的可能性已经限于某一类，可根据前面的鉴定，如熔点、沸点等性质，在手册中可查到具有这样性质的物质，可能是哪几种化合物或哪一种化合物，然后再进行验证。

步骤 8　衍生物的制备　文献中查到的化合物一般有好几种，试样究竟是其中哪一种还要通过实验来确定。通过化学反应，将被鉴定的化合物制备成另一种化合物（称为该化合物的衍生物），通过反应后生成物的性质，再来判别试样是文献中查到的几种化合物中的哪一种。

如果试样不是完全新的化合物，则到此为止，已可确定试样是何种物质。至于试样的纯度一般可进行官能团定量分析来确定。

以上步骤仅应用于纯化合物的鉴定，如果是混合物，应首先进行分离提纯。

当遇到一个全新的化合物时，要确定其结构一般还要进行下列分析步骤。

步骤 9　元素定量分析及相对分子质量的测定　通过元素定量分析，得到被鉴定的化合物中各种元素的百分含量，可得到被鉴定化合物的实验式；通过测定被鉴定化合物的相对分子质量，可得到被鉴定化合物的化学式。

步骤 10　官能团定量分析　测定某官能团在分子中的含量，可确定一个分子中含有几个某种官能团，以便推测未知样是哪个化合物。然而仅靠化学分析法要推测有机化合物的结构是较为困难的，现代分析中一般还通过仪器分析，如红外光谱、X 光衍射分析等来测定化合物的结构。

三、有机分析的基本计算

有机物分析的计算与无机物分析计算基本相同，与物质的量有关的计算都采用以摩尔为单位，标准溶液的浓度也以摩尔浓度为单位。

第2节 有机物的鉴定

一、初步实验

1. 物态审察

有机化合物的物态与结构及组成有一定联系，如链烃随相对分子质量的增加，物态由气态到液态再到固态。但有些有机物，纯净时是固态，而含有少量溶剂、杂质或吸收了水分，可能呈半固态或液态。此外，还应观察它是晶形还是无定形，如果是晶体，应注意试样是由一种还是由几种晶体组成以及这些晶体的形状，这样可对试样有一个初步的了解。

2. 颜色审察

由于大多数有机化合物是无色的，因此如果试样是有色的，那么试样的分子中则含有某些特殊的基团（例如：硝基、亚硝基、偶氮基、氧化偶氮基、醌基、羰基、多元共轭烯等，常称这类基团为生色基团）。一般有机化合物如有色，那么该化合物可能含有某个生色基团。但在做出某些预测时，必须注意到：某些有机物本身是无色的，而只是因为其中含有一些有色微量杂质便显示出颜色；或化合物本身不稳定，放置在空气中被氧化后显示的颜色，如苯酚本身无色，但在空气中被氧化后会出现淡红色。

3. 气味审察

有机化合物常有独特的气味（见表1—1），熟悉这些气味对于识别它们很有帮助。有许多有机化合物的气味是很相似的，也有些有机物是具有明显的特征的气味，如酯类有香味，硫醇、吡啶有恶臭等。在嗅有机物气味时一定要注意：不要面对化合物猛吸，小心中毒。

表1—1　　　　　　　　　　**具有特征气味的有机物**

气味	化合物
刺激气味	酰氯、氯化苄、α—氯乙酸等
苦杏仁味	硝基苯
果香味	低级酯类、苯甲醛、苄腈等
蒜臭味	乙硫醚、大蒜素
恶臭味	硫醇、硫酚、异腈等
腐腥味	胺类

4. 酸碱性与水分

有机化合物的酸碱性一般都较弱。溶于水的可用 pH 试纸检验其水溶液的酸碱性；不溶于水的可用酸及碱来检验。此外，还需检验试样中是否含有水分，水分对有机物的分析常有干扰。

5. 灼烧实验

灼烧实验是取少量有机物进行加热灼烧，观察其在逐渐升温的过程中的现象。有机物在加热过程中是升华，还是熔化，还是没有熔化就分解了。如果熔化，应观察熔化过程；如果分解，应注意有无气体放出；最后观察有机物在燃烧过程中的现象，如火焰的颜色（见表1—2）、有无气味及燃烧后有无残渣。要对燃烧后的产物，如灼烧过程中挥发出来的物质及残渣进行鉴别（见表1—3）。要注意灼烧时有机物可能放出有毒气体，小心中毒；也可能发生爆炸，要加强防护。

表 1—2　　　　　　　　　有机物在燃烧时火焰颜色

化合物种类	颜色特征
芳香族及卤代化合物	黄色火焰，有黑烟
低级饱和脂肪烃	略带黄色火焰，或几乎无色
含氧化合物	几乎无色或淡蓝色火焰
多元卤代化合物	不接触火焰时化合物不燃烧，直接接触火焰产生带烟火焰

表 1—3　　　　　　　　　有机物灼烧残渣

盐类	残渣中的金属离子	残渣的成分
羧酸盐	碱金属及碱土金属离子	碳酸盐及氧化物
酚盐	Al、Si 及其他三、四价离子	氧化物
磺酸盐	碱金属、碱土金属及其他二价离子	硫酸盐

二、物理常数的测定及作用

物理常数是指物质的沸点、熔点、密度、折射率、比旋光度等表示物质的物理性质的常数。根据这些数据可以判别样品可能是哪些物质，有的特性常数还可用来测定样品中被测物质的含量，因"物理常数的测定"部分已在《化学分析工（四级）》（第2版）中介绍，此处不再赘述。

三、元素定性分析

有机化合物的元素定性分析是鉴定试样中含有哪些元素。在一般情况下，经过初步灼烧实验确定样品是有机物以后，就不再需要鉴定其中是否含有 C 和 H，因为这两种元素在一般有机物中会存在的。此外，化合物中所含的氧元素一般没有很好的鉴定方法，而是通过下一步溶解度实验及官能团鉴定反应来确定它是否存在。所以，有机化合物的元素定性分析是鉴定试样中除碳、氢、氧以外的元素，如氮、硫、卤素、磷等非金属元素和金属元素。元素定性分析对未知样的鉴定有重要的作用，如果元素定性分析在试样中没有鉴定出其他的元素，则试样可能是烃类或含氧化合物；如果检测到只含卤素，试样可能是卤代烃或卤代含氧化合物如酰卤等；如果鉴定出只含有氮时，可能是胺类、硝基化合物、腈类等。根据元素定性分析及后面要讲的溶解度分组实验就可初步确定未知物可能是什么类型的化合物。

有机物元素定性分析的方法：先将有机物试样分解，使元素转变成相应的无机离子后，再通过无机离子定性分析的方法来确定有机物中所含的元素。常用的分解试样方法有钠熔法和氧瓶燃烧法。本节主要介绍钠熔法，氧瓶燃烧法将在元素定量分析中加以讨论。

1. 钠熔法

在小试管中加入少量已吸干煤油，并去除氧化层的金属钠，加热后再加入少量试样和钠混合熔融，反应结束后，趁热将试管放入盛有蒸馏水的小烧杯中，试管在小烧杯中爆裂，烧杯中的水溶解试管中的熔融物。溶液应是无色的，如溶液有色应重做。在反应中有机物中的卤素、氮、硫转变成相应的卤化钠、氰化钠和硫化钠。如果试样中含有氮和硫，在钠量较少时也可能生成硫氰化钠。反应如下：

$$\text{有机物（C、H、O、N、S、X 等）} \xrightarrow[\text{熔融}]{Na} \text{NaCN、NaS（NaSCN）、NaX、NaOH 等}$$

大多数有机化合物均可用钠熔法来进行元素定性分析。但对沸点低或易挥发的有机物，在钠熔时尚未分解即呈气体逸出，常得到负性结果。

用钠溶法鉴定氮时，某些含氮化合物（如脂肪族偶氮化合物、芳香族重氮化合物和氢化偶氮化合物）中的氮元素不形成 NaCN，而转变成 N_2 或 NH_3 逸出，这类化合物可用氧瓶燃烧法分解试样。钠溶法分解样品时还应注意：有些有机物（如硝基烷、重氮化物等）遇到热的钠蒸气会发生爆炸，应特别注意安全，做好防护措施。

2. 硫的鉴定

（1）醋酸铅法。将钠熔法所得溶液（常称为钠溶液）用稀 HAc 酸化，再加入 Pb（Ac）$_2$ 得棕色至黑色沉淀，表明有硫存在。反应如下：

$$Na_2S + Pb(Ac)_2 \xrightarrow{\text{稀 HAc}} 2NaAc + PbS\downarrow \text{（黑色）}$$

在鉴定极少量的硫时，可将酸化后的溶液加热，产生的 H_2S 能使被 Pb（Ac）$_2$ 溶液润湿的试纸变黑，表示试样中有硫。

(2) 亚硝基铁氰化钠法。在钠溶液中加入新配制的 $Na_2[Fe(CN)_5NO]$ 溶液，如有紫色或深蓝色出现，表示有硫存在。反应如下：

$$Na_2S + Na_2[Fe(CN)_5NO] \longrightarrow Na_4[Fe(CN)_5NOS]（紫色或深蓝）$$

反应很灵敏，但在酸性条件下上述反应不能发生。

3. 氮的鉴定

(1) 普鲁士蓝法。将钠溶液调节到 pH 约为 13，加入 $FeSO_4$ 和 KF 溶液，加热煮沸 30 s，在热溶液中用稀 H_2SO_4 酸化，生成蓝色沉淀物，表示有氮。反应如下：

$$6NaCN + FeSO_4 \xrightarrow{\triangle} Na_4[Fe(CN)_6] + Na_2SO_4$$

$$3Na_4[Fe(CN)_6] + 2Fe_2(SO_4)_3 \xrightarrow{\text{稀 } H_2SO_4} Fe_4[Fe(CN)_6]_3 \downarrow（蓝色）+ 6Na_2SO_4$$

(2) 醋酸铜—联苯胺法。钠溶液用稀 HAc 酸化后加入新配制的醋酸铜—联苯胺溶液，有蓝色环或蓝色沉淀生成表示有氮存在，反应如下：

$$2Cu(Ac)_2 + 2H_2N\text{-}\bigcirc\text{-}\bigcirc\text{-}NH_2 \rightleftharpoons [\text{联苯胺蓝}] + Cu_2(Ac)_2 + 2HAc$$

联苯胺蓝

如无 CN^- 存在，上述平衡体系中只有微量联苯胺蓝生成，观察不到蓝色，但如有 CN^- 存在，则 CN^- 和 $Cu_2(Ac)_2$ 反应，反应如下：

$$Cu_2(Ac)_2 + 4HCN \longrightarrow H_2Cu_2(CN)_4 + 2HAc$$

反应结果，使 $Cu_2(Ac)_2$ 浓度下降，平衡向右移动，联苯胺蓝浓度增大，出现明显蓝色，本实验较普鲁士蓝法有更高的灵敏度。

4. 硫和氮共存时的鉴定

硫和氮共存时，如钠熔法的钠量不足，则硫和氮会与碳生成 CNS^-，而 CNS^- 离子可用 Fe^{3+} 鉴定。方法是：钠溶液用稀 HCl 酸化，加入 $FeCl_3$ 溶液，出现红色，表示有 CNS^- 存在。反应如下：

$$3NaCNS + FeCl_3 \longrightarrow 3NaCl + Fe(CNS)_3（血红色）$$

如果在鉴定硫和氮时都得到正性结果，就不必做此实验。相反，在上述两个实验中都呈负反应时，则应做本实验。

5. 氯、溴、碘的鉴定

(1) 氯离子的鉴定。采用 $AgNO_3$ 法，Cl^-、Br^-、I^- 离子在硝酸银溶液中可生成 AgCl 白色、AgBr 浅黄和 AgI 黄色沉淀，但 AgF 溶于水，所以不能用此法鉴定。

将 AgCl、AgBr、AgI 沉淀的混合物加入饱和 $(NH_4)_2CO_3$ 溶液，$(NH_4)_2CO_3$ 水解

出来的 NH_3 和 AgCl 反应,生成 $Ag(NH_3)_2^+$ 配离子而溶解,AgBr、AgI 不溶。反应如下:

$$NH_4^+ + H_2O \rightleftharpoons NH_3 + H_3O^+$$

$$AgCl + 2NH_3 \rightleftharpoons Ag(NH_3)_2^+ + Cl^-$$

取出溶液用硝酸酸化,如有白色沉淀出现,表示有 Cl 存在。

$$Ag(NH_3)_2^+ + Cl^- + 2H^+ \longrightarrow AgCl\downarrow (白色) + 2NH_4^+$$

CN^- 和 S^{2-} 会干扰本实验,应先除去。方法是:将溶液以稀 HNO_3 酸化,在通风橱中煮沸数分钟,使生成的 HCN 和 H_2S 逸出。

(2) 溴和碘的鉴定。取钠溶液调节成酸性,加入 CCl_4,再逐滴加入氯水,如 CCl_4 层出现紫红色,表示有碘。反应如下:

$$Cl_2 + 2I^- \longrightarrow 2Cl^- + I_2 (紫红色)$$

继续滴加氯水,如紫红色褪去,CCl_4 层呈棕色或黄色,表示有溴。反应如下:

$$Cl_2 + 2Br^- \longrightarrow 2Cl^- + Br_2 (棕色)$$

$$5Cl_2 + I_2 + 6H_2O \longrightarrow 10HCl + 2HIO_3 (无色)$$

如果只有碘,氯水过量后,CCl_4 层紫红色褪去后呈无色;如果只有溴,则 CCl_4 层不出现紫红色,直接出现棕色或黄色。

6. 氟的鉴定

在酸性条件下,F^- 与红紫色的锆茜素发生配位反应,生成更稳定的六氟化锆配位阴离子,溶液由红色转变为原来茜素的黄色,表示有 F^-。反应式如下:

锆茜素 红紫色   茜素 黄色

现在还可用氟离子选择电极来检测氟离子。

四、溶解度分组实验

有机化合物种类繁多,为了便于进行鉴定,常进行有机物在某些试剂中溶解性实验,从而获得一些未知物的结构、组成及特性方面的信息,缩小鉴定范围。溶解度分组法是根据有机物在某些极性、非极性、酸性或碱性溶剂中的溶解行为进行分组。通过分组实验可了解试样极性的情况和试样的酸碱性,从而可了解试样中存在的主要官能团的情况。

1. 分组系统

常用的分组系统是根据有机物在水、乙醚、5%盐酸、5%的氢氧化钠、5%的碳酸氢钠和浓硫酸 6 种溶剂中的溶解行为，将有机物分成 8 个组，分组程序如图 1—1 所示。

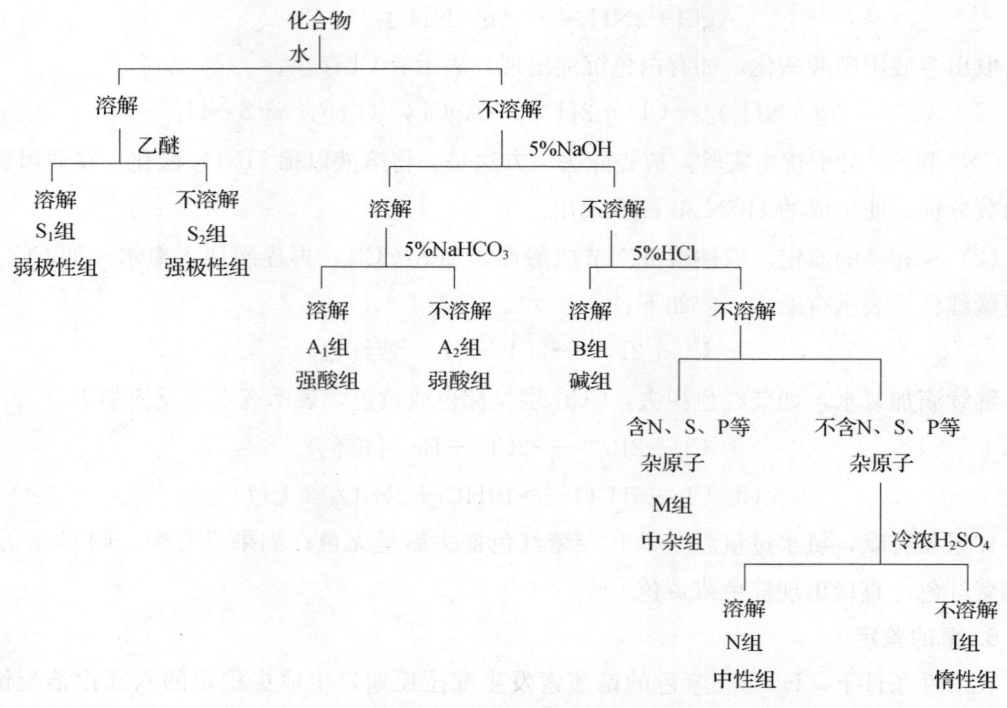

图 1—1 有机化合物分组顺序图

2. 溶解度实验的步骤

在 1 mL 溶剂中能溶解 30 mg 溶质的称为可溶。若溶质和溶剂发生作用，则不论沉淀是否消失，溶质和溶剂是否形成均匀的溶液，一律认为是溶解。实验应按图 1—1 的顺序进行，不可前后颠倒。如样品的组别在前面的实验中已确定，就不再进行在其他溶剂中的实验，含氮的化合物除外。所有实验都在室温下进行，不加热，以防样品挥发或形成过饱和溶液。

（1）在水中的溶解性。水是一种强极性溶剂，取 30 mg 试样加入到 1 mL 水中，并振荡 2 min，仔细观察。如果溶液澄清，表示试样溶于水。溶于水的试样应测试溶液的酸碱性。不溶于水的试样，不再做在乙醚中的溶解实验，但要观察试样的密度大小与水进行比较。

（2）在乙醚中的溶解性。乙醚是一种极性很弱的溶剂，大多数有机物都能溶于乙醚。

因此，单独用乙醚进行分组实验是没有意义的。可溶于水的试样表示试样是极性的，再实验其在乙醚中的溶解度，判别其极性强弱。不溶于乙醚表示该物质是强极性的，溶于乙醚则表示该物质的极性较弱。操作方法和在水中的实验相同，只是用乙醚代替水作溶剂。

在水中和乙醚中都可溶的试样为 S_1 组（弱极性组）试样，为弱极性物质。只溶于水不溶于乙醚的试样属 S_2 组（强极性组），为强极性物质。

（3）在 5%NaOH 溶液中的溶解性。取不溶于水的试样，用同样的方法，以 5%NaOH 溶液代替水溶剂，观察试样是否溶解。若溶液浑浊，则应取出清液，用盐酸中和清液至酸性；若有沉淀析出，表示试样中含有部分可溶于 5%NaOH 溶液的物质。又如试样中含有氮，且溶于 5%NaOH 溶液，则试样还应实验其在 5%HCl 中的溶解性，以判别试样是否两性物质，如氨基酸。

（4）在 5%$NaHCO_3$ 溶液中的溶解性。只有溶于 5%NaOH 溶液的试样才需进行 5%$NaHCO_3$ 溶液的溶解实验。能溶于 5%$NaHCO_3$ 溶液的试样，说明该试样酸性比碳酸强，属 A_1 组（强酸组）；不能溶于 5%$NaHCO_3$ 溶液的试样，则说明该试样是酸性比碳酸还要弱的有机酸，属 A_2 组（弱酸组）。

（5）在 5%HCl 溶液中的溶解性。用以上同样的方法将试样加入到 5%的 HCl 溶液中，若可溶，表示有机物具有碱性，为 B 组（碱组）。有些极弱的有机碱分子中虽有氮元素，但在 5%HCl 溶液中不溶，这种物质划入 M 组（中杂组）。如果定性分析化合物中不含氮，则 5%的 HCl 溶液溶解实验可不做。

（6）做完 5%的 HCl 溶液溶解实验后，以下的实验要参考元素定性分析的结果。若化合物中含 N、S、P 等杂质原子，且在上述溶剂中均不溶，把这类物质划为 M 组；若不含 N、S、P 等杂质原子，在上述溶剂中均不溶，则还需进行在冷的浓硫酸中的溶解性实验。

（7）在冷的浓硫酸中的溶解性。用与以上实验相同的方法，用冷的浓硫酸作溶剂，将试样加入到浓硫酸中，可溶的为 N 组（中性组），不溶的为 I 组（惰性组）。

最后注意因物质溶与不溶的标准是人为划分的，必然有些物质的溶解性正好处于标准左右，介于溶于不溶之间，称这类物质为临界物质。遇到这种情况应准确称量试样，仔细观察再作结论。如乙酸乙酯的溶解性介于 S_1 组与 N 组之间，有时也称它为 S_1－N 组化合物。

3. 物质的溶解性与分子结构的关系

物质的性质是由物质的组成与结构决定的。结构对物质的性质有很大的影响，某些组成相同的物质因结构不同性质各异。例如分子中碳原子数相同的醇和醚、羧酸和酯，它们分子的组成相同，但性质相差很远。也有某些组成完全不同的化合物因结构相似，它们之间会有许多相似的性质。物质的溶解性是物质的特性之一，它与物质的组成与结构也有一定的联系。

(1) 物质在水中的溶解性。水是一种强极性化合物，能作为一种强极性溶剂。它可以提供质子，也可接受质子，具有很强的形成氢键的能力。据相似相溶的原则，水是极性化合物的优良的溶剂，含有氧或氮的官能团一般会使分子有极性，因此含有这类官能团的低相对分子质量有机物能溶于水。分子中这类官能团数量增多，极性增强，水溶性增大。分子中碳原子数增多，分子的极性减弱，水溶性减小。一般分子中碳原子数在 5 个以下，并具有一个极性官能团的有机物能溶于水。另外有机物碳链的结构对溶解性也有影响，分子中碳原子数相同，而支链增多，可使分子间引力减小，溶解性增大。

氢键对有机物的水溶性的影响比分子的极性更大，如硝基苯的极性比苯胺、苯酚的极性大，但在水中的溶解性小于苯胺、苯酚，原因是苯胺、苯酚能与水形成氢键。此外这类能与水形成氢键的官能团，与水分子形成氢键的能力也受分子中其余部分的影响，水溶性也发生变化。形成氢键能力增大，水溶性增大，反之减小。另外还有一些具有 2 个极性官能团的分子，本身如形成了分子内或分子间的氢键，会影响其与水分子形成氢键的能力。例如，对苯二酚、邻羟基苯甲醛的水溶性都小于苯酚，因为这两种化合物会形成分子间氢键或分子内氢键，影响其和水形成氢键的能力使其水溶性减小。

(2) 物质在乙醚中的溶解性。大多数有机物可溶于乙醚，但对溶于水的极性物质，则只有极性较弱的有机物可溶于乙醚。而一些离子型的或极性较强的有机物在乙醚中难溶，如有机盐类、糖类。

如果化合物溶于水及醚，它可能是非离子型的化合物，或具有能接受氢而形成氢键的官能团，因为醚中的氧原子能接受氢形成氢键。所以醚的水溶性比相同碳原子数的醇的水溶性差。一般分子中碳原子数在 5 个以下，强极性官能团不超过 1 个，这类化合物为 S_1 组。若化合物溶于水，不溶于乙醚，它可能是离子型化合物，或是具有 2 个及 2 个以上的强极性官能团的分子。分子中极性官能团与碳原子数之比不小于 1∶4 的这类化合物为 S_2 组。

(3) 在 5%NaOH 和 5%NaHCO$_3$ 溶液中的溶解性。电离常数 $K_a > 10^{-12}$ 的酸都能溶于 5%NaOH 溶液，然后再用 5%NaHCO$_3$ 溶液来划分有机酸的强弱。碳酸的 $K_{a1} \approx 4 \times 10^{-7}$，有机酸中磺酸具有很强的酸性，羧酸的 K_a 一般为 $10^{-6} \sim 10^{-5}$，都能溶于 NaHCO$_3$ 溶液。苯酚的 $K_a \approx 10^{-10}$，难溶于 NaHCO$_3$ 溶液，但当其苯环上带有强吸电子基团时酸性增强，如三硝基苯酚 $K_a = 0.51$，能溶于 NaHCO$_3$ 溶液，为 A_1 组。酸性较弱的有机酸不能溶于 NaHCO$_3$ 溶液，为 A_2 组。

(4) 5%HCl 溶液中的溶解性。碱性有机物如脂肪胺、苯胺等都能溶于 5%HCl 溶液，为 B 组；也有一些极弱的碱（如二芳胺等）难溶于 5%HCl 溶液，属于 M 组。一般胺类的碱性可归如下：

碱性：脂肪胺及 $C_6H_5-CH_2-NH_2$ 等，能溶于 5%HCl 溶液。一般低相对分子质量的胺能溶于水及 5%HCl 溶液；相对分子质量大的胺不溶于水，但溶于 5%HCl 溶液。

弱碱性：如 $C_6H_5-NH_2$、C_6H_5NHR、$R-CONR_2$、$C_6H_5-NH-NH_2$ 等化合物一般不溶于水，溶于 5%HCl 溶液。

中性：$(C_6H_5)_2NH$、$(C_6H_5)_2NR$、$(C_6H_5)_3N$、$RCONH_2$、$RCONHR'$、$C_6H_5CONH_2$，一般不溶于水及 5%HCl 溶液。

芳胺在苯环上如有吸电子基团会使芳胺的碱性减弱，如 2,4-二硝基苯胺难溶于 5%HCl 溶液，而磺酰胺及二酰胺一般具有弱酸性，不溶于 5%HCl 溶液。

（5）在冷的浓硫酸中的溶解性。不含 N、P、S 等杂质原子但溶于冷的浓硫酸的有机物，主要是与浓硫酸发生了化学反应。反应一般有 3 种类型：

1) 含氧化物与浓硫酸反应。有机含氧化合物中氧原子上的弧对电子能接受硫酸中的 H^+ 形成𬭩盐，𬭩盐能溶于过量的浓硫酸中。例如：

$$R_2O + H_2SO_4 \longrightarrow (R_2OH)^+ (HSO_4)^-$$

2) 不饱和烃与浓硫酸可发生加成反应生成硫酸酯，溶于过量硫酸中。例如：

$$R-CH=CH_2 + H_2SO_4 \longrightarrow R-\underset{CH_3}{\underset{|}{CH}}-OSO_3H$$

不饱和烃在浓硫酸中也可能发生聚合反应，生成不溶于浓硫酸的高聚物，这类化合物也算作可溶于浓硫酸。

3) 易磺化的芳烃。浓硫酸与有机含氧化合物除生成𬭩盐外还可能发生磺化、脱水、聚合等复杂反应，产物并不溶于浓硫酸，但这些有机物被当作可溶于冷的浓硫酸属于 N 组（中性组）。特别是苯环上有斥电子基团的芳烃易被浓硫酸磺化而溶于浓硫酸属于 N 组。

饱和烃、简单的芳烃及它们的卤代物不溶于浓硫酸属于 I 组（惰性组）。

五、官能团的鉴定

1. 烃类的鉴定

烃类分为饱和烃、不饱和烃两大类。饱和烃有烷烃和环烷烃，不饱和烃有烯、炔及芳香烃。

（1）烷烃的鉴定。烷烃不溶于水及反应性溶剂中，溶解度实验为 I 组，没有较好的化学鉴定的方法。只能由元素定性分析（无 N、S、P 等杂元素），溶度实验等结果推断得知。在鉴定时主要依据物理常数（沸点、密度、折射率等）或使用仪器鉴定。

(2) 烯烃的鉴定。烯烃分子中不含 N、P、S 等杂原子时，溶解度实验为 N 组。烯烃的化学鉴定法如下：

1) 溴－四氯化碳实验。烯烃一般能与 Br_2 发生亲电加成反应，使 Br_2－CCl_4 溶液褪色。

$$\diagup C=C\diagdown + Br_2 \longrightarrow \diagup \underset{|}{C}-\underset{|}{C}\diagdown \quad (Br, Br)$$

但如果在双键的碳原子上接有吸电子基团，使双键上电子云密度减小，或接有空间位阻大的基团，会阻碍 Br_2 的加成反应，使加成反应速度减慢甚至不发生加成反应。例如，1，2－二苯乙烯加成反应就很慢，而四苯乙烯不与溴发生加成反应。

2) 高锰酸钾实验。烯烃与 $KMnO_4$ 溶液作用，会使 $KMnO_4$ 溶液的紫红色褪去，并有棕色 MnO_2 沉淀生成。

$$3\diagup C=C\diagdown + 2MnO_4^- + 4H_2O \longrightarrow \diagup \underset{|}{C}-\underset{|}{C}\diagdown (OH, OH) + 2MnO_2\downarrow + 2OH^-$$

$$\diagup \underset{|}{C}-\underset{|}{C}\diagdown (OH, OH) \xrightarrow{[O]} \diagup C=O + O=C\diagdown$$

上述不与 Br_2－CCl_4 溶液反应的烯烃可用 $KMnO_4$ 溶液鉴定，但因 $KMnO_4$ 是强氧化剂，和一些具有还原性的有机物都能发生反应，故干扰较多。

(3) 炔烃的鉴定。炔烃分子中不含 N、P、S 等杂原子时，溶解度实验为 N 组。炔烃也能与 Br_2－CCl_4 溶液及 $KMnO_4$ 溶液反应，但炔烃和 Br_2－CCl_4 溶液反应较慢。如果炔烃的叁键在链端，则叁键上的 H 能被金属置换，生成金属炔化物。例如，和 $AgNO_3$－NH_3 溶液反应生成白色炔化银沉淀，和 Cu_2Cl_2－NH_3 溶液反应生成红棕色的炔化亚铜。这两个反应可用来鉴定叁键在链端的炔烃。因为金属炔化物不稳定，易爆炸，所以实验的废液要妥善处理。

(4) 芳烃的鉴定。芳烃一般有芳香味，烷基取代的芳烃溶解度实验属 N 组，而一些简单芳烃溶解度实验属 I 组。化学鉴定法如下：

1) 氯仿－三氯化铝实验。芳香族化合物在 $AlCl_3$ 存在下与 $CHCl_3$ 作用生成有颜色的产物。各类芳烃的典型颜色见表 1—4。

表 1—4　　　　　　　　各类芳烃的典型颜色

苯及其同系物	氯代芳烃	萘	联苯	菲	蒽
橘红色	橘红色－红色	蓝色	紫色	紫色	绿色

此反应是芳烃的特征反应,反应的产物可能是三芳基甲烷型正碳离子与 $AlCl_4^-$ 形成的鎓盐,从而具有颜色。

2)甲醛—浓硫酸实验。芳烃与甲醛—浓硫酸试剂发生显色反应,可用来区别不溶于冷的浓硫酸的芳烃与烷烃,各种芳烃的典型颜色见表1—5。

表1—5　　　　　　　　　　各种芳烃的典型颜色

有机化合物名称	颜色	有机化合物名称	颜色
苯、甲苯、正丁苯	红色	联苯、三联苯	蓝色—蓝绿色
仲丁基苯	粉红色	卤代芳烃	粉红色—紫色
叔丁基苯、1,3,5—三甲苯	橙色	烷烃、环烷烃及其卤化物	不显色或黄色

2. 卤代烃的鉴定

与烃类一样,卤代烃也有脂肪族和芳香族两类,卤化物的活性取决于卤素原子及与卤素原子相连的烃基。卤代烃一般是无色液体,只有 $C_1\sim C_2$ 的烃基氯及 C_1 的甲基溴是气体(氟化物除外),芳卤化物大多数也是液体,具有芳香味。卤代烃燃烧时有浓烟,多卤代物不易燃烧,卤代烃溶解度实验属于Ⅰ组,卤代烃的化学鉴定法如下:

(1)硝酸银—乙醇溶液实验

卤化物与硝酸银—乙醇溶液作用生成卤化银沉淀,乙醇作为溶剂,反应如下:

$$R\!-\!X+AgNO_3 \xrightarrow{乙醇} R\!-\!ONO_2+AgX\downarrow$$

各种卤代烃与硝酸银—乙醇溶液反应的活性有很大差别,以离子键结合的氢卤酸盐活性最大,在室温下立即反应,生成卤代银沉淀。卤代烷的活性次序为叔卤代烷>仲卤代烷>伯卤代烷。

烃基相同而卤原子不同,其活性次序为 $R\!-\!I>R\!-\!Br>R\!-\!Cl$。

烯卤化物中,若卤原子相同,而卤原子的位置不同,其活性次序:

$CH_3\!-\!CH\!=\!CH\!-\!CH_2Cl>CH_3\!-\!CH\!=\!CH\!-\!CH_2\!-\!CH_2Cl>CH_3\!-\!CH_2\!-\!CH\!=\!CHCl$

位于烯基 $\alpha\!-\!C$ 原子上的氯最活泼,直接与双键相连的氯最不活泼。

芳香族卤化物的活性次序:

$C_6H_5\!-\!CH_2Cl > C_6H_5\!-\!CH_2CH_2Cl > C_6H_5\!-\!Cl$

多卤化物的活性次序:

$C_6H_5\!-\!CCl_3 > C_6H_5\!-\!CHCl_2 > C_6H_5\!-\!CH_2Cl$

烷烃＞1，2－二溴乙烯＞1－溴乙烯＞1，1－二溴乙烯。

各种硝基氯苯的活性次序：

2,4,6-三硝基氯苯 ＞ 2,4-二硝基氯苯 ＞ 2-硝基氯苯 ＞ 氯苯

在室温下能立即产生卤化银沉淀的有胺的氢氯酸盐、酰卤、R_3CCl、$R-CH=CH-CH_2Cl$、$RCHBr-CH_2Br$、RI 等。

在室温下反应慢，需加热后才生成卤化银沉淀的有 RCH_2Cl、R_2CHCl、$RCHBr$、2,4－二硝基氯苯等。

在加热条件下，无卤化银沉淀生成的有机卤化物有 C_6H_5X、$R-CH=CHX$、$CHCl_3$、CCl_4 等。

(2) 碘化钠－丙酮实验。许多烷基氯化物、溴化物与碘化钠溶液反应，生成 NaCl 及 NaBr，它们不溶于丙酮。本实验的活性：伯卤代烷反应最快，室温下 3 min 内就有沉淀生成；仲卤代烷需在 50℃时加热 3 min 才能产生沉淀；而叔卤代烷在 50℃时还需较长时间才能有沉淀生成。某些多卤代烃及磺酰氯等反应后还有碘析出。

3. 醇类的鉴定

醇在 C_{12} 以下为液体有较高的沸点，无色有特殊气味，C_{12} 以上是固体，多元醇是高沸点的黏稠液体或固体。C_4 以下的一元醇能溶于水及乙醚，属于 S_1 组；C_5 以上的一元醇不溶于水，溶解度实验属于 N 组。醇类的化学鉴定如下：

(1) 硝酸铈实验。碳原子数在 10 个以下的伯、仲、叔醇都能与硝酸铈铵试剂反应，生成红色配位化合物。反应如下：

$$R-OH + (NH_4)_2Ce(NO_3)_6 \longrightarrow \underset{\text{红色配位化合物}}{(NH_4)_2Ce(OR)(NO_3)_5} + HNO_3$$

本实验的试剂硝酸铈铵的硝酸溶液呈黄色，它能与含有羟基的化合物作用。除一元醇外，多元醇、羟基酸、羟醛或羟酮，以及糖类也能与本试剂呈正性反应。

(2) 酰氯实验。酰氯实验是鉴定醇常用的方法，常用的酰化剂有乙酰氯与苯甲酰氯，酰氯与醇反应生成酯。反应如下：

$$CH_3-\underset{\underset{O}{\|}}{C}-Cl + R-OH \longrightarrow CH_3-\underset{\underset{O}{\|}}{C}-OR + HCl\uparrow$$

反应放出 HCl，生成的酯在水中的溶解度小于相应的醇，低级酯常具有水果香味，常

以此来鉴别酯的存在。酯也可用羟肟酸铁实验鉴定。

因乙酰氯易水解，因此不适用于鉴别含有水的醇。苯甲酰氯水解反应较慢，可用于鉴定含水的醇。

(3) 卢卡斯实验。卢卡斯试剂是无水氯化锌的浓盐酸溶液，与醇反应后生成卤代烃，因卤代烃不溶于水溶液出现浑浊，表示有醇。卢卡斯实验依据鉴定反应速度的快慢可区分伯、仲、叔醇，叔醇最快，伯醇最慢。反应如下：

$$\left. \begin{array}{l} R_3COH + HCl \xrightarrow[立即]{ZnCl_2} R_3CCl + H_2O \\ R_2CHOH + HCl \xrightarrow[放置]{ZnCl_2} R_2CHCl + H_2O \end{array} \right\} 两相分层或浑浊$$

$$RCH_2OH + HCl \longrightarrow 不反应$$

本实验一般适用于溶于水的醇。叔醇、苯甲醇、烯丙基醇反应最快，几乎立即生成卤代烃，伯醇不反应。若仲醇与叔醇不易区别时，可将试样直接滴入浓盐酸中，振摇静置，在室温下叔醇在 10 min 内分层，仲醇无明显反应。

(4) 硝铬酸实验。大多数的伯、仲醇能被 $K_2Cr_2O_7$ — HNO_3 溶液氧化。因为氧化反应是 $K_2Cr_2O_7$ 氧化羟基 α—C 原子上的 H，叔醇在 α—C 上无氢，所以不被氧化。反应结果 $Cr_2O_7^{2-}$ 被还原成 Cr^{3+}，溶液呈蓝色。反应如下：

$$2K_2Cr_2O_7 + 3RCH_2OH + 16HNO_3 \longrightarrow 4Cr(NO_3)_3 + 4KNO_3 + 3RCOOH + 11H_2O$$

$$\underset{\underset{OH}{|}}{R-\overset{\overset{H}{|}}{C}-R'} \xrightarrow[HNO_3]{K_2Cr_2O_7} R-\underset{\underset{O}{\|}}{C}-R'$$

易被氧化的醛、酚等与试剂也呈正性反应，对鉴定有干扰。一些能被高锰酸钾氧化的烯烃（如 ArCH=CHAr）但不能被铬酸氧化，可借此进一步区分烯烃和醇。

(5) 高碘酸实验。鉴定 α—多羟基醇，有两个或两个以上相邻的碳原子上接有羟基的醇，容易被高碘酸氧化成醛或醛和甲酸，反应中生成碘酸可用 $AgNO_3$ — HNO_3 溶液检验。反应如下：

$$R-\underset{\underset{OH}{|}}{CH}-\underset{\underset{OH}{|}}{CH}-R + HIO_4 \longrightarrow 2RCHO + H_2O + HIO_3$$

$$R-\underset{\underset{OH}{|}}{CH}-\underset{\underset{OH}{|}}{CH}-\underset{\underset{OH}{|}}{CH}-R + 2HIO_4 \longrightarrow 2RCHO + HCOOH + H_2O + HIO_3$$

$$HIO_3 + AgNO_3 \xrightarrow{HNO_3} HNO_3 + AgIO_3 \downarrow 白色$$

能被高碘酸氧化的有邻二醇、α—羟基醛、α—羟基酮、α—羟基酸和α—氨基醇等，其氧化速度按上列次序依次递减。

4. 酚类的鉴定

除间—甲酚和卤代酚为液体外，其他一元酚均为低熔点固体。纯净的酚无色、有特殊气味，易被氧化成醌而带有颜色。溶解度实验，一元酚属于 A_2 组，二元酚和多元酚因苯环上羟基增多而属于 S_1 组。苯酚是一种临界化合物属于 S_1-A_1 组。酚类的化学鉴定法如下：

（1）三氯化铁实验。大多数酚与 $FeCl_3$ 溶液作用都会显色，但也有些酚在 $FeCl_3$ 溶液中不显色，所以 $FeCl_3$ 实验负性结果不能排除酚的存在。几种酚与 $FeCl_3$ 溶液的颜色反应见表1—6。

表1—6　　　　　　　　　部分酚与 $FeCl_3$ 的颜色反应

化合物	颜色	化合物	颜色
苯酚	蓝色	水杨酸	紫色
间苯二酚	蓝紫色	α—萘酚	无色（有粉色沉淀）
邻苯二酚	深绿色	对—羟基苯甲酸	无色（有黄色沉淀）
对苯二酚	蓝绿　褐色	3,4—二羟基苯甲酸	蓝紫色
β—萘酚	无色加甲醇后变绿色	苯三酚	蓝绿色

注意含有烯醇结构的化合物进行本实验也呈正性结果。

（2）溴水实验。因苯环上的羟基能使苯环活性增大，所以许多酚类的水溶液能迅速和溴水发生苯环上取代反应，使溴水褪色并有白色沉淀生成。反应以苯酚为例：

$$C_6H_5OH + 3Br_2 \longrightarrow C_6H_2Br_3OH \downarrow (白色) + 3HBr$$

芳胺进行本实验也呈正性结果。某些多元酚的溴化物可溶于水，因此只能使溴水褪色，不能与溴生成沉淀。能使溴水褪色的有机物较多，因而干扰也较多。

5. 羰基化合物的鉴定

羰基化合物包括醛和酮两类。羰基化合物中除甲醛（沸点-21℃）、乙醛（沸点20℃）室温下为气体外，其他醛和酮都为无色的液体或固体，具有特殊气味。溶解度实验，C_4 以下的醛和酮及2—戊酮、3—戊酮属 S_1 组，其余的醛和酮不溶于水，但能与浓硫酸作用属于 N 组。化学鉴定法如下：

（1）2，4-二硝基苯肼实验。2，4-二硝基苯肼是检验羰基最具代表性的一个实验。醛和酮与2，4-二硝基苯肼发生缩合反应，生成黄色、橙色或橙红色的2，4-二硝基苯腙沉淀，反应如下：

$$\underset{R'}{\overset{R}{>}}C=O + H_2N-NH-\underset{NO_2}{\overset{}{\bigcirc}}-NO_2 \longrightarrow \underset{R'}{\overset{R}{>}}C=N-NH-\underset{NO_2}{\overset{}{\bigcirc}}-NO_2 \downarrow + H_2O$$

有些长链的脂肪族酮会生成油状物，得不到固体。因缩醛易水解生成醛而与苯肼反应，所以对本实验也呈正性反应。

（2）托伦试剂实验。托伦试剂（$AgNO_3-NH_3$ 溶液）能氧化醛，生成金属银。如果银在洁净的试管壁上析出，试管壁会呈现光亮的银白色，因此又称银镜反应。反应如下：

$$RCHO + 2Ag(NH_3)_2OH \longrightarrow 2Ag\downarrow + R-CO_2NH_2 + H_2O + 3NH_3$$

酮类不能与托伦试剂反应，因此常用它区分醛和酮。

（3）斐林试剂实验。斐林试剂由硫酸铜、酒石酸钾钠的氢氧化钠水溶液组成。试剂中的 Cu^{2+} 能被脂肪醛还原成 Cu^+，生成 Cu_2O 橘红色沉淀，酮和芳香醛则不能反应。反应如下：

$$CuSO_4 + 2NaOH \longrightarrow Cu(OH)_2\downarrow + Na_2SO_4$$

$$Cu(OH)_2 + \begin{array}{c} COOK \\ H-C-OH \\ H-C-OH \\ COONa \end{array} \longrightarrow \begin{array}{c} COOK \\ H-C-O \\ H-C-O \\ COONa \end{array} Cu + 2H_2O$$

$$RCHO + 2Cu^{2+} + NaOH \xrightarrow{\triangle/H_2O} RCOONa + Cu_2O\downarrow + 4H^+$$
$$\qquad\qquad\qquad\qquad\qquad\qquad\text{橘红色}$$

（4）席夫试剂实验。席夫试剂由品红-亚硫酸溶液组成。品红在亚硫酸溶液中生成无色配位化合物，该配位化合物和醛反应后生成紫色溶液。某些具有还原性的物质和亚硫酸反应后，能使试剂复现品红的颜色，不作为正性结果。

6. 羧酸及其衍生物的鉴定

羧酸及其衍生物包括羧酸、酯、酸酐、酰卤的有机化合物。

（1）羧酸的鉴定。室温下，C_8 以下的一元脂肪酸为无色液体，C_8 以上的羧酸、二元羧酸及芳香族羧酸为无色固体。$C_1 \sim C_3$ 的一元羧酸有强烈的刺激性酸味，$C_4 \sim C_6$ 的一元羧酸有难闻的臭味，C_7 以上的羧酸因挥发性减小因而气味减小。溶解度实验，$C_1 \sim C_5$ 羧

酸属 S_1 组，其中 $C_1 \sim C_4$ 能与水混溶，其余羧酸属于 A_1 组。但某些低级的二元或多元羧酸（如草酸）不溶于乙醚属于 S_2 组。

羧酸的化学鉴定法如下：

1）碘酸钾－碘化钾实验。因为 KIO_3 和 KI 发生氧化还原反应时要消耗一定量的 H^+，所以羧酸和 KIO_3－KI 溶液混合后会析出碘，加入淀粉溶液后呈蓝色，反应如下：

$$6R-COOH+KIO_3+5KI \longrightarrow 6RCOOK+3I_2\downarrow+3H_2O$$

2）羟肟酸铁实验。羧酸先转变为酰氯，再转变为酯。酯与羟胺作用后生成羟肟酸，羟肟酸与三氯化铁在弱酸性溶液中生成可溶的、有色的羟肟酸铁。羧肟酸铁大多为深红色或紫红色。反应如下：

$$RCOOH+SOCl_2 \xrightarrow[\triangle]{水浴} RCOCl+SO_2\uparrow+HCl$$

$$RCOCl+R'OH \xrightarrow[\triangle]{水浴} RCOOR'+HCl\uparrow$$

$$RCOOR''+H_2NOH \xrightarrow[水浴\triangle]{pH=8\sim10} \underset{羟肟酸}{RCONHOH}+R'OH$$

$$3RCONHOH+FeCl_3 \xrightarrow{pH=2\sim3} \underset{羟肟酸铁}{(RCONHO)_3Fe}+3HCl\uparrow$$

酰卤、酸酐和酯在本实验中均呈正性反应。伯、仲硝基化合物在碱溶液中也呈正性反应。

(2) 酯的鉴定。除酚形成的酯一般为固体外，其余的酯大多数为无色液体，并具有芳香味。溶解性实验，C_5 以下的酯为 S_1 组，可溶于水及乙醚；C_5 以上的酯为 N 组。酯的化学鉴定采用羟肟酸铁实验，酯和羟胺反应后，再和三氯化铁反应生成有色的羟肟酸铁。

(3) 酸酐的鉴定。一元酸酐从乙酸酐到癸酸酐为无色液体，二元酸酐和芳酸酐为固体。低级酸酐有刺激性气味。一些低级酸酐在水中水解，属 S_1 组；在水中不水解的酸酐属 N 组。化学鉴定也可采用羟肟酸铁实验。

(4) 酰卤的鉴定。常见的酰卤为酰氯。酰氯一般为无色液体，某些芳酰氯为固体。酰氯具有强烈的刺激性气味，在水中易水解，某些低级酰氯极易吸湿水解。酰卤的化学鉴定有羟肟酸铁法和硝酸银－乙醇溶液检验法。酰卤易水解及与醇反应，生成相应的羧酸或酯并放出卤化氢，所以酰卤的化学鉴定也可采用羟肟酸铁法，或采用硝酸银－乙醇溶液检验，放出的卤化氢，生成卤化银沉淀。

7. 胺类的鉴定

甲胺、二甲胺、三甲胺、乙胺为气体，C_{10} 以上的胺是固体，其余的脂肪胺为液体，纯的芳香胺为无色液体或固体。由于氨基易被氧化为硝基,故常带有浅棕色。低级胺常有难闻的鱼腥臭味。溶解度实验,$C_1 \sim C_4$ 的胺溶于水,属于 S_1 组或 S_2 组,溶液呈碱性;其余的脂肪胺和芳香胺(除二苯胺和三苯胺外)大多属 B 组。

化学鉴定:一般溶解性实验的水溶液呈碱性,化合物溶于 5% 的稀盐酸,则该化合物应属于胺类。

(1) 兴斯堡(Hinsberg)实验。以苯磺酰氯或对甲基苯磺酰氯为试剂,可用来区别伯、仲、叔胺。苯磺酰氯和伯胺作用,生成的苯磺酰伯胺,显酸性,能溶于稀碱中。苯磺酰氯与仲胺作用生成苯磺酰仲胺,呈中性,在稀碱中生成沉淀析出。叔胺是碱性物质可溶于酸,在碱性条件下不与苯磺氯反应。反应如下:

伯胺:
$$\text{C}_6\text{H}_5\text{SO}_2\text{Cl} + \text{RNH}_2 + \text{NaOH} \longrightarrow \text{C}_6\text{H}_5\text{SO}_2\text{NHR} \downarrow + \text{NaCl} + \text{H}_2\text{O}$$
$$\text{C}_6\text{H}_5\text{SO}_2\text{NHR} + \text{NaOH} \longrightarrow \text{C}_6\text{H}_5\text{SO}_2\text{NR}^-\text{Na}^+ + \text{H}_2\text{O}(沉淀溶解)$$

仲胺:
$$\text{C}_6\text{H}_5\text{SO}_2\text{Cl} + \text{R}_2\text{NH} + \text{NaOH} \longrightarrow \text{C}_6\text{H}_5\text{SO}_2\text{NR}_2 \downarrow + \text{NaCl} + \text{H}_2\text{O}(不溶于 NaOH 溶液)$$

叔胺:
$$\text{C}_6\text{H}_5\text{SO}_2\text{Cl} + \text{R}_3\text{NH} + \text{NaOH} \longrightarrow 不反应,叔胺试样溶于酸$$

带有酸性基团的仲胺与苯磺酰氯的产物也能溶于稀碱。相对分子质量较大的磺酰伯胺,其在钠盐水溶液中的溶解度较小,需多加水并加热,才能溶解。

(2) 亚硝酸实验。亚硝酸实验可区分不同的胺。

1) 脂肪族伯胺与亚硝酸作用生成醇,并放出氮气。反应如下:
$$\text{RNH}_2 + \text{HNO}_2 \longrightarrow \text{ROH} + \text{H}_2\text{O} + \text{N}_2 \uparrow$$

2) 芳香族伯胺与亚硝酸作用,生成重氮盐(应低温下反应,若温度稍高则重氮盐会分解放出氮气),在碱溶液中再和 β—萘酚反应生成红色偶氮染料。反应如下:

$$\text{C}_6\text{H}_5\text{NH}_2 + \text{HNO}_2 \xrightarrow[\text{HCl}]{0\sim5℃} \text{C}_6\text{H}_5\text{N}=\text{NCl} \xrightarrow{\text{NaOH}} 红色偶氮染料$$

脂肪族仲胺及芳香族仲胺与亚硝酸作用生成 N—亚硝酸仲胺是难溶于水的黄色油状物

或低熔点固体。

$$RNHR' + HNO_2 \longrightarrow R(R')N-NO（黄色油状物）+ H_2O$$

N，N-二烷基取代的芳叔胺、氨基对位无取代基时与亚硝酸作用，生成对亚硝基芳叔胺盐酸盐，呈红棕色溶液或橙黄色固体，再用碱中和后得到绿色的对-亚硝酸基芳叔胺。

$$\underset{R'}{\overset{R}{}}N-\!\!\!\left\langle\right\rangle\!\!\!+HNO_2 \xrightarrow{HCl} O\!=\!N-\!\!\!\left\langle\right\rangle\!\!\!-N\underset{R}{\overset{R'}{}} \cdot HCl \quad 黄色固体或红棕色液体$$

$$\downarrow NaOH$$

$$O\!=\!N-\!\!\!\left\langle\right\rangle\!\!\!-N\underset{R}{\overset{R'}{}} \quad 绿色固体$$

亚硝基化合物有致癌作用，实验时应注意避免接触，试液应及时处理。

脂肪族叔胺是碱性有机物，能和酸发生中和反应，可溶于稀酸。加入碱溶液，叔胺又会析出。

8. 硝基化合物的鉴定

脂肪族硝基化合物是无色具有芳香味的液体，芳香族硝基化合物是高沸点的液体或低熔点的固体。硝基化合物常带有浅黄色，芳环上硝基越多颜色越深，具有芳香味。溶解性实验：α-C 上有氢的脂肪族硝基伯烷或硝基仲烷具有弱酸性，属于 A_2 组；α-C 上无氢的硝基烷及芳香族硝基化合物为 M 组。硝基化合物中硝基具有氧化性，易被还原剂还原。硝基化合物的化学鉴定如下：

（1）氢氧化亚铁实验。氢氧化亚铁能被硝基化合物中的硝基氧化为红棕色的氢氧化铁，而硝基被还原成氨基，一般在 30 s 内即显红棕色。反应如下：

$$R-NO_2 + 6Fe(OH)_2 + 4H_2O \longrightarrow R-NH_2 + 6Fe(OH)_3 \downarrow （红棕色沉淀）$$

（2）氢氧化钠-丙酮实验。苯及其同系物的多元硝基化合物与丙酮-氢氧化钠溶液混合时会产生显色反应，而单硝基化合物大多数显色不明显或无色。几种多硝基化合物在本实验中的颜色反应见表 1—7。

表 1—7　　　　　　　　几种多硝基化合物在本实验中的颜色

化合物	颜色	化合物	颜色
1，3，5-三硝基苯	深红色	2，4，6-三硝基间甲酚	无色
2，4，6-三硝基苯	深红色	1，2-二硝基苯	无色
2，4，6-三硝基苯酚	橙色	1，4-二硝基苯	黄橙色

苯环上有氨基、羟基、酰氨基时，会对实验有干扰。脂肪族硝基化合物在实验中不显色。

9. 含硫化合物的鉴定

常见的含硫化合物有硫醇、硫酚、硫醚、磺酸等。

(1) 硫醇、硫酚的鉴定。硫醇、硫酚大多数为液体，有极难闻的气味，难溶于水，易溶于5%的NaOH溶液，但不溶于5%的$NaHCO_3$溶液，属于A_2组。

常用的化学鉴定为硫化铅实验和亚硝酸钠实验。

1) 硫化铅实验。硫醇、硫酚与铅酸钠作用生成黄色铅盐，再加硫粉出现橙色，最后转变为黑色。反应如下：

$$\begin{cases} 2RSH + Pb(OH)_2 \xrightarrow{NaOH} Pb(RS)_2(黄色) + 2H_2O \\ Pb(RS)_2 + S \longrightarrow PbS\downarrow(黑色) + RSSR \end{cases}$$

2) 亚硝酸实验。含有巯基的化合物都能与亚硝酸发生显色反应。反应如下：

$$RSH + HONO \longrightarrow R-SNO + H_2O$$

若试样中是伯硫醇或仲硫醇，试液立即显红色；如果试样中是叔硫醇或硫酚，则溶液开始出现绿色，不久转变为红色。

(2) 硫醚的鉴定。硫醚与亚硝基铁氰化钠作用，试液呈红色并逐渐变为黄色。

(3) 磺酸类的鉴定。磺酸是有机强酸，易溶于水，一般属于S_2组。磺酸在空气中易潮解，它们的碱土金属盐能溶于水，与硫酸盐不同。常用的化学鉴定有羟肟酸铁实验及氢氧化钠－氢氧化镍实验。

1) 羟肟酸铁实验。反应后溶液呈紫红色，并有红棕色沉淀产生。反应如下：

$$ArSO_3H + SOCl_2 \longrightarrow ArSO_2Cl + HCl\uparrow + SO_2\uparrow$$

$$ArSO_2Cl + H_2NOH \longrightarrow ArSO_2NHOH + HCl$$

$$ArSO_2NHOH + CH_3CHO \longrightarrow CH_3\overset{O}{\overset{\|}{C}}NHOH + ArSO_2H$$

$$3CH_3\overset{O}{\overset{\|}{C}}NHOH + FeCl_3 + 3KOH \longrightarrow \left[CH_3\overset{O}{\overset{\|}{C}}NHO\right]_3Fe + 3KCl + 3H_2O$$

紫红色

$$3ArSO_2H + FeCl_3 \longrightarrow (ArSO_2)_3Fe\downarrow + 3HCl$$

红棕色

2) 氢氧化钠－氢氧化镍实验。苯磺酸和氢氧化钠共溶后生成酚钠和亚硫酸氢钠，用盐酸酸化会有二氧化硫放出，二氧化硫气体遇氢氧镍试纸反应生成黑色的 NiO（OH）$_2$，而 NiO（OH）$_2$ 遇乙酸联苯胺变蓝色。反应如下：

$$C_6H_5SO_3H + 2NaOH \longrightarrow C_6H_5ONa + NaHSO_3 + H_2O$$

$$NaHSO_3 + HCl \longrightarrow NaCl + H_2O + SO_2 \uparrow$$

$$SO_2 + 2Ni(OH)_2 + O_2 \longrightarrow NiO(OH)_2（黑色）\downarrow + NiSO_4 + H_2O$$

磺酰胺也可用本实验鉴定。其硫化物和 NaOH 反应生成 Na$_2$S，在本实验中和 NiO（OH）$_2$ 反应生成黑色 NiS，不与乙酸联苯胺反应。

第 3 节　有机元素定量分析

一、概述

元素定量分析主要测定有机化合物中的常见元素，例如碳、氢、氮、卤素、硫等。氧在有机物中含量一般不直接测定，而是测得除氧以外所有元素的含量后，从中减去这些元素的含量得到的。因此，其他元素测定如果有较大误差则氧含量也必然会有较大误差。

测定有机化合物中元素时，通常包括 3 个步骤：试样分解、干扰元素的排除和有机元素的定量测定。有机试样的分解方法，一般有干法分解（即有机物在适当的条件下燃烧分解）和湿法分解（即将有机物进行酸煮分解）两大类，目的是使被测有机物中的元素转变成无机化合物或游离态元素。对这些元素的定量分析可采用化学分析法和仪器分析法，本节讨论化学分析法。

元素定量分析的结果主要用于确定有机化合物的实验式。

二、碳和氢的测定

碳和氢是组成有机物的基本元素，碳和氢的测定方法是燃烧分解法。将被测物试样放入装有催化剂的燃烧管中，在氧气流中燃烧分解，有机物中的碳和氢分别转化成二氧化碳和水，然后用已知质量的吸收剂吸收。常用的水的吸收剂是无水高氯酸镁，二氧化碳的吸收剂是碱石棉，吸收剂在吸收前后增加的质量就是二氧化碳和水的质量，据此计算出试样中碳和氢的含量。

1. 试样的燃烧分解

燃烧分解的催化剂有高锰酸银的热解产物和氧化铜,我国大多采用高锰酸银的热解产物作燃烧分解的催化剂。

高锰酸银的热解产物是一种带有金属光泽的黑色粉末,它是由高锰酸银受热分解得到的。据结构分析,在温度低于700℃时热解产物中含银、锰和氧的比是1∶1∶2.6(或2.7)。其内部结构为金属银以原子状态均匀分布在二氧锰晶格表面的空隙中,形成活化中心,具有很强的吸收卤素和硫的能力。热解产物中的二氧化锰在500℃以下具有很强的催化氧化性,能使有机物完全分解并氧化。当温度超过600℃时,二氧化锰容易分解,颜色变为红褐色,氧化能力降低。

燃烧方法通常有两种。测定装置如图1—2所示。

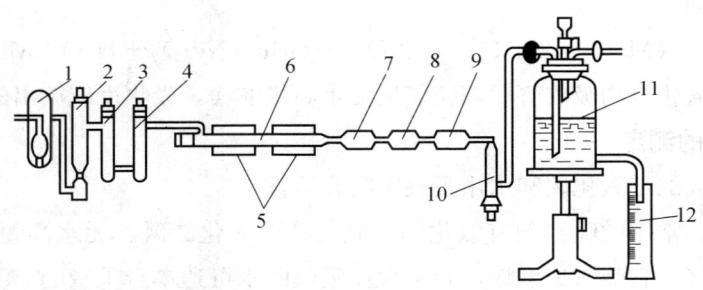

图1—2 碳氢测定仪

1—计数器 2—干燥塔 3—脱水管 4—脱CO_2管
5—电炉 6—燃烧 7—水吸收管 8—氮氧化物吸收管
9—CO_2吸收管 10—防护管 11—马氏瓶 12—量筒

方法一:将装有试样的铂舟或石英舟置于燃烧管中,在缓慢的氧气流下(6~8mL/min)缓慢加热使试样融化。然后将融化后的液滴或蒸气慢慢赶入催化剂填充区,将其氧化为二氧化碳和水等,最后二氧化碳和水蒸气随气流进入吸收区被吸收剂吸收。此法因氧气流速慢,所以燃烧和冲洗时间较长,大约需30 min。

方法二:将装有试样的铂舟或石英舟放在一个一端开口,一端封闭的石英套管中,把开口一端与氧气流方向一致,放入燃烧管内,氧气流速为35~50 mL/min。先在套管底部逆向加热试样,然后再顺向加热,试样热解产物伴随快速氧气流氧化,并迅速进入催化剂填充区。这种燃烧方法使试样在氧气不充足的小套管中热分解,燃烧产生的有机小分子一逸出套管口便与燃烧管内充足的氧气流相遇,立即氧化并迅速进入催化剂填充区,定量转化为二氧化碳和水。这种方法燃烧速度快(10~15 min)、不需冲洗,效果较好。缺点是所用的小套管在装样时表面会吸附水,干扰氢的测定;在燃烧过程中也要防止试样热分解的产物突然冲出套管，引起燃烧氧化不完全。

2. 一些干扰元素的消除

在有机物中碳和氢的测定时，试样中氮、硫、卤素是常见的干扰元素，试样分解后它们都转变为酸性气体，能被碱石棉吸收干扰碳的测定。

有机物（C、H、O、S、X、N等）$\xrightarrow[\text{燃烧分解}]{O_2\text{气流中}}$ CO_2、H_2O、SO_3、HX、X_2、N_2、NO_x 等

燃烧产物中，三氧化硫、卤化氢及卤素能被高锰酸银分解产物中的银吸收，生成硫酸银和卤化银。有机物中的氮燃烧后生成的二氧化氮，可用活性二氧化锰吸收除去；燃烧产物中的一氧化氮在氧气流中很快被氧化成二氧化氮，仍被活性二氧化锰吸收。活性二氧化锰实际上是水化二氧化锰，表面上的氢氧基具有吸附活性，吸收二氧化氮后生成硝酸锰，并放出水。反应如下：

$$Mn(OH)_4 (MnO_2 \cdot 2H_2O) + 2NO_2 \longrightarrow Mn(NO_3)_2 + H_2O + Mn(OH)_4$$

因此，在氮氧化合物吸收管后部应装填无水高氯酸镁，吸收反应放出的水。

3. 燃烧产物的测定

燃烧试样生成的二氧化碳和水用吸收剂吸收后称重。

（1）吸收剂。常用的吸水剂有氯化钙、硅胶、五氧化二磷、无水高氯酸镁等。其中，无水高氯酸镁最好，它吸水速度快，容量大，吸收的水可达本身重量的60%。因而高氯酸镁的使用时间比其他吸收剂长。另外，高氯酸镁吸水后体积缩小，不会堵塞吸收管。鉴于有以上优点，高氯酸镁是广泛使用的较理想的吸水剂。

二氧化碳的吸收剂一般采用碱石棉。碱石棉是浸有浓的氢氧化钠溶液的石棉，干燥后粉碎成20~30目的颗粒。氢氧化钠和二氧化碳反应后生成碳酸钠和水。反应如下：

$$2NaOH + CO_2 \longrightarrow Na_2CO_3 + H_2O$$

因此，在二氧化碳吸收管的后部（即碱石棉的后面）必须装填一段无水高氯酸镁，吸收上述反应放出的水，不致造成碳的测定值偏小。同时使水吸收管流出的气体和二氧化碳吸收管流出的气体都是经过无水高氯酸镁干燥的气体，使气流具有相同的干燥度，有利于消除误差。

（2）吸收顺序。因无水高氯酸镁只能吸收燃烧产物中的水，而碱石棉除吸收二氧化碳气体外还能吸收水和二氧化氮。因此，无水高氯酸镁吸收管一定要装在碱石棉吸水管前面，否则二氧化碳和水都会被碱石棉吸收。在装有无水高氯酸镁的水吸收管后面应装置二氧化氮吸收管，因二氧化氮气体也能被碱石棉吸收，使碳的测定结果偏大。最后是二氧化碳吸收管。所以吸收管的顺序应该是水吸收管→二氧化氮吸收管→二氧化碳吸收管。

（3）称量和计算。若二氧化碳吸收管吸收前后质量差为m_{CO_2}，水吸收管吸收前后质

量差为 m_{H_2O}，试样质量为 m，则有机物中碳和氢的质量百分分数分别为 w_C 和 w_H，结果计算如下式：

$$w_C = \frac{m_{CO_2}}{m} \times \frac{M_C}{M_{CO_2}} \times 100\% = \frac{m_{CO_2}}{m} \times 27.29\% \qquad (1-1)$$

$$w_H = \frac{m_{H_2O}}{m} \times \frac{2M_H}{M_{H_2O}} \times 100\% = \frac{m_{H_2O}}{m} \times 11.19\% \qquad (1-2)$$

式中　M_C——C 的摩尔质量，g/mol；

M_{CO_2}——CO_2 的摩尔质量，g/mol；

M_H——H 的摩尔质量，g/mol；

M_{H_2O}——H_2O 的摩尔质量，g/mol；

m_{CO_2}——CO_2 的质量，g；

m_{H_2O}——H_2O 的质量，g；

m——试样的质量，g；

27.29%——C 元素与 CO_2 的摩尔质量之比值；

11.19%——H 元素与 H_2O 的摩尔质量之比值。

三、氮的测定

有机化合物中氮的测定通常有凯氏法（消化法）和杜马法两种。凯氏法的仪器设备比较简单，又能同时测定多个试样，是常用的方法。凯氏法将有机物中的氮转化为氨，然后测定氨的量，从而计算出试样中氮的含量。但此法不能直接用于硝基、亚硝基化合物、偶氮化合物以及肼、腙等化合物中氮的测定。杜马法是燃烧分解法，适用于大多数有机含氮化合物，但仪器装置复杂。通常将有机物高温氧化，使有机物中的氮转变为氮气，然后用量气法测定氮气体积，根据氮气的体积，计算出试样中氮的含量。氮的测定常用凯氏法，只有用凯氏法测定有困难，测定结果可疑的情况下才使用杜马法。

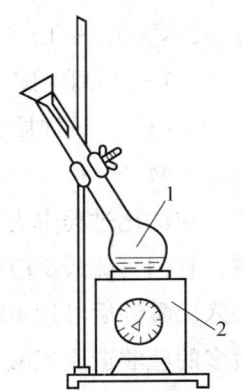

图 1—3　消化装置
1—克达尔烧瓶　2—电炉

1. 凯氏法（消化法）

含氮化合物在催化剂存在下，用浓硫酸煮沸分解。有机物中的氮转变为氨，氨与溶液中浓硫酸作用生成硫酸氢铵，这个过程称为消化，其装置如图 1—3 所示。

消化过程复杂，不同类型的有机含氮化合物的反应历程不同。以氨基乙酸为例，可用以下反应式表示：

$$H_2NCH_2COOH + 3H_2SO_4 \xrightarrow[\triangle]{催化剂} 2CO_2\uparrow + 4H_2O + 3SO_2\uparrow + NH_3\uparrow$$

$$NH_3 + H_2SO_4 \longrightarrow NH_4HSO_4$$

在消化后的溶液中，加入过量的氢氧化钠溶液，用直接蒸馏法或水蒸气蒸馏法将氨蒸出。

$$NH_4HSO_4 + 2NaOH \xrightarrow{\triangle} Na_2SO_4 + 2H_2O + NH_3\uparrow$$

蒸馏过程中放出的氨，可用硼酸溶液吸收，然后用盐酸标准滴定液直接滴定，反应如下：

$$NH_3 + H_3BO_3 \longrightarrow NH_4H_2BO_3$$

$$NH_4H_2BO_3 + HCl \longrightarrow NH_4Cl + H_3BO_3$$

用硼酸吸收是利用硼酸的酸性与氨反应，防止氨在吸收过程中损失。滴定达终点时，溶液中有硼酸存在，但硼酸是一种较弱的酸，选择合适的指示剂，可使硼酸对滴定结果无影响。氨也可用一定量的硫酸标准溶液吸收，吸收完毕后用氢氧化钠标准滴定液返滴定来测定氨含量。

试样中氮含量（以质量百分数表示），按盐酸标准滴定液滴定氨的方法为例：

$$w = \frac{c \times (V - V_0) \times M}{m \times 1\ 000} \times 100\%$$

式中　c——盐酸标准滴定液浓度，mol/L；

　　　V_0——空白实验消耗的盐酸标准滴定液的体积，mL；

　　　V——测定试样消耗的盐酸标准滴定液的体积，mL；

　　　m——试样质量，g；

　　　M——氮元素的摩尔质量，g/mol。

在消化过程中为了加速分解过程，缩短反应时间，常加入适量的无水硫酸钾或硫酸钠。它们与硫酸反应生成硫酸氢钾或硫酸氢钠，使反应溶液沸点升高（浓硫酸沸点330℃，加入硫酸钾后可达400℃），以提高消化反应的温度。但硫酸钾的用量不可过多，否则消耗过多的硫酸造成硫酸量不足；而且温度过高，生成的硫酸氢铵也会分解放出氨，使氮损失，造成测定结果偏低。

$$K_2SO_4 + H_2SO_4 \xrightarrow{\triangle} 2KHSO_4$$

$$NH_4HSO_4 \xrightarrow{\triangle} NH_3\uparrow + SO_3\uparrow + H_2O$$

在消化液中盐的浓度超过0.89 g/mL时，消化完毕后溶液冷却时会结块，给操作带来困难。因此，消化过程中盐的浓度要控制在0.35~0.45 g/mL。在消化煮沸过程中，若硫酸消耗过多会影响盐的浓度,一般在凯氏瓶口插入一小漏斗以减小硫酸的损失。

凯氏法最常用的催化剂是硫酸铜,其起催化作用的反应如下:

$$2CuSO_4 \xrightarrow[\triangle]{H_2SO_4} Cu_2SO_4 + SO_2\uparrow + O_2$$

有机物分解的 $C + O_2 \longrightarrow CO_2\uparrow$

有机物分解的 $4H + O_2 \longrightarrow 2H_2O$

$$Cu_2SO_4 + 2H_2SO_4 \longrightarrow 2CuSO_4 + SO_2\uparrow + 2H_2O$$

在试样的分解过程中,反应前后硫酸铜量不变,所以硫酸铜在消化过程中只是起了催化作用。有机物全部消化后溶液呈现清澈的蓝绿色,硫酸铜除起了催化作用外,还可在下一步蒸馏时作碱中和的指示剂,反应如下:

$$CuSO_4 + 2NaOH \longrightarrow Cu(OH)_2\downarrow + Na_2SO_4$$
天蓝色

$$Cu(OH)_2 \xrightarrow{\triangle} CuO + H_2O$$
黑色

对难分解的化合物,可添加适量的氧化剂以加速分解。常用的氧化剂是30%的过氧化氢,消化速度快、操作简便,但氧化剂作用过于激烈,容易使氨进一步氧化成氮气,造成氨的损失。因此,使用氧化剂时要特别注意,须等消化液完全冷却后,再加数滴过氧化氢,装置如图1—4所示。

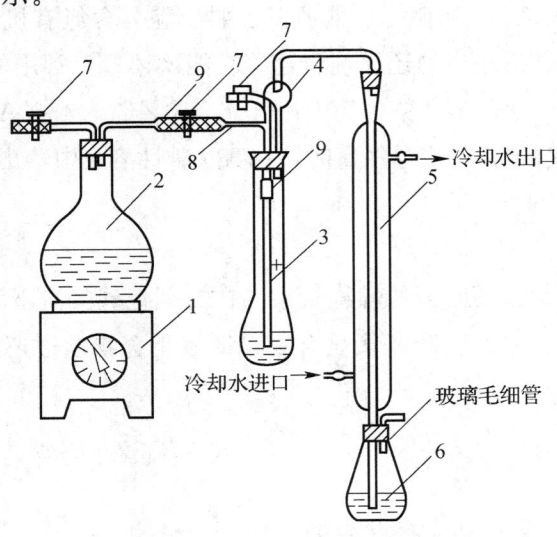

图1—4 水蒸气蒸馏装置
1—电炉 2—平底烧瓶 3—克达尔烧瓶 4—克达尔球
5—冷凝管 6—锥形瓶 7—螺旋夹 8—T形管 9—乳胶管

注意事项：

(1) 碱化常采用质量分数为 40% 的 NaOH 溶液，用量为消化时所用硫酸体积的 4～5 倍，至消化液呈蓝黑色为止。采用直接蒸馏法时要注意防止强酸强碱中和时产生的热量，使氨逸出损失。中和时应沿管壁缓慢加入足够的碱液，使酸液和碱液因密度不同分为两个液层，全部装置安装好后再混合。

(2) 蒸馏时应加入锌粒或沸石，防止溶液过热后发生爆沸。开始时蒸馏速度不可过快，以免蒸出的氨未及时被硼酸吸收而逸出，硼酸吸收液在蒸馏过程中应保持室温。空白实验和试样测定实验蒸馏液的体积要保持基本一致，相差在 10 mL 以内。蒸馏液体积不同，会影响溶液的 pH 值，最终影响滴定的酸的消耗量。

(3) 硼酸溶液的浓度和用量以能足够吸收氨为宜，常用质量分数为 2%～4% 的硼酸溶液（饱和溶液浓度为 4%）。大致可按每毫升质量分数为 1% 的硼酸溶液能吸收 0.46 mg 氨计算，根据消化液中氨的大致含量来估算硼酸的用量，并适当多加一些。

(4) 为了保持指示剂用量一致，减小滴定误差，最好配成硼酸—指示剂溶液使用。指示剂可选用溴甲酚绿—甲基红或次甲基蓝—甲基红混合指示剂，指示剂除指示滴定终点外，也可作为硼酸吸收氨的指示剂。

(5) 消化过程中，当消化液刚清澈时，并不表示试样中氮都已转变为铵盐。因此，当消化液清澈后还需煮沸一段时间。

(6) 凯氏法不能使硝基、亚硝基、偶氮基、肼、腙等含氮有机物中的氮完全转化为氨，必须在试样分解之前用适当的还原剂将这些官能团还原。常用的还原剂有锌—盐酸、红磷—氢碘酸、水杨酸—硫代硫酸钠、德氏达合金（50%Cu，45%Al，5%Zn）等。

(7) 凯氏法测定微量氮化物中总氮量时，将氨从碱性溶液中蒸出后可采用比色法或分光光度法测定。

2. 杜马法

将试样置于有氧化铜和还原铜的燃烧管中，在二氧化碳气流下于 600～800℃ 燃烧分解。有机物中的氮先转化成氮气和氮氧化合物，氮氧化合物通过还原铜时也被还原成氮气，装置如图 1—5 所示。

$$\text{有机物中氮} \xrightarrow[\text{CuO}]{\text{CO}_2 \text{气流中燃烧}} \text{N}_2 + \text{氮氧化合物}$$

$$\text{氮氧化合物} \xrightarrow[\text{还原 Cu}]{\text{CO}_2 \text{气流中}} \text{N}_2$$

燃烧后的气体通入盛有 50% 氢氧化钾溶液的量氮气管中（二氧化碳被氢氧化钾吸收），再根据测量时气体的压力及温度计算有机物中的氮含量。

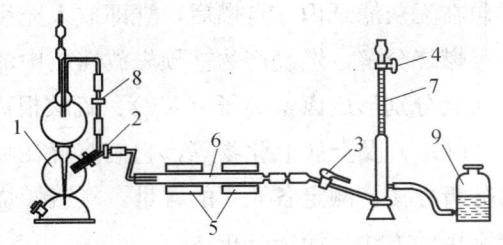

图 1—5 杜马法定氮仪

1—CO_2 发生器　2、3、4、8—旋塞　5—电炉

6—燃烧管　7—氮气量管　9—水准瓶

设试样中氮的质量百分含量为 w_N，则：

$$w_N = \frac{m_N}{m} \times 100\%$$

$$m_N = m_{N_2} = \rho_0 \times V_0 = 1.250 \times V_0$$

$$V_0 = \frac{P \times V}{T} \times \frac{T_0}{P_0}$$

$$w_N = \frac{1.250 \times V_0}{m} \times 100\% \tag{1—3}$$

式中　m_N——试样中含氮元素的质量，mg；

　　　m_{N_2}——试样中的氮转化成氮气的质量，mg；

　　　m——试样的质量，mg；

　　　ρ_0——氮气的密度，mg/mL；

　　　P_0——标准状况下的压强，Pa；

　　　P——测量时经校正后的压强，Pa；

　　　T_0——标准状况下的温度，K；

　　　T——测量时的温度，K；

　　　V_0——换算到标准状况时氮气的体积，mL；

　　　V——测定时经校正后的氮气的体积，mL。

四、硫和卤素的测定

硫和卤素的测定都采用氧瓶燃烧法分解试样。

1. 氧瓶燃烧法

有机物中的硫和卤素都可用氧瓶燃烧法将其转变为无机物，再用滴定分析法测定。

氧瓶燃烧法是将试样包在无灰滤纸内，点燃后，立即放入充满氧气的燃烧瓶中，以铂丝或镍铬丝作催化剂，进行燃烧分解，燃烧产物被预先放在瓶中的吸收液吸收。试样中的卤素、硫、磷、硼、金属元素分别形成卤素离子（X^-）、硫酸根离子（SO_4^{2-}）、磷酸根离子（PO_4^{3-}）、硼酸根离子（BO_3^-）及金属氧化物等，它们溶解在吸收液中，然后根据各种元素的特性，选择适当的分析方法，测定各元素的含量。氧瓶燃烧法的分析过程包括燃烧分解、吸收和测定。测定常用的方法是滴定分析法。

氧瓶燃烧法的主要仪器，除滴定仪器外，只需要燃烧瓶，其容积有 250 mL、500 mL、1 000 mL 各种规格，根据需要选取。在瓶塞下方焊接一根铂丝（直径 0.5～0.8mm），铂丝下端弯成钩形，也可做成铂片夹或螺旋状，其长度一般伸到瓶中央处，如图 1—6 所示。

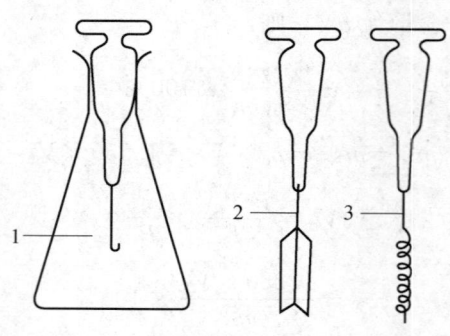

图 1—6　燃烧瓶
1—钩形铂丝　2—铂片夹　3—螺旋状铂丝

根据试样量选择燃烧瓶的容积。因为试样量不同所需氧气量也不同，燃烧瓶的大小也和燃烧后瓶内的压力有关。若燃烧瓶太小，则瓶内氧气量也较少，可能使试样燃烧不完全，也易使瓶内压力过高，增加爆炸的可能性。若燃烧瓶容积过大，则燃烧产物分布的空间大，要增加吸收时间并浪费氧气。燃烧瓶的容积和试样量的大致比例参考值如表 1—8 所示。

表 1—8　　　　　　　　燃烧瓶的容积和试样量的比例参考值

试样量/mg	3～5	10～20	20～50
燃烧瓶容积/mL	250	500	1000

常用试样的制备方法，固体或沸点较高的试样，称量时可直接放在无灰滤纸的中央，按图 1—7 中虚线折叠，包好后将其折合部分紧夹在铂丝上，滤纸尾部朝下斜方向悬在空间。沸点较低的试样应将其封入薄壁玻璃球或聚乙烯小管中，再用滤纸包住后夹在铂丝上，如图 1—8 所示。

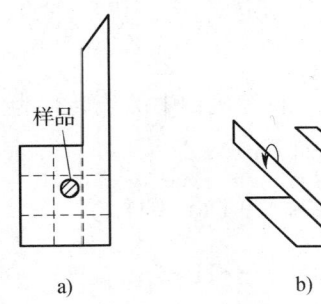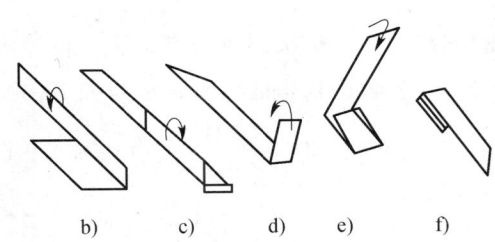

图 1—7　试样的位置和试样的包折

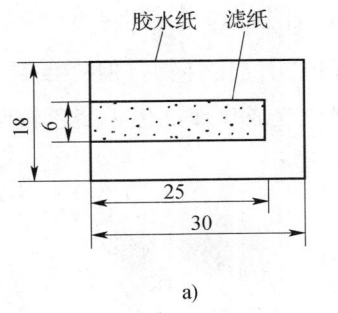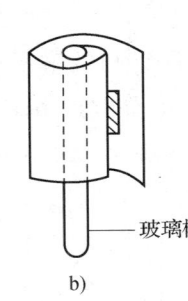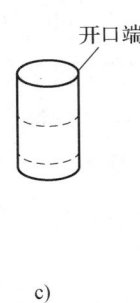

图 1—8　液体试样的包制方法

测定时在燃烧瓶中加入适量的吸收液，通入氧气 30～60 s，点燃滤纸尾部，立即插入燃烧瓶中，按紧瓶塞，并小心倾斜燃烧瓶，试样随滤纸的燃烧在铂丝的催化下完全分解，如图 1—9 所示。在插入瓶塞后，拿瓶姿势如图 1—10 所示，瓶底向后，并注意勿对他人。操作时应戴护目镜及皮手套等安全防护用品。燃烧后，如吸收液中有黑色小颗粒或有滤纸碎片，表示燃烧不完全，必须重做。

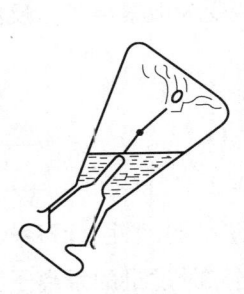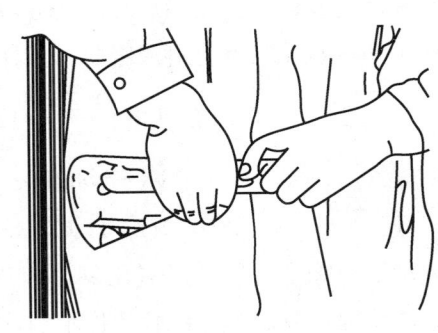

图 1—9　试样的燃烧　　　　　　图 1—10　取瓶方法

燃烧完毕后，将燃烧瓶剧烈振荡数分钟，至燃烧产生的白烟完全消失。打开瓶塞，用少量水淋洗瓶塞及铂丝后，按元素的测定方法进行测定。

2. 硫的测定

有机物中硫的测定，一般也采用氧瓶燃烧法。将有机物中的硫转化为无机物，然后用过氧化氢的水溶液吸收分解产物生成硫酸，反应如下：

$$含硫有机物 \xrightarrow[燃烧]{O_2 \ (Pt)} SO_3 + SO_2 + CO_2 + H_2O$$

$$SO_2 + SO_3 + H_2O + H_2O_2 \longrightarrow H_2SO_4$$

加热煮沸吸收液，冷却后加入适量酒精。在 pH＝4 的条件下，以钍啉为指示剂用高氯酸钡标准滴定液滴定，当溶液由黄色转变为红色为滴定终点。

$$H_2SO_4 + Ba(ClO_4)_2 \longrightarrow 2HClO_4 + BaSO_4 \downarrow \ (白色)$$

当反应达终点时，过量的 Ba^{2+} 与钍啉形成有色配位化合物。但终点颜色相差不大，故在滴定时可加入少量次甲基蓝，使终点由淡黄绿色变成玫瑰红色，变色较明显。加入乙醇是为了降低 $BaSO_4$ 在水中的溶解度，减小滴定误差。

试样中硫元素的质量百分数按下式计算：

$$w = \frac{c \times (V - V_0) \times M}{m \times 1\,000} \times 100\%$$

式中　　c——高氯酸钡标准滴定液浓度，mol/L；

　　　　V_0——空白实验消耗的高氯酸钡标准滴定液的体积，mL；

　　　　V——测定试样消耗的高氯酸钡标准滴定液的体积，mL；

　　　　m——试样质量，g；

　　　　M——硫元素的摩尔质量，g/mol。

3. 氯和溴的测定

含有氯和溴的试样用氧瓶燃烧法燃烧分解后生成氯化氢、溴化氢及单质氯和溴，生成物用氢氧化钠和过氧化氢混合溶液吸收，试样中的卤素转变为卤素离子。反应如下：

$$含卤有机物 \xrightarrow[燃烧]{O_2 \ (Pt)} HX + H_2 + CO_2 + H_2O$$

$$HX + NaOH \longrightarrow NaX + H_2O$$

$$X_2 + 2NaOH + H_2O_2 \longrightarrow 2NaX + O_2 \uparrow + 2H_2O$$

加热煮沸溶液除去过量的过氧化氢，调节溶液酸度使呈弱酸性（pH≈3.2），用硝酸汞标准滴定液滴定，以二苯卡巴腙为指示剂，当滴定达终点时过量的汞离子与二苯巴腙形成紫红色的配位化合物。反应如下：

$$2Cl^- \ (Br^-) + Hg^{2+} \longrightarrow HgCl_2 \ (HgBr_2)$$

$$\underset{\text{二苯卡巴腙}}{\underset{C_6H_5-N=N}{\overset{C_6H_5-NH-NH}{>}}C=O+Hg^{2+}} \rightleftharpoons \underset{\text{紫红色配合物}}{O=C\cdots Hg \cdots C=O + 2H^+}$$

二苯卡巴腙   紫红色配合物

注意事项：

（1）一般情况下，含氯有机物中的氯不会转化为游离氯，因此可单用 NaOH 溶液吸收。有机物中若含有溴则会生成单质溴，要用氢氧化钠和过氧化氢混合溶液吸收，用过氧化氢作还原剂将溴分子还原成溴离子。

（2）酸度约为 pH＝3.2，酸度过大指示剂的灵敏度下降；而在碱性溶液中，二苯卡巴腙呈红色与终点颜色较接近，终点变色不明显。

（3）滴定若在体积分数为 80％的乙醇介质中进行，二苯卡巴腙与汞的配位化合物电离度降低使终点更加明显。

（4）滴定终点的颜色变化应为黄色→红色→紫色，若直接出现紫色，红色不明显则指示剂已变质。

4. 碘的测定

有机物中碘的测定采用氧瓶燃烧法生成碘离子、游离碘和碘酸根。反应如下：

$$\text{含碘有机物} \xrightarrow[\text{燃烧}]{O_2\ (Pt)} I_2 + I^- + IO_3^- + CO_2 + H_2O$$

（1）汞液滴定法。燃烧瓶中用硫酸肼或硫酸肼－氢氧化钾混合溶液作吸收剂，将吸收液中的碘全部转化为碘离子。反应式为：

$$I_2 + N_2H_4 + 2KOH \longrightarrow 2KI + N_2\uparrow + 2H_2O + H_2\uparrow$$

$$2KIO_3 + 3N_2H_4 \longrightarrow 2KI + 3N_2 + 6H_2O$$

调节溶液酸度约为 pH＝3.5 的条件下，用硝酸汞为标准滴定液，以二苯卡巴腙为指示剂进行滴定，终点为紫红色。

注意事项：

1）肼在空气中稳定，并有足够的还原能力，且过量时不干扰滴定终点。如果用硫酸肼作吸收液，可以不调节 pH 值。

2）在体积分数为 80％的乙醇介质中进行滴定，能使终点更为明显。

3）硝酸汞标准滴定液可用碘化钾基准物标定。

（2）碘量法。燃烧瓶中放入氢氧化钾作吸收液，氧瓶燃烧后的产物用氢氧化钾溶液吸收,将吸收液调节到弱酸性（pH=3～4）,加入过量溴水,使碘离子和游离碘全部转化成碘酸根,再用甲酸作还原剂除去过量的溴。反应如下：

$$2I^- + Br_2 \longrightarrow I_2 + 2Br^-$$

$$I_2 + 5Br_2 + 6H_2O \longrightarrow 2HIO_3 + 10HBr$$

$$Br_2 + HCOOH \longrightarrow 2HBr + CO_2 \uparrow$$

用碘量法测定溶液中的碘含量。在溶液中加入过量的碘化钾然后酸化,碘化钾被溶液中碘酸氧化后定量地析出碘,再用硫代硫酸钠标准滴定液滴定,在接近终点时加入淀粉指示剂,溶液由蓝色变无色为终点,反应如下：

$$HIO_3 + 5KI + 5HCl \longrightarrow 5KCl + 3I_2 + 3H_2O$$

$$I_2 + 2Na_2S_2O_3 \longrightarrow 2NaI + Na_2S_4O_6$$

结果计算：

碘的质量百分数为 $$w_I = \frac{c \times (V - V_0) \times M}{6 \times n \times m} \times 100\% \tag{1-4}$$

式中　c——硫代硫酸钠溶液的浓度,mol/L;

V——硫代硫酸钠标准滴定液滴定样品时消耗的体积,mL;

V_0——硫代硫酸钠标准滴定液滴定空白试样时消耗的体积,mL;

M——试样中被测组分的摩尔质量,g/mol;

n——一个被测组分分子中含碘原子的数目;

m——试样的质量,mg。

注意事项：

1）吸收后的溶液可用乙酸—乙酸钠缓冲溶液调节 pH 值,然后加入溴水至溶液呈棕色,为了使氧化反应完全还应放置 5～10 min。

2）除去过量溴时应逐滴加入甲酸至溶液无色,再滴加甲基红指示剂,若不褪色,则溴已除尽。

3）碘量法测有机物中的碘,可在氯和溴存在下测定,是有机物中碘常用的测定方法。

第4节　有机物官能团定量分析

一、概述

有机物的官能团定量分析是直接利用官能团的化学或物理性质进行的,利用官能团的化学性质进行定量分析称化学分析法,主要用于常量分析或主含量分析。利用官能团物理性质或物化性质进行定量分析称为仪器分析法,它主要测定微量或复杂的有机物。本书主要介绍化学分析法,因化学分析法仪器设备简单、价廉,在生产中得到了广泛的应用。

官能团定量分析主要解决两个问题。其一,通过对试样中被测组分的特征官能团的定量测定,从而确定该组分在试样中的含量,这主要应用于化工生产中原料、中间产品及产品的主含量分析;其二,对某物质的特性官能团的定量分析,可确定该官能团在被测物中的含量或被测物分子中含该官能团的数目,从而确定被验证的化合物的结构。

1. 有机物官能团定量分析的特点

首先,官能团都存在于具体的分子中。官能团的特性,如反应活性等,都会受分子中其他组成部分的影响。因此在有机分析中,同一个官能团在不同的分子中,其分析方法也可能不同。也就是说,不存在一种化学分析方法可以对所有分子中的同一种官能团进行分析。其次,由于有机物及有机反应的特点,有机物的分析和无机物的分析有较大不同,有机官能团定量分析的特点见表1—9。

表1—9　　　　　　　有机官能团定量分析的特点

有机物的特点	分析方法的要求	官能团定量分析中采取的措施
多数有机物难溶于水	试样要制备成溶液	将不溶于水的试样溶于有机溶剂中
有机反应是分子间反应,速度慢	反应速度要快,应满足滴定分析的要求	经常采用回流加热,加催化剂加快反应速度,并采用返滴法
有机反应一般是可逆反应	反应必须进行到底	采用试剂过量、移走产物等方法使反应完全,常采用返滴法
副反应多	反应按化学计量关系进行	严格控制反应条件,减少副反应发生

最后,因为有机官能团定量分析反应的专属性较强,所以,被测组分与其他组分共存时一般不需进行分离。

2. 有机官能团的定量分析方法

有机官能团定量分析是以官能团的化学反应为基础。在一定条件下,使试剂与官能团进行定量的化学反应,待反应完全后,测定试剂的消耗量或反应的生成物的量,然后通过计算求得试样中官能团及待测组分的含量。采用的分析方法通常都是化学分析中常用的方法。

(1) 酸碱滴定法。酸碱滴定是一种简便、快速、成熟的分析方法,能采用酸碱滴定法的有机物,应尽量采用酸碱滴定法进行分析测定。例如分子中含有酸性或碱性基团的有机物,或反应中生成或消耗酸或碱的有机物的定量分析都可采用酸碱滴定。

1) 含有酸性基团的有机物。羧酸、磺酸、酚类、脂肪族的伯硝基及仲硝基化合物、氨基酸、硫醇等，都可选用合适的溶剂，用碱标准滴定液滴定。例如羧酸：

$$RCOOH + NaOH \longrightarrow RCOONa + H_2O$$

2) 含有碱性基团的有机物。胺类、生物碱、含氮杂环以及肼、酰氨、羟酸盐等，都可选择合适的溶剂，用酸标准滴定液滴定。例如胺类：

$$CH_3NH_2 + HCl \longrightarrow CH_3NH_2 \cdot HCl$$

3) 反应过程中消耗碱的有机物。例如酸酐、酯、酰卤等。常用的方法是先加过量的碱标准溶液，反应完全后，再用酸标准滴定液返滴过量的碱。例如酯：

$$ROOR' + NaOH（过量） \longrightarrow RCOONa + R'OH$$

$$NaOH（剩余） + HCl \longrightarrow NaCl + H_2O$$

4) 反应过程中消耗酸的有机物。如环氧化合物，可加入过量的盐酸标准溶液，反应完全后，用氢氧化钠标准滴定液滴定过过的盐酸。

$$RCH\overset{\displaystyle\diagdown}{\underset{O}{}}CH_2 + HCl(过量) \longrightarrow RCHCH_2Cl\ (OH)$$

$$HCl（剩余） + NaOH \longrightarrow NaCl + H_2O$$

5) 反应过程中生成酸的有机物。如酸酐与醇反应、羰基与盐酸羟胺反应，可用氢氧化钠标准滴定液滴定生成的酸。

6) 反应过程中生成碱的有机物。如醛或甲基酮与亚硫酸氢钠作用，生成的碱可用酸标准滴定液滴定或采用返滴法。

(2) 氧化还原滴定法。凡有氧化性或还原性的有机物，或反应中消耗氧化剂或还原剂的有机物，都可用氧化还原滴定法直接滴定或返滴定。氧化还原滴定中应用最广泛的是碘量法，碘量法除反应速度快、终点敏锐外，还具有倍增效应等优点。

1) 具有氧化性的有机物。如硝基化合物、亚硝基化合物、偶氮化合物、过氧化合物等，可用还原法测定，如：

$$C_6H_5NO_2 + 6TiCl_3（过量） + 6HCl \longrightarrow C_6H_5NH_2 + 6TiCl_4 + 2H_2O$$

$$TiCl_3（剩余） + FeCl_3 \longrightarrow TiCl_4 + FeCl_2$$

可根据加入的三氯化钛的量及返滴剩余的三氯化钛时，消耗的三氯化铁标准滴定液的量求得硝基苯的量。

2) 具有还原性的有机物。如醛、醇、酚、胺、糖、硫醇等，可以用氧化法测定。

例如：
$$2RSH + I_2（过量） \longrightarrow RSSR + 2HI$$
$$I_2（剩余） + 2Na_2S_2O_3 \longrightarrow 2NaI + Na_2S_4O_6$$

3）反应过程中消耗氧化剂的物质。如不饱和化合物与卤素反应：
$$RCH=CHR' + I_2（过量） \longrightarrow RCHI + CHI-R'$$
$$I_2（剩余） + 2Na_2S_2O_3 \longrightarrow 2NaI + Na_2S_4O_6$$

4）反应过程中消耗还原剂的物质。如醚与氢碘酸反应，生成碘代烷烃，分离后再与溴反应生成碘酸（过量的溴用甲酸除去），生成的碘酸加入碘化钾，还原碘酸析出碘，再用 $Na_2S_2O_3$ 滴定碘。反应如下：
$$ROR + 2HI \longrightarrow 2RI + H_2O$$
$$RI + Br_2 \longrightarrow RBr + IBr$$
$$IBr + 2Br_2 + 3H_2O \longrightarrow HIO_3 + 5HBr$$
$$HCOOH + Br_2 \longrightarrow 2HBr + CO_2\uparrow$$
$$HIO_3 + 5KI + 5H_2SO_4 \longrightarrow 3I_2 + 3H_2O + 5KHSO_4$$
$$I_2 + 2Na_2S_2O_3 \longrightarrow 2NaI + Na_2S_4O_6$$

由上述反应可知，1 mol 烷氧基能产生 3 mol 碘，这种现象称为碘量法的倍增效应，可提高测定的灵敏度，有利于对含量较低的物质进行定量分析。

（3）沉淀滴定法。反应中能生成沉淀的有机物，可用沉淀滴定或沉淀重量法测定。例如，酰氯与硝酸银生成氯化银沉淀、硫醇与硝酸银生成硫醇银沉淀。反应如下：
$$RCOCl + AgNO_3 \longrightarrow RCONO_3 + AgCl\downarrow$$
$$RSH + AgNO_3 \longrightarrow RSAg\downarrow + HNO_3$$

通过消耗的沉淀剂或生成沉淀的量进行计算，求得被测物的含量。

（4）滴定测水法。凡反应中能生成水或消耗水的反应，都可用滴定测水法进行分析。例如醇与羧酸在催化剂作用下的酯化反应，能生成水；又如酸酐水解要消耗水等。反应如下：
$$R'OH + RCOOH \xrightarrow{催化剂} RCOOR' + H_2O$$
$$(RCO)_2O + H_2O \longrightarrow 2RCOOH$$

这类反应可以通过测定生成的水或消耗的水测得有机物的含量。测溶液中微量水分的方法常用卡尔-费休试剂滴定法。

（5）气体测量法。凡反应中产生气体或消耗气体的物质，都能用气体测量法进行测定。例如脂肪伯胺与亚硝酸反应能产生氮气、不饱和烃在催化剂存在下的加氢反应消耗氢气。

$$R-NH_2 + HNO_2 \longrightarrow R-OH + H_2O + N_2 \uparrow$$

$$RCH=CHR' + H_2 \xrightarrow{\text{催化剂}} RCH_2CH_2R'$$

通过测定生成气体的体积或消耗气体的体积来测定被测物的含量，但气体的体积与温度、压强有关，要进行校正。

除上述的化学分析法，有机物也可用仪器分析法进行分析，如分光光度法、色谱法、电化学法等。

二、烯烃的测定

1. 概述

分子中具有碳—碳双键或碳—碳三键的烯烃或炔烃称为不饱和烃类化合物。分子中的双键或叁键具有较高的反应活性，由于双键或叁键上电子云密度较大，容易发生亲电加成反应。在不饱和化合物定量分析中，主要是利用其可以发生加成反应这一性质来进行的。

根据加成反应所用的试剂不同，可分成卤素加成法、催化加氢法等，其中常用的是卤素加成法和催化加氢法。

（1）卤素加成法。卤素加成法也称卤化法，是利用过量的卤化剂与烯基发生加成反应，待反应完毕后，测定剩余的卤化剂含量来测得烯基的含量。在卤素加成中，氟、氯、溴的单质过于活泼，易引起副反应，除加成反应外还可能发生取代反应；而碘的活性较小，进行加成反应比较困难。因此，卤素加成法不适合直接应用于卤素，大多是使用它们的化合物。常用的卤化剂有氯化碘、溴化碘、碘的乙醇溶液、溴酸钾—溴化钾的酸性溶液、溴—溴化钠溶液等。各种卤化剂各有其优缺点，应根据具体情况选用。

利用卤素加成法测定单纯的不饱和化合物或简单的不饱和化合物的混合物的不饱和度，分析结果的重现性和准确度都较好。但测定天然产品，如石油产品时，因组成比较复杂，不同的加成试剂测得的数据相差很大，即使用同一种卤化剂进行测定时，也常因分析条件的不同而产生较大的误差。因此，要获得重现性较好的结果，必须严格遵守规定的操作条件。即使这样，对天然产物的不饱和度进行测定所得的结果也不一定反映化合物真实的情况，只能作为在相同条件下在不同的样品间作比较的数据。

用卤素加成法测得的烯基化合物的不饱和度常用"碘值"或"溴值"表示测定结果。碘值或溴值表示100 g试样在加成反应中所加成的碘或溴的质量。如果知道试样中烯基化合物的分子量及分子中烯基的数目，就可计算出试样中烯基化合物的含量。

（2）催化加氢法。氢气在金属催化剂作用下，能与烯基发生加成反应，催化加氢法不会发生取代反应，准确度较高，但操作复杂一般分析中较少应用。

2. 氯化碘加成法

氯化碘加成法又称韦氏法，加成试剂采用氯化碘。

(1) 基本原理。在试样溶液中加入过量的氯化碘溶液，试样中的烯基与氯化碘发生加成反应。反应完毕后加入过量碘化钾还原过量的氯化碘，反应生成的碘用硫代硫酸钠标准滴定液滴定，用淀粉指示剂指示终点，同时作空白实验。反应如下：

$$\text{>C=C<} + \text{ICl (过量)} \longrightarrow \text{-C-C-} \text{ (Cl, I)}$$

$$\text{ICl} + \text{KI} \longrightarrow \text{KCl} + \text{I}_2$$

$$\text{I}_2 + 2\text{Na}_2\text{S}_2\text{O}_3 \longrightarrow 2\text{NaI} + \text{Na}_2\text{S}_4\text{O}_6$$

(2) 滴定条件的选择。滴定条件选择的目的是为了加快反应速度、使反应完全、并抑制取代反应的发生。

1) 试剂应过量100%～150%，氯化碘的浓度应不小于0.1mol/L。如试剂量过少、过稀，反应会不完全；但试剂量过多、过浓容易引起取代反应。

2) 试样溶剂可用三氯甲烷或四氯化碳，也可用二硫化碳。

3) 加成反应要在无水的条件下进行，因为氯化碘遇水会分解，所以所用的仪器、试样、试剂都不能有水。

$$\text{ICl} + \text{H}_2\text{O} \longrightarrow \text{HCl} + \text{HIO}$$

4) 为了防止氯化碘的挥发及发生取代反应，反应应在低温、避光、密闭的条件下进行。

5) 反应时间一般约为30 min。若试样碘值在150以上应放置60 min，反应才能完全。

6) 用乙酸汞作催化剂，反应能在3～5 min内完成。但乙酸汞除加快加成反应外，同时也加快取代反应的速度，且使用乙酸汞会产生新的"三废"，因此一般不采用。

(3) 结果计算。设氯化碘测定的有机物中如有 n 个双键，则求被测物质量百分数的计算式如下：

$$w_B = \frac{c \times (V_0 - V) \times 10^{-3} \times M}{2 \times n \times m} \times 100\% \tag{1-5}$$

式中 w_B——被测物质量分数；

        c——硫代硫酸钠标准滴定液的浓度，mol/L；

        V_0——空白实验时硫代硫酸钠标准滴定液的消耗体积，mL；

        V——试样溶液滴定时消耗的硫代硫酸钠标准滴定液的体积，mL；

        M——被测组分的摩尔质量，g/mol；

n——被测组分的分子中烯基个数；

m——试样的质量，g。

用氯化碘测定植物油的不饱和度时，因该方法不能与植物油中所有的烯基发生加成反应，所以不能表示被测试样中烯基的实际含量，只能得到各种植物油不饱和度的相对数值。分析结果常用碘值来表示，它是油脂质量的重要指标。

碘值的定义：100 g 油脂发生加成反应时消耗碘的质量（g），计算按下式：

$$碘值 = \frac{c \times (V_0 - V) \times 10^{-3} \times 126.9}{m} \times 100 \qquad (1-6)$$

式中 c——硫代硫酸钠标准滴定液的浓度，mol/L；

V_0——空白实验时硫代硫酸钠标准滴定液的消耗体积，mL；

V——试样溶液滴定时消耗的硫代硫酸钠标准滴定液的体积，mL；

m——试样的质量，g；

126.9——碘的摩尔质量，g/mol。

3. 碘-乙醇溶液加成法

因碘的加成反应活性低，用碘直接与烯基进行加成，反应不完全；而用碘-乙醇进行加成反应可使反应完全。

（1）原理。碘—乙醇中含有的微量的水，碘会发生歧化反应，但反应量很少，歧化反应如下：

$$I_2 + H_2O \rightleftharpoons HI + HIO$$

但当有烯基存在时，因 HIO 能与烯基发生加成反应，上述歧化反应的平衡向右移动，因此烯基和碘的加成反应很快反应完全，一般在 3~5 min 内完成。

$$\!\!\!\!>\!\!C\!\!=\!\!C\!\!<\! + HIO \longrightarrow -\overset{|}{\underset{OH}{C}}-\overset{|}{\underset{I}{C}}-$$

反应完毕后立即加入碘化钾使溶液中过量的碘生成 I_3^- 离子，然后用硫代硫酸钠标准滴定液滴定过量的碘，同时作空白实验。

该方法简便快速，准确度也能符合工业生产的要求。

（2）滴定条件

1) 试剂过量约 70%，浓度约为 0.1mol/L。试剂量的过多、过少，浓度的过大、过小都会影响滴定结果。

2) 反应时间一般为 3~5 min。反应时间过长、过短都会使滴定结果偏大或偏小。

4. 催化加氢法

（1）原理。烯基在催化剂存在下与氢气发生加成反应：

$$\mathrm{>\!C\!=\!C\!<} + H_2 \xrightarrow{催化剂} \mathrm{-\underset{H}{\overset{|}{C}}-\underset{H}{\overset{|}{C}}-}$$

根据反应消耗氢气的体积，计算出烯基的量或被测组分的含量。

（2）结果计算。气体的体积与温度、压强有关，所以对于气体的体积一般都根据测定时气体的温度和压强，利用理想气体状态方程将其换算成标准状况下的体积，然后再进行计算。计算公式如下：

$$V_S = V \times \frac{P}{P_S} \times \frac{T_S}{T} = V \times \frac{P}{P_S} \times \frac{T_S}{T_S + t} \tag{1—7}$$

式中　V——加成反应消耗氢气的体积，mL；

　　　V_S——将 V 换算成标准状况下的体积，mL；

　　　P——测定时氢气的压强，Pa；

　　　P_S——标准状况时的压强，$P_S = 101\,325$ Pa；

　　　T_S——标准状况时的温度，K，T_S 为 273.15K；

　　　T——测定时的温度，K，$T = T_S + t$；

　　　t——测定时的摄氏温度，℃。

在试样中烯基和被测物的质量分数分别按如下式计算：

$$w_{烯基} = \frac{24.02 \times V_0}{22.4 \times m} \times 100\% \tag{1—8}$$

$$w_{被测物} = \frac{V_0 \times M}{m \times n \times 22.4} \times 100\% \tag{1—9}$$

式中　M——被测物的摩尔质量，g/mol；

　　　m——试样的质量，g；

　　　n——被测物分子中含双键的个数；

　　　24.02——C=C 的摩尔质量，g/mol；

　　　22.4——每摩尔气体在标准状况下的近似体积，L/mol。

（3）测定条件。催化加氢反应虽不会发生取代反应，但反应的条件如温度与压强以及催化剂、试样的纯度等对反应也有一定影响。加成反应用的氢气不能含有氧气及硫化氢，因为氧气会消耗氢气，硫化氢会使催化剂中毒、失活。同样，所用的试剂、试样及连接气体用的管子也不能含有硫化氢及一氧化碳等使催化剂的中毒的物质。

三、醇和酚的测定

1. 概述

醇和酚都是含有羟基的有机物,但在醇和酚中与羟基连接部分的结构和组成是不同的,因此,醇和酚中羟基的性质不同,分析方法也不同。在不同的醇分子中,羟基的性质也不完全相同,在酚中也是如此。因此,没有一种测定羟基的方法可用来分析所有的含羟基化合物。对不同的羟基化合物要选用不同的方法来分析。

(1) 醇的测定。醇很易发生酰化反应,所以常用酰化法测定醇中的羟基。根据酰化剂的不同,常用的有乙酰化法和苯二甲酰化法来测定伯醇和仲醇。叔醇的测定常在三氟化硼催化下与乙酸反应,通过测定反应中生成的水求得叔醇的含量。对 α — 多羟基醇,即有两个或两个以上相联的碳原子上都接有羟基的醇类,可用高碘酸化法进行测定。

(2) 酚的测定。大多数酚具有弱酸性,可在一定的碱性溶剂中用酸碱滴定来测定。另外,酚羟基的邻位、对位容易发生取代反应,可用溴量法测定。

微量的酚及醇的试样可用分光光度法等仪器分析测定。

2. 醇的测定

(1) 乙酰化法。乙酰化法测定醇含量,乙酸酐是常用的酰化剂。乙酸酐性质比较稳定,但酰化反应较慢,常需回流加热、添加催化剂等加快反应速度。乙酸酐和醇的反应还是一个可逆反应,分析时还要考虑使反应进行完全。乙酰氯也是一种乙酰化剂,活性大于乙酸酐,反应速度快且反应不可逆,但乙酰氯挥发性大,易损失,所以不适合用作定量分析。

1) 基本原理。乙酰化法的主要反应有三种形式:

①酰化反应。醇与过量的乙酸酐反应生成酯和乙酸。反应如下:

$$ROH + CH_3COCCH_3 \longrightarrow CH_3COOR + CH_3COOH$$

②水解反应。乙酸酐和水发生水解反应生成乙酸。反应如下:

$$H_2O + CH_3COCCH_3 \longrightarrow 2CH_3COOH$$

③滴定反应。以上反应中生成的乙酸用氢氧化钠标准滴定液进行滴定,反应如下:

$$CH_3COOH + NaOH \longrightarrow CH_3COONa + H_2O$$

试样和过量的乙酸酐反应,反应完毕后加入水,使剩余的乙酸酐与水发生水解反应,两个反应中生成的乙酸用氢氧化钠标准滴定液滴定，同时作空白实验。空白实验用同样量的乙酸酐与水发生反应，生成的乙酸也用氢氧化钠标准滴定液滴定。

2) 结果计算。因为测定和空白实验所用的酰化剂量是相同的，设反应中乙酸酐、羟基、氢氧化钠的物质的量分别为 $n_{酸酐}$、$n_{羟基}$、n_{NaOH}。它们之间的关系根据反应式可知：

$$n_{NaOH} = (n_{酸酐} - n_{羟基}) \times 2 + n_{羟基}$$

$$n'_{NaOH} = 2n_{酸酐}$$

n_{NaOH} 和 n'_{NaOH} 分别为试样滴定时和空白实验时消耗的氢氧化钠的物质的量。

$$n_{NaOH} = 2n_{酸酐} - n_{羟基}$$

$$n_{羟基} = n'_{NaOH} - n_{NaOH}$$

因此被测物在试样中的质量百分数如下式所示：

$$w_{被测物} = \frac{c \times (V_0 - V) \times 10^{-3} \times M}{n \times m} \times 100\% \tag{1—10}$$

式中　c——氢氧化钠标准滴定液的浓度，mol/L；

　　　V_0——空白实验时氢氧化钠标准滴定液消耗的体积，mL；

　　　V——试样滴定时氢氧化钠标准滴定液消耗的体积，mL；

　　　M——被测物质的摩尔质量，g/mol；

　　　n——被测物一个分子中含羟基的个数；

　　　m——试样的质量，g。

羟值的计算。有时对羟基化合物的混合物或未知组成的试样需要测定试样中羟基的总量，测定的结果通常用羟值表示。羟值的定义：1g 试样中含的羟基相当于氢氧化钾的毫克数，按以下公式计算：

$$羟值 = \frac{c \times (V_0 - V) \times 56.2}{m} \tag{1—11}$$

式中　c——氢氧化钠标准滴定液的浓度，mol/L；

　　　V_0——空白实验时氢氧化钠标准滴定液消耗和体积，mL；

　　　V——试样滴定时氢氧化钠标准滴定液消耗的体积，mL；

　　　m——试样的质量，g；

　　　56.1——氢氧化钾的摩尔质量，g/mol。

3) 滴定条件

①为了使反应完全，通常在试样溶液中加入吡啶。因为吡啶是碱性，和酰化反应中生成的羧酸反应，相当于将羧酸移走破坏了酰化反应的平衡，使平衡体系向生成物方向移动而使反应完全。在官能团定量分析中可逆反应较多，经常采用这种方法来使反应完全。吡

啶是一种极弱的碱，只需选择好指示剂，吡啶的存在不影响测定的结果。

②试剂需过量50%以上。试剂是否过量，从结果的计算式可知，如试剂正好与试样完全反应，则试剂滴定时消耗的氢氧化钠溶液的体积正好为空白实验时消耗体积的一半。所以，只有当试样滴定时，氢氧化钠溶液消耗的体积大于空白实验消耗体积一半时，试剂才是过量的。如试剂量不足，反应不完全，测定则要重做。若按试剂过量50%计算，则空白实验时氢氧化钠溶液消耗的体积应为试样滴定时的3/2，试剂的用量可用试样量来估算。

③为加快反应速度，可采用提高温度或添加催化剂的方法，可据具体的试样选择反应的温度和反应时间。一般，相对分子质量较小的一元醇（C_5以下）可在室温下反应，反应时间为10～30 min；相对分子质量较大的一元醇或多元醇，需要在沸水浴中回流加热30～60 min或更长的时间。

使用催化剂加快反应速度，常用的催化剂是高氯酸，高氯酸的催化能力很强，可在室温下进行酰化反应，特别适用于一些难酰化的醇。但高氯酸带来的干扰也较多，如果必须用高氯酸催化，则需用标准样校正。

④酰化剂一般用乙酸酐和吡啶的混合液，乙酸酐和吡啶的物质量之比一般为1∶3，也可更大一些。若用高氯酸作催化剂，高氯酸的用量较少，乙酸酐和高氯酸的物质的量之比一般为1∶0.15。

⑤酰化反应要在无水条件下进行，因为水会使乙酸酐水解，影响酰化能力。特别是在加热条件下进行的酰化反应，乙酸酐水解反应更快，必要时应先将试样干燥脱水再进行测定。

4）注意事项。乙酰化法适用于伯醇和仲醇。叔醇酰化时会发生脱水的副反应，产生烯烃。酚和醛对反应有干扰，可采用邻苯二甲酸酐酰化法，消除酚醛的干扰。若有伯胺和仲胺的干扰可在酰化反应后测定酯的含量，消除伯胺、仲胺的干扰。如果试样中含有游离酸或游碱时，应另取试样，用吡啶溶解后，用标准酸或碱滴定液，滴定后加以校正。

（2）邻苯二甲酸酐酰化法。其原理与乙酰化法类似，差别是酰化剂采用邻苯二甲酸酐，酰化反应如下：

$$ROH + \text{邻苯二甲酸酐} \longrightarrow \text{COOR, COOH}$$

邻苯二甲酸酐最大的优点是酚和醛不干扰，试剂稳定不挥发，有少量水存在也不干扰。其缺点是酰化反应活性差，要求试剂过量较多，一般过量100%～200%；反应温度高、时间长。伯胺、仲胺、硫醇也可以发生酰化反应而干扰测定，但也可以利用它来测定这些化合物的含量。

(3) 高碘酸氧化法测定 α—多羟基醇类化合物。高碘酸在弱酸性介质中氧化 α—多羟基化合物上羟基，结果碳链断裂生成醛和甲酸，一元醇或羟基不在相连的碳原子上的多元醇都不能被氧化，一般的反应式如下：

$$RHOCH(CHOH)_{n-2}CHOHR + (n-1)HIO_4 \longrightarrow$$
$$2RCHO + (n-2)HCOOH + (n-1)HIO_3 + H_2O$$

高碘酸氧化 α—多羟基醇后，可以通过测定剩余的高碘酸或测定氧化产物醛或甲酸来计算含量，一般常用的方法有碘量法和酸量法，以下用碘量法为例来讨论。

1) 基本原理。在试样中加入过量的高碘酸溶液，氧化反应完全后，加入过量的碘化钾，使剩余的高碘酸和生成的碘酸与碘化钾反应生成碘，再用硫代硫酸钠标准滴定液滴定析出的碘，并同时取与测定试样时相同量的高碘酸作空白实验。反应过程如下：

$$HIO_4 + 7KI + 7HCl \longrightarrow 4I_2 + 7KCl + 4H_2O$$
$$HIO_3 + 5KI + 5HCl \longrightarrow 3I_2 + 5KCl + 3H_2O$$
$$I_2 + 2Na_2S_2O_3 \longrightarrow 2NaI + Na_2S_4O_6$$

2) 结果计算。从反应式可以看出 α—多羟基醇中有 n 个相连碳原子上的羟基，反应时要消耗 $(n-1)$ 个高碘酸分子，产生 $(n-1)$ 个碘酸分子。每个高碘酸分子与碘化钾反应，产生的碘分子比每个碘酸分子与碘化钾反应产生的碘分子数多一个，所以和硫代硫酸钠反应时也多消耗两分子硫代硫酸钠。若有 n 个相连的羟基的 α—多羟基醇 1 mol，在测定过程中与空白实验相比，要少消耗 $2(n-1)$ mol 的硫代硫酸钠。含有 n 个相连的羟基的 α—多羟基醇在试样中质量百分数的计算公式如下：

$$w = \frac{c \times (V_0 - V) \times 10^{-3} \times M}{2 \times (n-1) \times m} \times 100\% \tag{1—12}$$

式中　c——硫代硫酸钠标准滴定液的浓度，mol/L；

V_0——空白实验时消耗硫代硫酸钠标准滴定液的体积，mL；

V——测定试样时消耗硫代硫酸钠标准滴定液的体积，mL；

M——被测组分的摩尔质量，g/mol；

n——α—多羟基醇中相连的羟基个数；

m——试样的质量，g。

在计算式中，如被测组分是乙二醇，则 $n=2$，$2\times(n-1)=2$；如被测组分是丙三醇，则 $n=3$，$2\times(n-1)=4$。

3) 测定条件

①高碘酸要过量。判别方法：测定时硫代硫酸钠溶液的消耗量要大于空白实验时消耗

量的80%，如果高碘酸用量正好与试样完全反应，那么，试剂中的高碘酸全部转化成碘酸和碘化钾。反应中每个碘酸分子生成3个碘分子，每个高碘酸分子产生4个碘分子，如用硫代硫酸钠来滴定，滴定时硫代硫酸钠标准滴定液消耗的体积正好为空白实验时消耗的体积的3/4即75%。若小于75%，高碘酸量不足，反应不完全，必须重做。

②酸度和温度。酸度控制在pH＝4左右，并在较低温度下反应。因为反应产物中醛易被氧化，所以pH值较小或温度较高时，醛就会被氧化成羧酸，高碘酸消耗量增加，使测定结果偏高。

③反应时间30～90 min。乙二醇、丙三醇反应较快，糖类较慢。

④溶剂。一般可用水作溶剂，如试样不溶于水，可用$CHCl_3$作溶剂。

⑤高碘酸除可氧化α—羟基多羟醇外，也能氧化α—氨基醇、α—羰基醇、α—羰基酮，这些化合物对测定有干扰。

(4) 滴定水法测定叔醇。叔醇与羧酸在三氟化硼存在下能发生酯化反应，但也能发生叔醇失水生成烯基的反应，反应如下：

$$R-\underset{\underset{CH_3}{|}}{\overset{\overset{R'}{|}}{C}}-OH+CH_3COOH \xrightarrow{BF_3} R-\underset{\underset{CH_3}{|}}{\overset{\overset{R'}{|}}{C}}-O-\overset{\overset{O}{\|}}{C}-CH_3+H_2O$$

$$R-\underset{\underset{CH_3}{|}}{\overset{\overset{R'}{|}}{C}}-OH+CH_3COOH \xrightarrow{BF_3} R-\overset{\overset{R'}{|}}{C}=CH_2+H_2O$$

两个反应都生成一分子水，即不论发生那个反应，试样中叔醇的物质的量与生成水的物质的量相等，所以只要测定水的量就能计算出叔醇的量，而水的测定可用卡尔—费休法测定。

3. 酚测定

酚是羟基直接与苯环相连的有机物，苯环上连接羟基后，氧原子上的弧对电子与苯环形成共轭π键，使苯环上电子云密度增大，活性增加，容易发生亲电取代反应。另外氧原子上电子与苯环形成共轭π键后，氢和氧的共价键上共用电子对向氧偏移，使氢原子有脱离氧的趋势，形成氢离子，所以酚类具有弱酸性。苯酚的$pK_a \approx 10$。

(1) 溴量法测定酚

1) 原理。酚和溴酸钾—溴化钾溶液反应，苯环上羟基的邻对位被溴取代。以苯酚为例，反应如下：

$$KBrO_3 + 5KBr + 6HCl \longrightarrow 6KCl + 3Br_2 + 3H_2O$$

HO—⟨ ⟩ + 3Br₂ ⟶ HO—⟨Br,Br,Br⟩ ↓ + 3HBr
白色

在苯酚试样的氢氧化钠溶液中加入一定量的过量 $KBrO_3$—KBr 溶液，并用盐酸酸化。反应结束后，加入过量的碘化钾，使溶液中的溴转化为碘，再用硫代硫酸钠标准滴定液滴定生成的碘，同时做空白实验，反应如下：

$$Br_2 + 2KI \longrightarrow 2KBr + I_2$$
$$I_2 + 2Na_2S_2O_3 \longrightarrow 2NaI + Na_2S_4O_6$$

2）结果计算。1 mol 苯酚消耗 3 mol 溴，而 1 mol 溴转化为 1 mol 碘，滴定时消耗 2 mol $Na_2S_2O_3$，所以 1 mol 苯酚相当于 6 mol 硫代硫酸钠。计算按下式：

$$w = \frac{c \times (V_0 - V) \times 10^{-3} \times M}{6 \times m} \times 100\% \tag{1—13}$$

式中　c——硫代硫酸钠标准滴定液的浓度，mol/L；

　　　V_0——空白实验滴定时消耗硫代硫酸钠标准滴定液的体积，mL；

　　　V——试样滴定时消耗硫代硫酸钠标准滴定液的体积，mL；

　　　M——苯酚的摩尔质量，g/mol；

　　　m——试样的质量，g。

该方法是测定酚的常用方法，测定一般在水溶液中进行。

（2）酸碱滴定法测定酚。酚类化合物有酸性，但酸性的强弱与苯环上的取代基有关，苯环上接有吸电子基团，酚的酸性增强，吸电子基团越多酸性越强。例如硝基是吸电子基团，而三硝基苯酚（苦味酸）就是一种较强的酸。酚类一般都是弱酸（$pK_a < 8$），不能在水溶液中直接滴定，需采用碱性有机溶剂进行非水酸碱滴定。

四、醛和酮的测定

1. 概述

醛和酮都是含有羰基的有机化合物，所以醛和酮有许多相似的化学性质。例如可与氨的衍生物发生缩合反应，如与羟胺生成肟、与肼生成腙，醛和甲基酮中的羰基能与亚硫氢钠发生加成反应。但因醛的羰基碳原子上连有一个氢，而酮羰基上没有氢，使醛和酮具有一些不同的性质。醛的化学性质比酮活泼，其原因是醛羰基上连有一个氢，而酮羰基上没有氢，接了两个较大的烃基，醛的空间阻碍较小，反应时醛羰基较活泼。如醛易被氧化剂氧化，能与希夫试剂作用，而酮不能发生这些反应。

测定羰基化合物的方法主要有羰基与氨的衍生物发生缩合反应的肟化法，羰基发生亲核加成反应的亚硫酸氢钠法，醛易被氧化可用斐林试剂氧化法测定，在羰基上连有甲基结构的醛或酮可用碘仿反应测定。除了以上容量分析法外，醛和酮也可用称量法分析，如双甲酮法测定醛及羰基和2，4-二硝基苯肼法测定醛和酮。

2. 肟化法

用盐酸羟胺肟化法测定醛和酮是测定羰基最常用的方法之一，试样与盐酸羟胺反应放出氯化氢和水，反应完毕后可用酸碱滴定法测定放出的氯化氢，也可用卡尔—费休法测定析出的水。用测定氯化氢来测定羰基的方法如下：

（1）测定原理。试样溶液中加入过量的含有吡啶的盐酸羟胺与试样中的羰基反应放出氯化氢。反应如下：

$$>C=O+H_2NOH \cdot HCl \longrightarrow >C=NOH+HCl+H_2O$$

因为反应具有可逆性，所以溶液中要加入吡啶，吡啶是一种有机弱碱，它与析出的盐酸发生中和反应，消除了溶液中的盐酸，平衡被破坏，使肟化进行反应完全。

$$C_5H_5N+HCl \longrightarrow C_5H_5N \cdot HCl$$

肟化反应后，在溶液中存在两种弱碱强酸盐，吡啶盐酸盐和羟胺盐酸盐。羟胺的碱性比吡啶强，所以吡啶盐酸盐的酸性较强。当用氢氧化钠滴定时，吡啶盐酸盐首先被中和，氢氧化钠标准滴定液与吡啶盐酸盐反应完全后，再和羟胺盐酸盐反应，所以滴定终点由羟胺盐酸盐决定。羟胺盐酸盐是强酸弱碱盐，水解后溶液呈酸性，$pH=3.8\sim4.1$，所以滴定时要选用在酸性介质中变色的指示剂。一般选用溴酚蓝作指示剂，它们变色范围$pH=3.0\sim4.6$，终点时溶液由黄色变为蓝绿色。

试样中有酸性或碱性物质存在时必须另取一份试样进行滴定校正。另外，盐酸羟胺是强还原剂，因而氧化性物质有干扰。

（2）测定条件

1）反应介质。因为肟化反应是可逆反应，所以反应在吡啶和乙醇混合介质中进行。吡啶可消除反应中产生的盐酸；乙醇可增加试样的溶解度加快反应速度，又可稀释反应中生成的水，降低溶液中水的浓度使反应完全。

2）试剂用量。为了使反应完全，试剂要过量50%～100%。

3）反应时间和反应温度。反应时间和反应温度与被测组分的结构有关，羰基连接的取代基空间位阻小，则反应速度快；空间位阻大，则反应速度慢。一般醛和甲基酮与羟胺反应速度较快，在室温下放置30 min就能完成；而其他的酮反应速度都较慢，也不易反应完全,特别是某些空间位阻大的酮需放置很长时间,或要加热回流 1~2 h 才能完成。盐酸羟胺测定不同的醛和酮的反应时间和温度见表 1—10。

表 1—10　　　　盐酸羟胺测定不同的醛和酮的反应时间和温度

化合物	在室温反应时间	在 98~100℃反应时间
丙酮	10 min	—
异丁醛	10 min	—
戊酮—2 或戊酮—3	30 min	—
2—甲基戊酮—3	—	2 h
2,4—二甲基戊酮—3	48 h	2 h
苯甲醛	30 min	—
苯乙酮	—	2 h

4）终点的确定。用溴酚蓝作指示剂,由于溶液中存在弱碱及弱碱盐,具有缓冲性,使终点变色不明显,故需同时作空白实验,对照终点的颜色。指示剂浓度不宜过大,加入量应保持一定,为保持指示剂的浓度一定可将溴酚蓝预先加到盐酸羟胺试剂中。

测定试样时如需加热,指示剂会发生可逆变色因此需冷却到室温后再进行滴定。

本方法测定准确与否的关键在于能否准确地确定终点,最好用电位法判定终点。

3. 亚硫酸氢钠法（适用于醛和甲基酮）

（1）测定原理。醛或甲基酮与过量的亚硫酸氢钠在羰基上发生亲核加成反应,生成 α—羟基磺酸钠。反应如下:

$$\underset{R'}{\overset{R}{>}}C{=}O + NaHSO_3 \text{(过量)} \rightleftharpoons \underset{R'}{\overset{R}{>}}C\underset{SO_3Na}{\overset{OH}{<}} \quad (R=烷基, R'=CH_3 或 H)$$

α-羟基磺酸钠

反应结束后可测定过量的亚硫酸氢钠,以确定试样中羰基或被测组分的含量,而亚硫酸氢钠的测定方法有酸滴定法和碘量法。上述取代反应的活性和反应速度的快慢,主要决定于 R 和 R′ 的空间位阻,如醛比甲基酮反应快,而醛或甲基酮中 R 越大,空间位阻越大,反应速度越慢。

（2）用酸碱滴定法测定。因为亚硫酸氢钠不稳定,所以加成反应实际所用的试剂常是较稳定的亚硫酸钠。在反应前加入过量的硫酸标准溶液后,试样与亚硫酸钠反应析出的氢氧化钠被硫酸中和,反应完毕后再用氢氧化钠标准滴定液滴定过量的硫酸。

$$\begin{matrix}R\\R'\end{matrix}\!\!>\!\!C\!=\!O + Na_2SO_3 + H_2O \rightleftharpoons \begin{matrix}R\\R'\end{matrix}\!\!>\!\!C\!\!<\!\!\begin{matrix}OH\\SO_3Na\end{matrix} + NaOH \quad (R=\text{烷基},\ R'=CH_3\text{或}H)$$

α-羟基磺酸钠

$$H_2SO_4\ (过量) + 2NaOH = Na_2SO_4 + 2H_2O$$

为了使反应完全,并不破坏原来已反应完全的加成反应,亚硫酸钠试剂必须大量地过量。一般 0.02~0.04 mol 的试样,要加入 0.25 mol 左右的亚硫酸钠。

醛或甲基酮加成反应生成的 α—羟基磺酸钠,在溶液中的酸碱性有所不同,但多数呈弱碱性。当过量的硫酸被中和后,溶液的 pH 值为 9.0~9.5,应选用在碱性介质中变色的指示剂,用酚酞或百里酚酞较合适。而且因为溶液中过量的亚硫酸钠及加成反应产物 α—羟基磺酸钠的存在,溶液具有缓冲性,在终点时指示剂变色不明显,终点难以掌握,最好用标准对照法或电位法判断终点。

该方法广泛应用于醛的测定,避免了使用不稳定的亚硫酸氢钠,反应时必须加入硫酸,使生成的亚硫酸氢钠分解。试样中的酸性或碱性杂质会干扰测定,应另行测定加以校正。

甲醛与亚硫酸加成反应生成 α—羟基磺酸钠最为稳定,可在甲醛中加入亚硫酸钠,反应完毕后直接用标准酸滴定液滴定。

结果计算:可按 1 mol 羰基加成反应后产生 1 mol 氢氧化钠,消耗含 1 mol 氢离子的酸标准滴定液进行计算。

(3)用碘量法测定。反应完成后可用碘量法来测定剩余的亚硫酸氢钠,从而求出醛或甲基酮在试样中的含量。在反应完毕的溶液中加入过量的碘标准溶液,碘将亚硫酸氢钠氧化为硫酸氢钠,反应结束后用硫代硫酸钠标准滴定液滴定过量的碘。

结果计算:按 1 mol 羰基消耗 1 mol 亚硫酸氢钠,1 mol 亚硫酸氢钠相当于 1 mol 碘又相当于 2 mol 硫代硫酸钠的关系进行计算。有关反应式如下:

$$\begin{matrix}R\\R'\end{matrix}\!\!>\!\!C\!=\!O + \underset{\text{过量}}{NaHSO_3} \rightleftharpoons \begin{matrix}R\\R'\end{matrix}\!\!>\!\!C\!\!<\!\!\begin{matrix}OH\\SO_3Na\end{matrix} \quad (R=\text{烷基},\ R'=CH_3\text{或}H)$$

α-羟基磺酸钠

$$NaHSO_3 + I_2\ (过量) + H_2O \rightarrow 2HI + NaHSO_4$$
$$I_2\ (剩余) + 2Na_2S_2O_3 \rightarrow 2NaI + Na_2S_4O_6$$

据反应式中的化学计量关系可计算羰基的物质量 $n(\!\!>\!\!C\!=\!O)$:

$$n\frac{1}{2}(Na_2S_2O_3) = n(I_2) - [n(NaHSO_3) - n(\!\!>\!\!C\!=\!O)]$$

$$n(\underset{/}{\overset{\backslash}{C}}=O)=n(NaHSO_3)+n\frac{1}{2}(Na_2S_2O_3)-n(I_2)$$

在测定 α、β—不饱和醛时，碳碳双键和羰基上的双键共轭，在和亚硫酸氢钠加成反应时碳碳双键也发生加成反应，因此消耗的亚硫酸氢钠的量应增加一倍，即 1 mol 试样要消耗 2 mol 亚硫酸氢钠。

由于生成的 α—羟基磺酸钠或多或少会离解为原来羰基化合物，若离解常数大于 10^{-3} 时，会使测定结果偏低，因此最好在低温条件下测定。

4. 其他测定羰基化合物的方法

（1）氧化法测定。利用醛基上的氢易被氧化的特点可用氧化法测定醛。常用的氧化法有斐林试剂氧化法、托伦试剂氧化法、次碘酸钠氧化法等。

1）斐林试剂氧化法。它常用于醛糖的测定，用斐林试剂（硫酸铜—酒石酸钾钠碱溶液）中二价铜离子氧化醛（在糖的测定中讲述）。

2）托伦试剂氧化法。它是测定醛的重要方法之一。该法利用托伦试剂（$AgNO_3$—NH_3）中银离子氧化醛，而银离子被还成银。将溶液过滤除去银，然后酸化，用硫氰化钾标准滴定液滴定剩余的银离子，以计算醛的含量。托伦试剂的银氨络离子不稳定，放置时间稍长会变质，产生黑色的雷银（Ag_3N）沉淀，该沉淀极易爆炸，且氧化反应也不完全。通常用有机伯胺（如异丙基胺）来代替氨与银离子形成配位化合物作氧化剂。

（2）称量法测定醛。醛与某些有机物发生缩合反应后会生成沉淀，将沉淀洗净干燥后用称量法测定。

1）双甲酮法。双甲酮法是测量醛的特效方法。双甲酮与醛发生缩合反应，在 pH=4.6 时过滤沉淀，在 60℃干燥沉淀至恒重称量，求出被测物在试样中的质量分数。缩合反应式如下：

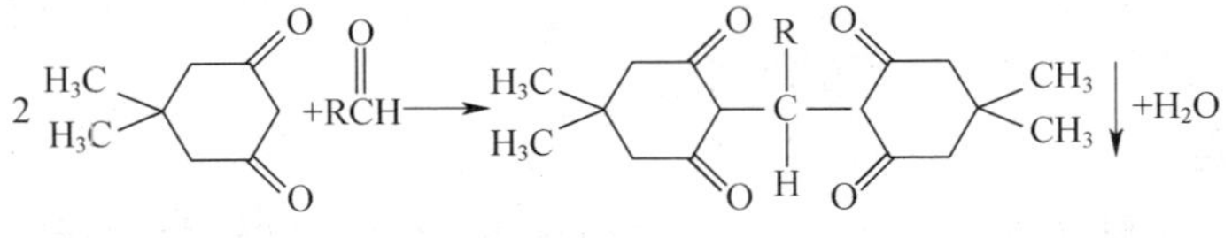

2）2，4—二硝基苯肼法。将羰基化合物与 2，4—二硝基苯肼发生缩合反应生成沉淀，可进行称量法分析。反应如下：

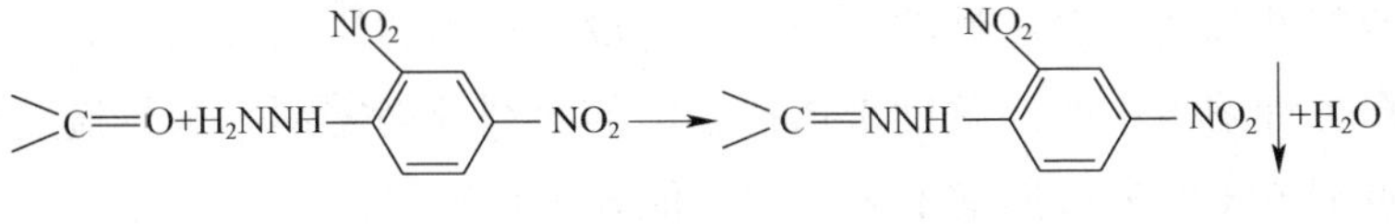

五、羧酸及其衍生物的测定

1. 概述

羧酸是分子中含有羧基的化合物,具有一定的酸性,和碱作用生成盐。羧酸的酸性受分子中羧基上的取代基的影响而变化,一般吸电子取代基使酸性增强,而推电子取代基使酸性减弱。吸电子或推电子的取代基离羧基越近影响越大。羧酸一般都是弱酸,大多数羧酸的电离常数 $K_a \approx 10^{-5} \sim 10^{-4}$,见表 1—11。

表 1—11　　　　　　　几种羧酸的电离常数（25℃）

羧酸	电离常数 K_a	羧酸	电离常数 K_a
甲酸	1.7×10^{-4}	γ—氨基丁酸	2.78×10^{-11}
乙酸	1.75×10^{-5}	苯甲酸	6.6×10^{-5}
丁酸	1.65×10^{-5}	邻硝基苯甲酸	1.65×10^{-5}
α—氯代丁酸	1.44×10^{-3}	对硝基苯甲酸	3.6×10^{-4}
β—氯代丁酸	8.71×10^{-5}	邻氨基苯甲酸	1.1×10^{-5}
γ—氯代丁酸	3.02×10^{-5}	对氨基苯甲酸	1.4×10^{-5}

测定羧酸的常用方法是酸碱滴定法,其他方法有氧化法、酯化滴水法、称量法等,应用不多,但各有特点。

微量羧酸的分析方法有脱羧法,测定反应放出的 CO_2 的体积,求出被测组分的含量。也可用羟肟酸铁比色法测定。

羧酸中的羟基被其他原子或原子团取代后的化合物,称为羧酸的衍生物。在它们的分子中都含有酰基,可以与水反应生成羧酸和相应的化合物。例如酯水解生成羧酸和醇,酸酐水解生成两分子羧酸,酰胺水解生成羧酸和氨或胺,酰卤水解生成羧酸和卤化氢。可利用这一性质对羧酸的衍生物进行定量测定。

2. 羧酸的测定

（1）酸碱滴定法测定羧酸。该法是利用羧酸的酸性,用氢氧化钠标准滴定液滴定,测定羧酸的含量。反应如下：

$$R{-}COOH + NaOH \longrightarrow RCOONa + H_2O$$

由于羧酸的酸性强弱及溶解性的不同,因此没有一个通用的方法,只能根据试样的酸碱性的强弱和在各种溶液中的溶解度来选择合适的溶剂及滴定剂。根据滴定曲线的突跃范围或化学计量点的 pH 值来选择指示剂或用其他方法来确定终点。

1）溶剂和滴定方法的选择

①对酸性较强（$K_a > 10^{-8}$）能溶于水的羧酸，可以在水溶液中直接用氢氧化钠标准滴定液滴定。若不溶于水，可溶于氢氧化钠溶液的羧酸，可溶于过量的氢氧化钠标准溶液中，然后用酸标准滴定液返滴定。

②对相对分子质量较大（C_{10}以上）的羧酸，在碱的水溶液中溶解时，常会形成胶状溶液，难于进行酸的滴定，可改用中性有机溶剂溶解。常用的有机溶剂为醇类化合物，它们的极性比水小，可以溶解碳原子数较多的羧酸。一般选用乙醇作溶剂，在乙醇中用氢氧化钠标准滴定液滴定羧酸。

③对酸性很弱的羧酸（$K_a < 10^{-8}$）在水溶液中滴定突跃不明显，不能测得准确结果。可选用合适的碱性有机溶剂进行非水滴定。

2）指示剂的选择。中和法测定有机酸是强碱滴定弱酸，达到化学计量点时，溶液中生成的是强碱弱酸盐，它的溶液呈碱性。因此，应选择在碱性条件下变色的指示剂，一般可选用酚酞指示剂。如果羧酸的酸性较弱（$K_a \approx 10^{-7} \sim 10^{-6}$），则生成盐的碱性更强，应选用百里酚指示剂，否则当酚酞变色时，中和反应还未完全。而对突跃小的有机弱酸的滴定，可选择混合指示剂或电位法确定终点。

3）结果计算。在生产实际中常用酸碱滴定法测定试样中羧酸的含量，结果常用质量分数或酸值表示，酸值的定义是中和 1 g 试样中酸所需的氢氧化钾的质量（mg），按下式计算：

$$酸值 = \frac{c \times V \times 56.1}{m} \quad (1-14)$$

式中　c——氢氧化钠标准滴定液的浓度，mol/L；

　　　V——滴定时氢氧化钠标准滴定液消耗的体积，mL；

　　　m——试样的质量，g；

　　　56.1——氢氧化钾的摩尔质量，g/mol。

4）干扰情况。凡是能与氢氧化钠反应的物质都对测定有干扰，如易水解的酯、酸酐和酰卤等，水解产生的酸能与氢氧化钠反应。

（2）氧化法测定羧酸。凡是在测定过程中使用氧化剂的测定方法，不论在分析过程中被测物质是否被氧化都称为氧化法。

1）测定原理。在碘酸钾和碘化钾发生氧化还原反应过程中要消耗定量的氢离子，析出一定量的碘。在反应溶液中加入过量的硫代硫酸钠和碘反应，反应完全后，用碘标准滴定液滴定剩余的硫代硫酸钠。反应如下：

$$6RCOOH + KIO_3 + 3KI \longrightarrow 6RCOOK + 3I_2 + 3H_2O$$

$$I_2 + 2Na_2S_2O_3 \longrightarrow 2NaI + Na_2S_4O_6$$

2) 结果计算。6 mol 羧酸析出 3 mol 碘，1 mol 碘与 2 mol 硫代硫酸钠反应，即 1 mol 羧酸相当于 1 mol 硫代硫酸钠。

$$n(Na_2S_2O_3) = n(羰基) + 2n(I_2)$$
$$n(羰基) = n(Na_2S_2O_3) - 2n(I_2)$$

羧酸在试样中的质量百分数按下式计算：

$$w = \frac{(c_1V_1 - c_2V_2) \times 10^{-3} \times M}{n \times m} \times 100\% \qquad (1—15)$$

式中 c_1——硫代硫酸钠标准溶液的浓度，mol/L；

V_1——硫代硫酸钠标准溶液的体积，mL；

c_2——滴定时消耗的碘标准滴定液的浓度，以 $\frac{1}{2}I_2$ 为基本单元，mol/L；

V_2——滴定时消耗的碘标准滴定液的体积，mL；

M——试样中被测羧酸的摩尔质量，g/mol；

n——被测羧酸分子中含羰基的个数；

m——试样的质量，g。

3) 注意事项

①较强的羧酸可直接用硫代硫酸钠标准滴定液滴定氧化还原反应中生成的碘；较弱的羧酸（$K_a < 10^{-6}$）不能与碘酸钾、碘化钾反应完全，要加入硫代硫酸钠除去生成的碘才能反应完全。

②反应溶液必须混合均匀。难溶于水的羧酸（如苯甲酸等）可加入 50% 的乙醇使试样溶解完全。

3. 酯的测定

酯是由酸和醇反应生成的，酸中的羟基被醇中烷氧基取代。但在一定条件下反应也可逆向进行，称为水解反应。酯在碱性条件下的水解反应称为皂化反应，利用皂化反应进行酯的测定称为皂化法测定酯。

（1）测定原理。酯在过量的碱作用下生成羧酸盐和醇，在反应中消耗定量的碱，反应结束后再用酸滴定剩余的碱，并同时作空白实验，以求得试样中酯的质量分数，反应式如下：

$$RCOOR' + NaOH （过量） \longrightarrow RCOONa + R'OH$$
$$H_2SO_4 + 2NaOH （剩余） \longrightarrow Na_2SO_4 + 2H_2O$$

（2）测定条件

1) 酯在碱性溶液中的水解反应是可逆反应，反应速度较慢，为加快反应速度并使反应完全，必须加入过量的氢氧化钠溶液，但氢氧化钠用量太多会造成很大的滴定误差。

2）皂化反应速度受温度的影响很大，一般采用回流加热来加快反应速度。

3）溶剂的选择。易皂化的水溶性的酯可以用氢氧化钠水溶液皂化；易皂化的非水溶性的酯，可用氢氧化钠的乙醇溶液皂化；对难皂化的酯，其相对分子质量较大，溶解度较小，可用高沸点的有机溶剂（如苄醇、正戊醇）溶解，并进行加热回流，提高反应温度，缩短反应时间。

4）干扰情况

①游离酸的干扰。酯在生产和贮存过程中都会有少量游离酸存在，皂化反应时要消耗碱标准溶液，造成误差，因此要另行测定校正。

②醛的干扰。醛在碱性溶液中会发生缩合反应，消耗碱，在皂化前可加入适量的羟胺除去醛。

③其他的羧酸衍生物对酯的测定也有干扰。

(3) 结果计算。生产中酯的测定结果常用皂化值或酯值来表示。

皂化值：在规定条件下，1 g 试样所消耗的氢氧化钾的质量（mg）。

酸值：1 g 试样中游离酸消耗的氢氧化钾的质量（mg）。

酯值：皂化值减去酸值。

若试样中不含游离酸，则皂化值与酯值相等，按下式计算：

$$皂化值 = \frac{c \times (V_0 - V) \times 56.1}{m} \qquad (1-16)$$

式中　　c——以 $\frac{1}{2}H_2SO_4$ 为基本单元的硫酸标准滴定液的浓度，mol/L；

V——测定试样消耗的硫酸标准滴定液的体积，mL；

V_0——空白实验消耗的硫酸标准滴定液的体积，mL；

m——试样的质量，g；

56.1——氢氧化钾的摩尔质量，g/mol。

4. 酸酐的测定

酸酐常用水解的方法进行测定，使酸酐水解成羧酸然后进行滴定。但酸酐中一般都存在少量的游离酸，测定时应校正。

(1) 水解法测定酸酐

1）原理。酸酐水解时加入过量的氢氧化钠溶液使水解反应进行完全，然后用盐酸标准滴定液滴定剩余的氢氧化钠，以酚酞作指示剂，并同时作空白实验。反应式如下：

$$(RCO)_2O + H_2O \longrightarrow 2RCOOH$$

$$RCOOH + NaOH（过量） \longrightarrow RCOONa + H_2O$$

$$HCl + NaOH（剩余） \longrightarrow NaCl + H_2O$$

2) 结果计算。试样中酸酐的质量分数按下式计算：

$$w = \frac{m_1}{m} \times 100\%$$

式中　m_1——试样中的酸酐质量，g；

　　　m——试样的质量，g。

按下列方法计算试样中酸酐的质量 m_1：

设试样中含游离酸 m_2，M_{RCOOH} 为羧酸的摩尔质量，$M_{1/2(RCO)_2O}$ 为酸酐的摩尔质量，若试样中除酸酐和游离酸外无其他杂质，则 $m = m_1 + m_2$。

设滴定中测得的总酸量为 q（g），酸酐换算成羧酸的质量，换算系数 p 为：

$$p = \frac{M_{RCOOH}}{M_{\frac{1}{2}(RCO)_2O}}$$

则　$q = pm_1 + m_2$

　　$m_2 = q - pm_1$

　　$m = m_1 + m_2 = m_1 + q - pm_1$

　　$q - m = pm_1 - m_1$

所以酸酐的质量　　　　　$m_1 = \dfrac{q-m}{p-1}$ 　　　　　　　　　　　　　(1—17)

总酸量按下式计算：　　　$q = c \times (V_0 - V) \times 10^{-3} \times M$ 　　　　　　　(1—18)

式中　c——盐酸标准滴定液的浓度，mol/L；

　　　V_0——盐酸标准滴定液在空白实验时消耗的体积，mL；

　　　V——盐酸标准滴定液在试样滴定时消耗的体积，mL；

　　　M——被测羧酸的摩尔质量，g/mol。

由 q 可求出 m_1，然后求得试样中酸酐的质量分数。

3) 注意事项

①游离酸的校正值可通过上述计算得到。

②方法的准确度较差，适用于要求快速分析的工艺控制分析。

(2) 酯化水解法。将相同量的酸酐试样在吡啶催化下分别在水溶液和甲醇溶液中水解，然后分别用氢氧化钠标准滴定液滴定，两次滴定消耗氢氧化钠的物质的量之差即为试样中酸酐的物质的量。

1) 原理。反应式如下：

甲醇中水解　　　　$(RCO)_2O + CH_3OH \longrightarrow RCOOCH_3 + RCOOH$

水中水解　　　　　$(RCO)_2O + H_2O = 2RCOOH$

滴定　　　　　　　$RCOOH + NaOH = RCOONa + H_2O$

设 n_1 和 n_2 分别为甲醇中水解时和水溶液中水解时用氢氧化钠滴定消耗的氢氧化钠物质的量，从反应式的计量关系可知：n_1 等于试样中含酸酐的物质的量 $n_{酸酐}$ 和游离酸的物质的量 $n_{游离酸}$ 之和，而 n_2 等于 $2n_{酸酐}$ 和 $n_{游离酸}$ 之和，因此 $n_2 - n_1 = n_{酸酐}$。

2) 结果计算。用甲醇作溶剂及用水作溶剂的两次测定所用的试样量相同，则酸酐的质量分数按下式计算：

$$w = \frac{c \times (V_2 - V_1) \times 10^{-3} \times M}{m} \times 100\% \qquad (1-19)$$

式中　c——氢氧化钠标准滴定液的浓度，mol/L；

　　　V_1——在醇中水解酸酐后用氢氧化钠标准滴定液滴定时消耗的体积，mL；

　　　V_2——在水中水解酸酐后用氢氧化钠标准滴定液滴定时消耗的体积，mL；

　　　M——酸酐的摩尔质量，g/mol；

　　　m——试样的质量，g。

如果两次测定的试样量不同，则可求 1 g 试样消耗的氢氧化钠的量，再求试样中酸酐的质量分数。设用甲醇作溶剂的样品量为 m_1（g），消耗氢氧化钠的物质的量为 n_1（mol），用水作溶剂的样品量为 m_2（g），消耗氢氧化钠的物质的量为 n_2（mol）：

$$n_1 = \frac{c \times V_1 \times 10^{-3}}{m_1} \qquad (1-20)$$

$$n_2 = \frac{c \times V_2 \times 10^{-3}}{m_2} \qquad (1-21)$$

则酸酐的质量分数如下式：

$$w = (n_2 - n_1) \times M = c \times (V_2 - V_1) \times 10^{-3} \times M \times 100\% \qquad (1-22)$$

式中　c、V_1、V_2、M 的意义都与（1—19）式相同，但表示的是 1 g 试样时消耗的 NaOH 量。

六、醚的测定

1. 概述

醚的化学性质比较稳定，在醚的分子中含有烷氧基。但很多种有机物分子中，如醇、酯、缩醛、半缩醛等也都含烷氧基。含烷氧基的化合物在加热的条件下能被氢碘酸分解，定量地生成相应的碘代烷。将碘代烷从溶液中分离出来进行测定，从而可求得烷氧基的量。醚类可采用这种方法测定。对于低级的碘代烷可用蒸馏方法,将碘代烷蒸出,用硝酸银吸收,生成碘化银沉淀,用称重法测定,也可用蔡塞尔法测定;沸点较高的碘代烷常用萃取法分离后测定。

2. 蔡塞尔法

蔡塞尔法只能测定甲氧基及乙氧基,下面以乙醚为例。

(1) 测定原理。乙醚和氢碘酸在加热的条件下生成碘乙烷,将碘乙烷从溶液中蒸出,蒸气通过赤磷-硫酸镉悬浮液,消除蒸气中带出的碘及氢碘酸。反应如下:

$$(CH_3CH_2)_2O + 2HI \longrightarrow 2CH_3CH_2I + H_2O$$

$$3I_2 + 2P \longrightarrow 2PI_3$$

$$PI_3 + 3H_2O \longrightarrow H_3PO_3 + 3HI$$

$$4HI + 2CdSO_4 \longrightarrow Cd(CdI_4) + 2H_2SO_4$$

蒸出的碘乙烷用溴的乙酸-乙酸钠溶液吸收,反应如下:

$$CH_3CH_2I + Br_2 \longrightarrow CH_3CH_2Br + IBr$$

$$IBr + 2Br_2 + 3H_2O \longrightarrow HIO_3 + 5HBr$$

用甲酸除去过量的溴后,加入过量的碘化钾并用硫酸酸化。反应如下:

$$Br_2 + HCOOH \longrightarrow 2HBr + CO_2$$

$$HIO_3 + 5KI + 5H_2SO_4 \longrightarrow 5KHSO_4 + 3I_2 + 3H_2O$$

而生成的碘用硫代硫酸钠标准滴定液滴定。

(2) 结果计算。1 mol 乙醚生成 2 mol 碘代乙烷,被溴吸收后生成 2 mol 碘酸,和碘化钾反应,生成为 6 mol I_2,滴定消耗 12 mol 硫代硫酸钠。所以,1 mol 乙醚最后滴定时消耗 12 mol 硫代硫酸钠。乙醚在试样中的质量分数按下式计算:

$$w = \frac{c \times (V - V_0) \times 10^{-3} \times M}{12 \times m} \times 100\% \qquad (1-23)$$

式中 c——硫代硫酸钠标准滴定液的浓度,mol/L;

V——滴定试样时消耗的硫代硫酸钠标准滴定液的体积,mL;

V_0——空白实验时消耗的硫代硫酸钠标准滴定液的体积,mL;

M——醚的摩尔质量,g/mol;

m——试样的质量,g。

七、氨基化合物的测定

1. 概述

氨基化合物是烃分子中的氢被氨基取代的化合物,一般呈碱性。氨基还具有还原性,在官能团定量分析中，对胺类化合物常用酸碱滴定法进行测定。对碱性较强的水溶性的氨基化合物，可在水溶液中用酸标准滴定液进行滴定；对碱性较弱的（如芳胺）可用非水滴定法，用冰乙酸作溶剂，用高氯酸标准滴定液滴定。

测定脂肪族伯胺，常用与亚硝酸反应放出氮气，然后测量氮气的体积，从而计算出试样中伯胺的含量。该反应是脂肪族伯胺的特效反应，仲胺和叔胺对测定无干扰。

芳香族伯胺在强酸及低温的条件下，与亚硝酸发生重氮化反应生成重氮盐，因此芳香族伯胺常用重氮化法测定。

伯胺和仲胺也可以发生酰化反应，用乙酰化法测定。芳胺的性质与酚相似，因氨基能使苯环活化，使苯环上容易发生亲电取代，所以苯胺与苯酚一样可用溴量法测定。

2. 酸碱滴定法测定氨基化合物

测定原理是根据胺类化合物呈碱性，利用酸标准滴定液来测定被测组分的含量。反应如下：

$$R-NH_2 + HCl \longrightarrow RNH_2 \cdot HCl$$

碱性较强的胺（$K_b > 10^{-8}$），溶于水的可在水溶液中，不溶于水的可在乙醇介质中用盐酸标准滴定液滴定。因为滴定结果是弱碱性的胺与强酸性的盐酸生成的盐，所以，在化学计量点时溶液呈酸性，需选择酸性条件下变色的指示剂（如甲基红，或甲基红—溴甲酚蓝混合指示剂变色更敏锐）。

对 $K_b < 10^{-8}$ 的极弱的碱，不能在水溶液（或乙醇）中进行滴定，可以选择酸性溶剂，提高被测物的碱性。因此，在测定中常采用无水冰乙酸作溶剂，高氯酸为滴定剂，用结晶紫作指示剂，达到终点时溶液由绿色变为蓝色。

高氯酸—冰乙酸标准滴定液的配制。因为市售高氯酸是高氯酸的水溶液，所以配制时要加入乙酸酐，以消除高氯酸溶液中的水。反应如下：

$$(CH_3CO)_2O + H_2O \longrightarrow 2CH_3COOH$$

3. 重氮化法测定芳伯胺

（1）测定原理。在强酸性介质中，芳伯胺与亚硝酸定量反应生成重氮盐。根据亚硝酸的消耗量可求得试样中芳伯胺的含量。因为亚硝酸不稳定，易分解，所以常用亚硝酸盐来代替，在强酸性介质中亚硝酸盐和强酸反应生成亚硝酸。

$$2HNO_2 \longrightarrow N_2O_3 + H_2O$$
$$\longrightarrow NO\uparrow + NO_2\uparrow$$

$$NaNO_2 + HCl \longrightarrow NaCl + HNO_2$$

$$\underset{}{\bigcirc}-NH_2 + HNO_2 \xrightarrow[\text{低温}]{HCl} \underset{}{\bigcirc}-\overset{+}{N}\equiv NCl^- + H_2O$$

对于易重氮化的芳伯胺，可直接用亚硝酸钠进行滴定；而对于难重氮化的芳伯胺可先加入过量的亚硝酸钠，反应完毕后用易重氮化的芳伯胺返滴定。

(2) 终点的确定。重氮化法采用碘化钾-淀粉试纸作为外指示法确定终点。这是因为碘化钾的还原性较强，加入到溶液中碘化钾先被亚硝酸氧化析出碘，使淀粉变蓝，故无法指示终点。

外指示剂法是在滴定接近终点时，用玻璃棒蘸取少量溶液，在试纸上检验是否到达终点，如已达终点，则溶液中的亚硝酸氧化碘化钾试纸出现蓝色。但要注意在强酸性条件下，碘化钾也能被空气氧化而使试纸变色，但反应较慢。外指示剂法操作不方便，多次蘸取会影响滴定结果。近年来采用中性红作为内指示剂，但只适用于测定磺胺类药物。终点指示最好采用电化学方法的永停法。

(3) 测定条件。重氮化法测定芳伯胺时对操作条件要求很严格，条件稍有变化对测定结果有很大的影响。

1) 酸度。反应须在强酸介质中进行，通常使用盐酸。在盐酸溶液中芳伯胺的溶解度大、反应速度快。盐酸的浓度应在 1～2 mol/L 之间，若酸的浓度低，则反应速度慢，且生成的重氮盐不稳定，生成的重氮盐还会和芳伯胺发生偶合反应，使结果偏低。偶合反应如下：

$$\underset{}{\bigcirc}-\overset{+}{NH_2} + \underset{}{\bigcirc}-\overset{+}{N}\equiv NCl^- \longrightarrow \underset{}{\bigcirc}-N=N-\underset{}{\bigcirc}$$

酸的浓度也不能太高，太高也会使反应速度减慢。

2) 温度。反应一般在低温（0～5℃）条件下进行。温度高能加快反应速度，但同时也会加快亚硝酸分解和挥发的速度，同时温度升高也会使重氮盐分解，因此采用低温反应。

$$\underset{}{\bigcirc}-\overset{+}{N}\equiv NCl^- + H_2O \longrightarrow \underset{}{\bigcirc}-OH + HCl + N_2\uparrow$$

芳胺与亚硝酸生成重氮盐的反应还与苯环上的取代基有关，若芳胺苯环上有强吸电子基，生成的重氮盐较稳定，反应可在室温下进行，反应速度也较快。若芳胺的苯环上有推电子基团，生成的重氮盐稳定性较差，必须在低温下进行。一般情况下，反应温度在 15℃ 以下时，反应速度虽较慢，但准确性较好。

3）滴定方法。现在大多采用快速滴定法，将滴定管尖端伸入液面以下 2/3 的地方，将大部分的亚硝酸钠溶液在不断搅拌下一次性放入，使生成的亚硝酸还未扩散到液面就与芳伯胺反应，防止亚硝酸的分解和挥发。最后在近终点时，再将滴定管尖端提出液面进行滴定，直到终点。

4）催化剂。加入溴化钾可加快反应速度，特别是苯环上没有吸电子基的芳香伯胺更需加入溴化钾催化，加快反应速度。

5）试样溶解。试样一般用盐酸溶解，但对氨基苯磺酸这类化合物在酸中难溶的化合物，可溶于氨水或碳酸钠溶液中，酸化后再进行滴定。

6）滴定终点。采用碘化钾－淀粉外指示剂法时，要注意试纸的变色是什么原因造成的。因为在强酸性条件下，空气中的氧也能氧化碘化钾，使试纸变色，但速度较慢，也可用空白溶液进行对照判别。

7）消除干扰物质。亚硝酸是强氧化剂，许多还原性物质都有干扰，因此，试样的组成中若有干扰物质应设法消除。

八、硝基化合物的测定

1. 概述

硝基化合物是烃分子中的氢被硝基取代后的化合物，大多数硝基化合物属于芳香族。

硝基化合物一般呈中性，但脂肪族硝基化合物中伯硝基化合物和仲硝基化合物，因连接硝基的碳原子上还连有氢，在碱性溶液中会发生异构化，而呈酸性，因此，可在非水溶液中用强碱标准滴定液滴定。

$$\left(\begin{array}{c} R \\ R' \end{array} CH-NO_2 \rightleftharpoons \begin{array}{c} R \\ R' \end{array} C=N \begin{array}{c} O \\ OH \end{array} \right)$$

硝基具有氧化性，是有机物中氧化性最强的一类化合物，因此硝基化合物特别是芳香族硝基化合物也常用还原剂还原的方法进行测定。硝基的还原反应比较复杂，在不同的条件下可得到不同的产物，所以一定要控制好滴定条件。常用的还原剂有亚钛盐、亚锡盐等。硝基化合物还可用金属镁还原成氨基化合物后，用测定氨基化合物的方法进行测定。

亚硝基化合物对硝基化合物的测定有干扰，因为亚硝基化合物的氧化性比硝基化合物强，所以用还原剂测定硝基化合物的方法也可用来测定亚硝基化合物。如果是硝基和亚硝基混合物，可用间接碘量法来测定，使亚硝基化合物氧化碘化钾，生成碘后用硫代硫酸钠标准滴定液滴定。

2. 三氯化钛还原法

（1）测定原理。三氯化钛在酸性溶液中能使芳香族硝基化合物定量地还原成芳胺，用

硫酸高铁铵标准滴定液滴定过量的三氯化钛,用硫氰酸铵作指示剂,同时作空白实验。反应式如下:

$$C_6H_5NO_2 + 6TiCl_3(过量) + 6HCl \longrightarrow C_6H_5NH_2 + 6TiCl_4 + 2H_2O$$

$$2NH_4Fe(SO_4)_2 + 2TiCl_3 + 2HCl \longrightarrow 2TiCl_4 + 2FeSO_4 + (NH_4)_2SO_4 + H_2SO_4$$

$$NH_4Fe(SO_4)_2 + 3NH_4CNS \longrightarrow 2(NH_4)_2SO_4 + Fe(CNS)_3(血红色)$$

(2) 结果计算。从以上反应式可看出,1 mol 硝基苯反应消耗 6 mol 三氯化钛,1 mol 三氯化钛与 1 mol 硫酸高铁铵反应,硝基苯在试样中的质量百分数按下式计算:

$$w = \frac{c \times (V_0 - V) \times 10^{-3} \times M}{6 \times n \times m} \times 100\% \tag{1—24}$$

式中　c——硫酸高铁铵的标准滴定液的浓度,mol/L;

　　　V_0——空白实验时消耗的硫酸高铁铵标准滴定液的体积,mL;

　　　V——测定试样时消耗的硫酸高铁铵标准滴定液的体积,mL;

　　　M——试样中被测组分的摩尔质量,g/mol;

　　　n——被测组分一个分子中含硝基的个数;

　　　m——试样的质量,g。

(3) 滴定条件

1) 滴定时要在保护气流中进行,因为三氯化钛具有强还原性,能被空气中的氧氧化,保护气常用的有氮气或二氧化碳。

2) 反应应在弱酸介质(pH≈3)中进行。酸度低,还原速度快,但酸度太低,亚钛离子会水解,产生沉淀,还原能力下降,最好使用 pH=3 的缓冲溶液。

3) 反应速度。多硝基化合物与亚钛盐反应速度较快,但一硝基化合物与亚钛盐反应速度较慢,需加热或在催化条件下进行反应。

4) 干扰。亚钛盐还原性较强,硝基化合物被亚钛盐还原过程中的一些中间产物,如亚硝基化合物、胺、偶氮化合物等对测定有干扰(也可用亚钛盐对这些物质进行分析测定),在测定前要设法消除这些干扰物质。

5) 溶剂。硝基化合物多数不溶于水,需用乙醇或冰乙酸作溶剂;溶于水的硝基化合物可用水或稀硫酸作溶剂。

3. 氯化亚锡还原法

(1) 测定原理。氯化亚锡还原法测定硝基苯的原理与亚钛盐还原法基本相同,只是还原剂三氯化钛和氯化亚锡的还原性不同,氯化亚锡的还原性低于三氯化钛,还原反应结束后,可用碘标准滴定液滴定过量的氯化亚锡,用淀粉作指示剂,同时作空白实验。反应式如下:

$$C_6H_5NO_2 + 3SnCl_2 + 6HCl \longrightarrow C_6H_5NH_2 + 3SnCl_4 + 2H_2O$$

$$SnCl_2 + 2HCl + I_2 \longrightarrow SnCl_4 + 2HI$$

(2) 结果计算。氯化亚锡还原法的结果计算与三氯化钛还原法相似，只是 1 mol 硝基苯消耗 3 mol 氯化亚锡，所以硝基苯的质量百分数的计算公式如下：

$$w = \frac{c \times (V_0 - V) \times 10^{-3} \times M}{3 \times n \times m} \times 100\% \tag{1—25}$$

式中　c——以 I_2 为基本单元的碘标准滴定液的浓度，mol/L；

　　　V_0——空白实验时消耗的碘标准滴定液的体积，mL；

　　　V——测定试样时消耗的碘标准滴定液的体积，mL；

　　　M——硝基苯的摩尔质量，g/mol；

　　　n——一分子的硝基苯中含有硝基的个数；

　　　m——试样的质量，g。

(3) 滴定条件

1) 加热。氯化亚锡的还原性较弱，所以反应速度较慢，需要在加热条件下进行。

2) 隔绝空气。氯化亚锡虽还原性较弱，但还是能被空气中的氧氧化，因此滴定要在保护气（氮气或二氧化碳）气流下进行，或采用与空气隔绝的自动滴定管。

3) 介质。氯化亚锡和硝基化合物的还原反应对介质的要求与亚钛盐相似，pH 值大，反应快，但不能太大，因亚锡离子会水解。氯化亚锡还原硝基苯时有时还会发生副反应生成胺的氯化物，所以酸度应控制在氯化亚锡正好不水解的最大 pH 值，此时副反应也可避免。若用硫酸代替盐酸，可防止上述副反应的发生。

4) 溶剂。溶剂的选择与三氯化钛还原法相同。

九、巯基化合物和硫醚的测定

1. 概述

硫与氧在周期表内是同一族元素，所以硫有和氧相似官能团的有机硫化物，它们有相似的性质和名称。但氧元素在有机化合物中化合价一般是不变的，而硫元素在有机化合物中有变价，所以硫在不同的硫化物中化合价可能不同，如硫醚、亚砜、砜等化合物中硫的化合价各不相同。不同化合价的硫化物，分析方法也不相同。

对于低价有机硫化物的测定，常以氧化反应为基础的氧化法测定，如以碘的氧化法测定硫醇，以溴的氧化法测定硫醚。另外，硫醚还可以用醋酸汞或硝酸银进行滴定。

2. 汞盐滴定法测定硫醇

(1) 测定原理。硫醇在乙醇溶液中与醋酸汞反应，生成硫醇汞。当达终点时，过量的汞与二苯卡巴腙指示剂作用生成蓝紫色的配位化合物。反应式如下：

$$2RSH + Hg(Ac)_2 \longrightarrow (RS)_2Hg + 2HAc$$

二苯卡巴腙 + Hg^{2+} $\rightleftharpoons$ 紫红色配合物 + $2H^+$

（2）滴定条件

1）溶液酸度。溶液的 pH 值一般为 3.0～3.3。调节 pH 值的方法是在样品的乙醇溶液中加入一滴溴酚蓝指示剂，用醋酸调节溶液刚好由蓝色变为黄色。

2）热溶液滴定。接近滴定终点时，反应生成的硫醇汞盐可能沉淀出来，但对滴定终点无影响。为避免沉淀析出，可在 40～50℃的加热条件下滴定。

3）干扰。硫化氢、卤素离子对本法有干扰，二硫醚、砜等无干扰。

3. 碘量法测定硫醇

碘量法测定硫醇是简便而常用的方法。

（1）测定原理。硫醇被碘氧化成二硫醚。反应式如下：

$$I_2 + 2RSH \longrightarrow 2HI + R-S-S-R$$

但用碘作标准滴定液时，因碘容易挥发，碘标准溶液的浓度不稳定，因此常将试样溶于碘化钾－乙醇溶液中，用醋酸酸化，然后用碘酸钾标准滴定液滴定。碘酸钾在酸性溶液中与碘化钾反应生成碘，碘再与硫醇反应，达到终点时过量的碘与淀粉作用，溶液显蓝色，同时作空白实验。

$$KIO_3 + 5KI + 6CH_3COOH \longrightarrow 3I_2 + 6CH_3COOK + 3H_2O$$

也可向溶液中加入过量的碘酸钾标准溶液，生成碘，碘再与硫醇反应，剩余的碘用硫代硫酸钠标准滴定液返滴定，用淀粉作指示剂，同时作空白实验。

（2）结果计算。直接用 KIO_3 作标准滴定液的计算公式如下（仅适用分子中只有一个巯基）。因为 2 mol 硫醇和 1 mol 碘作用，而 1 mol 碘酸钾产生 3 mol 碘，所以碘酸钾和硫醇的物质的量的关系是 1∶6。硫醇的质量百分数：

$$w = \frac{c \times (V - V_0) \times 10^{-3} \times M}{m} \times 100\% \qquad (1-26)$$

式中 c——以 $\frac{1}{6}KIO_3$ 为基本单元的碘酸钾标准滴定液的浓度，mol/L；

V_0——空白实验时消耗的碘酸钾标准滴定液的体积，mL；

V——测定试样时消耗的碘化钾标准滴定液的体积,mL;

M——表示试样中被测组分的摩尔质量,g/mol;

m——表示试样的质量,g。

4. 溴量法测定硫醚

(1) 原理。试样在乙酸和水的混合溶剂中溶解后,加入过量的溴酸钾－溴化钾标准溶液,溴化钾和溴酸钾在酸性介质中反应生成的溴与试样中硫醚反应生成亚砜。反应完毕后加入碘化钾,与剩余的溴反应析出碘(剩余的溴不可太多,否则会发生副反应),用硫代硫酸钠标准滴定液滴定,以淀粉作指示剂。反应如下:

$$KBrO_3 + 5KBr + 6HAc \longrightarrow 6KAc + 3Br_2 + 3H_2O$$

$$R_2S + Br_2 + H_2O \longrightarrow R_2SO + 2HBr$$

$$2KI + Br_2 \longrightarrow 2KBr + I_2$$

$$I_2 + 2Na_2S_2O_3 \longrightarrow 2NaI + Na_2S_4O_6$$

(2) 结果计算。1 mol 溴酸钾产生 3 mol 溴,1 mol 硫醚消耗 1 mol 溴,1 mol 溴产生 1 mol 碘,1 mol 碘消耗 2 mol 硫代硫酸钠,因此,硫醚的质量百分数的计算公式如下:

$$w = \frac{(c_1 \times V_1 - c_2 \times V_2) \times 10^{-3} \times M}{2 \times m} \times 100\% \quad (1-27)$$

式中 c_1——以 $\frac{1}{6}KBrO_3$ 为基本单元的溴酸钾标准溶液的浓度,mol/L;

c_2——硫代硫酸钠标准滴定液的浓度,mol/L;

V_1——以 $\frac{1}{6}KBrO_3$ 为基本单元的溴酸钾标准溶液加入的体积,mL;

V_2——滴定过量的溴酸钾标准溶液时消耗的硫代硫酸钠标准滴定液的体积,mL;

M——表示被测物的摩尔质量,g/mol;

m——表示试样的质量,g。

(3) 讨论。一些相对分子质量小、反应快的硫醚,也可用溴酸－溴化钾标准滴定液直接滴定硫醚,用甲基橙作指示剂。当滴定达终点时,产生的溴氧化甲基橙,使甲基橙褪色为终点,同时做空白实验。计算硫醚的质量百分数的公式如下:

$$w = \frac{c \times (V - V_0) \times 10^{-3} \times M}{2 \times m} \times 100\% \quad (1-28)$$

式中 c——以 $\frac{1}{6}KBrO_3$ 为基本单元的溴酸钾标准滴定液的浓度,mol/L;

V——测定试样时消耗的溴酸钾标准滴定液的体积,mL;

V_0——空白实验时消耗的溴酸钾标准滴定液的体积,mL;

M——被测物的摩尔质量，g/mol；

m——试样的质量，g。

十、糖类的测定

1. 概述

糖类又称碳水化合物，因为糖类的分子式可写成 $C_n(H_2O)_n$，且糖类和浓硫酸作用，会失去水生成碳，所以称为碳水化合物。但从糖类的分子结构来看，糖分子中并没有水分子，糖类实质上是属于多羟基醛或酮。例如葡萄糖分子中含有醛基为醛糖，果糖分子中含有酮羰基为酮糖。糖类可分成单糖、双糖和多糖。单糖分子中只含一个简单的糖分子，如葡萄糖和果糖，分子式都是 $C_6H_{12}O_6$。双糖是由两个单糖分子结合而成，水解后可生成2个单糖分子，如蔗糖和麦芽糖，分子式都是 $C_{12}H_{22}O_{11}$，水解后麦芽糖生成两分子葡萄糖，蔗糖生成一分子葡萄糖和一分子果糖。多糖分子是由多个单糖分子结合而成，如淀粉和纤维素是天然的高分子化合物，分子式可用 $C_n(H_2O)_m$ 表示，水解后的单糖都是葡萄糖。因糖类大多数都可在酸溶液中或酶催化下水解成单糖，所以单糖的测定方法是大多数糖类测定的基础。

在糖分子中含有游离羰基的糖具有还原性，称为还原糖。蔗糖分子中没有游离羰基，不具有还原性。但某些糖，如蔗糖水解后的产物为一分子葡萄糖和一分子果糖，它们有游离羰基，具有还原性，这类糖称为转化糖。

糖类的测定方法常用的有两类。第一类，是利用其化学性质进行分析的化学分析法。因为糖具有还原性，所以采用氧化的方法测定糖。根据氧化剂的不同，常用的有斐林溶液氧化法、铁氰化钾氧化法和次碘酸钠氧化法。斐林溶液氧化法因受反应的条件影响较大，不如铁氰化钾氧化法准确；而次碘酸钠氧化法，因其氧化性较弱只能氧化醛糖，所以在醛糖酮糖混合物中测定醛糖含量时，可用次碘酸钾氧化法。第二类，利用糖的物理性质或物理化学性质进行测定。常用的是测定糖溶液的物理常数（如折射率、密度）。又因为糖分子常有旋光性，所以也可用测旋光度的方法来测定糖溶液的浓度。

测定糖的含量最常用的方法是斐林溶液直接滴定法。

2. 斐林溶液直接滴定法

斐林溶液是由硫酸铜水溶液（A液）和酒石酸钾钠和氢氧化钠混合物的水溶液，常称为酒石酸钾钠碱溶液（B液）两种溶液在滴定前等体积混合而成。混合后的溶液呈深蓝色，它是酒石酸钾钠和二价铜离子的配位化合物。

（1）测定原理。在加热煮沸条件下，斐林溶液中的二价铜离子氧化糖，以葡萄糖为例反应式如下（为书写方便斐林溶液中的铜以 Cu^{2+} 表示）：

$$\begin{matrix} \text{CHO} \\ \text{(CHOH)}_4 \\ \text{CH}_2\text{OH} \end{matrix} + 6\text{Cu}^{2+} + 12\text{OH}^- \longrightarrow \begin{matrix} \text{COOH} \\ \text{(CHOH)}_4 \\ \text{COOH} \end{matrix} + 3\text{Cu}_2\text{O}\downarrow + 7\text{H}_2\text{O}$$

可通过氧化亚铜的生成量或二价铜离子的消耗量测定糖的含量。但因反应较复杂，反应并不完全按照反应式中计量系数进行，实际上 1 mol 葡萄糖只消耗 5 mol 多一点的二价铜离子，具体数量和操作条件有关。同样，斐林溶液与酮糖（如果糖）的反应，铜离子消耗情况也同样不完全按计量系数进行，反应式如下：

$$\begin{matrix} \text{CH}_2\text{OH} \\ \text{C}=\text{O} \\ \text{(CHOH)}_3 \\ \text{CH}_2\text{OH} \end{matrix} + 6\text{Cu}^{2+} + 12\text{OH}^- \longrightarrow \begin{matrix} \text{COOH} \\ \text{(CHOH)}_3 \\ \text{COOH} \end{matrix} + \text{HCHO} + 3\text{Cu}_2\text{O}\downarrow + 7\text{H}_2\text{O}$$

反应中的生成物甲醛还能被氧化成甲酸，能有多少甲醛氧化成甲酸，也与具体的反应条件有关，1 mol 果糖与斐林溶液反应，二价铜离子的消耗量约为 6 mol。

（2）问题讨论

1）斐林溶液的标定。斐林溶液的 A 液和 B 液一定要在滴定前才能混合，因为在碱性介质中二价铜离子会缓慢氧化酒石酸钾钠逐渐析出红色氧化亚铜，使斐林溶液中铜离子浓度发生变化，影响测定准确性。斐林溶液一般用纯糖标定，最好测定什么糖就用该种糖的标准物质标定。

标定方法：取 A 液、B 液各 5.00 mol 混合煮沸，在煮沸的条件下用糖的标准物质溶液滴定，用亚甲基蓝作指示剂，滴定至溶液出现暗红色为终点。测得 10.00 mL 斐林溶液相当于糖的标准物质试样的质量，称为还原糖因素 F（g）。

2）滴定终点的确定。亚甲基蓝指示剂是一种氧化剂，它的氧化能力小于二价铜离子。当反应达终点时，过量的糖开始还原亚甲基蓝，亚甲基蓝的还原型为无色，因此被测溶液的蓝色褪去。因为溶液中有氧化亚铜红色沉淀，所以终点时被测溶液呈暗红色。但亚甲基蓝的还原态并不稳定，能被空气中的氧气氧化，使蓝色复现。因此达终点后溶液还应保持沸腾状态，逸出的蒸汽可避免溶液与空气中的氧气接触。亚甲基蓝的变色反应要消耗一定量的糖溶液，所以亚甲基蓝加入量不能太多。一般 50 mL 溶液中加一滴 1% 的亚甲基蓝指示剂，加入太少变色不明显，加入太多则影响准确度。注意：亚甲基蓝指示剂应在近终点时加入。

（3）严格控制滴定条件。因为还原糖和斐林试剂中铜离子的反应并不完全符合反应式中的计算量关系,而与实际滴定的条件有关,随滴定条件的变化而变化,所以要得到准确的结果,标定和测定时的条件必须严格控制,完全一致。测定条件主要有浓度、溶液中的酸度、反应的温度及时间。

1) 溶液酸度。反应时反应溶液中的酸度在标定和滴定时要保持一致。控制酸度实际就是控制溶液的体积。要求在标定和测定时消耗糖溶液的体积在 20~40 mL 之间,如果糖溶液浓度有变动,需补加适量的水予以调整,使标定和滴定时反应体积保持一致。

2) 反应的温度和时间。反应的温度和时间应严格控制。反应是在沸腾的条件下进行的,所以反应温度基本相同。反应时间一般控制在 2 min 内煮沸,保持沸腾 2 min,滴定在 1 min 内完成,整个沸腾时间为 3 min。为了控制反应时间,应进行预测。在正式测定时先加入比预测少 1 mL 的试样溶液于斐林溶液中,加热煮沸 2 min,最后滴定在 1 min 内完成。时间太长会有副反应产生,太短则反应不完全,并且反应时间不同,溶液中水的蒸发量也不同,影响溶液体积,使试剂的浓度及溶液的酸度发生变化而产生测定误差。

3) 防止氧化亚铜的氧化。氧化亚铜在测定的条件下极不稳定,接触空气能被空气中的氧氧化为二价铜离子,影响糖的消耗量和终点观察,所以,不要随意摇动锥形瓶,更不能离开热源进行滴定,因为蒸发的蒸汽可防止氧化亚铜与空气接触。

(4) 结果计算。如上所述,取 10.00 mL 斐林溶液用糖标准溶液标定,得到还原糖因素,在相同的条件下,用试样溶液滴定 10.00 mL 斐林溶液,则试样中被测组分的质量百分数按下式计算:

$$w = \frac{F \times A}{m \times V} \times 100\% \tag{1—29}$$

式中　F——还原糖因素,即滴定 10.00 mL 斐林溶液消耗糖标准物的质量,g;

m——试样的质量,g;

A——试样配制成试样溶液的体积,mL;

V——试样溶液滴定 10.00 mL 斐林溶液时消耗的体积,mL。

(5) 转化糖的测定。以蔗糖为例,蔗糖($C_{12}H_{22}O_{11}$)水解后生成一分子葡萄糖和一分子果糖,它们的分子式都是 $C_6H_{12}O_6$。若用还原糖标准物质标定斐林溶液,测得的是试样中还原糖的量,所以,含转化糖的量应乘以 0.95 才是蔗糖的量。

$$C_{12}H_{22}O_{11} \longrightarrow 2C_6H_{12}O_6$$

$$\frac{C_{12}H_{22}O_{11}}{2C_6H_{12}O_6} = 0.95$$

若斐林溶液直接用转化糖的标准物质标定,就不需再乘以 0.95。

3. 铁氰化钾氧化法

(1) 原理。还原糖或水解后产生的转化糖,在碱性介质中能被铁氰化钾氧化,其反应式如下：

$$C_6H_{12}O_6 + 6K_3Fe(CN)_6 + 6KOH \longrightarrow (CHOH)_4(COOH)_2 + 6K_4Fe(CN)_6 + 4H_2O$$

在加热煮沸的条件下，用还原糖溶液滴定一定量的铁氰化钾溶液，当接近终点时加入亚甲基蓝指示剂。当滴定达终点时，稍过量的糖将亚甲基蓝还原成无色物质，溶液蓝色褪去，呈亚铁氰化钾的淡黄色。根据铁氰化钾的浓度及试样消耗量可求出含糖量。

(2) 铁氰化钾的浓度计算。按下式求出铁氰化钾的浓度，以滴定度 T 表示：

$$T = \frac{m \times V}{0.95 \times A} \qquad (1-30)$$

式中　T——每 10.00 mL 铁氰化钾相当于转化糖质量，g；

　　　m——纯蔗糖的质量，g；

　　　A——纯蔗糖配制成转化糖溶液的体积，mL；

　　　V——滴定时 10.00 mL 斐林溶液消耗转化糖的体积，mL；

　　　0.95——换算系数，0.95 g 蔗糖可转化成 1 g 转化糖。

(3) 试样中含糖量的计算。按标定的方法进行转化、中和、滴定。根据试样糖溶液的消耗量计算试样中含转化糖的量的质量百分数如下式：

$$w = \frac{T \times A}{m \times V} \times 100\% \qquad (1-31)$$

式中　T——每 10.00 mL 铁氰化钾相当于转化糖质量，g；

　　　m——试样的质量，g；

　　　A——为试样所配制成的试样溶液的体积，mL；

　　　V——滴定 10.00 mL 斐林标准溶液时消耗试样溶液的体积，mL。

(4) 滴定方法。铁氰化钾与转化糖的反应也是在煮沸的碱性溶液中进行。标定与测定时都必须严格遵守操作条件。要进行预测定，正式测定时先加入比预测定少 0.5 mL 左右的糖溶液，加热煮沸 2 min 开始滴定，在近终点时加入亚甲基蓝指示剂，再进行滴定至蓝色消失为终点，并在 1 min 内完成滴定。

铁氰化钾氧化法已列入国家标准中，如试样中有较多量的胶体、有色杂质及悬浮物可加入醋酸铅、硫酸钠或磷酸氢二钠使其沉淀后过滤除去。

4. 次碘酸钠氧化法

(1) 原理。该法只适用于测定醛糖。在碱性介质中次碘酸钠将醛糖氧化成醛糖酸盐，反应式如下：

$$I_2 + 2NaOH \longrightarrow NaI + NaIO + H_2O$$

$$C_5H_{11}O_5CHO + NaIO + NaOH \longrightarrow C_5H_{11}O_5COONa + NaI + H_2O$$

两式相加得：

$$C_5H_{11}O_5CHO + I_2 + 3NaOH \longrightarrow C_5H_{11}O_5COONa + 2NaI + 2H_2O$$

反应完全后将溶液酸化，生成的碘用硫代硫酸钠标准滴定液返滴定。同时作空白实验。

$$NaIO + NaI + 2HCl \longrightarrow 2NaCl + I_2 + H_2O$$
$$I_2 + 2Na_2S_2O_3 \longrightarrow 2NaI + Na_2S_4O_6$$

（2）结果计算。从反应式可知 1 mol 醛糖反应中消耗 1 mol 碘，而 1 mol 碘与 2 mol 硫代硫酸钠反应，所以 1 mol 醛糖相当于 2 mol 硫代硫酸钠，醛糖在试样中的质量百分数为：

$$w = \frac{c \times (V_0 - V) \times 10^{-3} \times M}{2 \times m} \times 100\% \tag{1—32}$$

式中　c——硫代硫酸钠标准滴定液浓度，mol/L；

V_0——空白实验时消耗的硫代硫酸钠标准滴定液的体积，mL；

V——测定试样时消耗的硫代硫酸钠标准滴定液的体积，mL；

M——醛糖的摩尔质量，g/mol；

m——试样的质量，g。

（3）注意事项

1）为避免发生下列反应：$3I_2 + 6NaOH \rightarrow NaIO_3 + 5NaI + 3H_2O$。因此，在含碘的醛糖溶液中加入氢氧化钠时，要缓慢并要迅速混合。

2）试样中不能含有乙醇、丙醇等干扰物质，因为它们会消耗碘使结果偏高。

十一、有机物中水分的测定

1. 概述

有机物中的水有两种类型，一种是结晶水，它与有机物结合得比较牢固不易失去；另一种是游离水，如有机物表面吸附的水分子或溶解于有机液体中的水，以及在有机反应中作为反应物剩余的水及作为生成物生成的水。有机官能团定量分析的水主要是游离水。因为，一方面水对有机分析常会产生极大的影响；另一方面有些有机官能团定量分析是利用在反应中消耗或生成的水的量为定量分析的依据；以及有机物中水分的含量是有机物的一个重要的质量指标。所以测定有机物中的水分是有机官能团定量分析的一个重要任务。

2. 测定有机物中水分的方法

测定有机物中水分的方法常用的有下列 4 种。

（1）干燥法。对一般的固体试样吸附的水，常用加热的方法使水分挥发、干燥；对不宜加热的试样可放在干燥器内用干燥剂干燥；对一些不易加热，又较难干燥的试样，可采用在干燥器内减压干燥。干燥法测定水分含量是用称量法，称量干燥剂干燥前后增加的质量即为试样挥发出的水分；也可用称量试样的方法，在干燥前后试样减少的质量即为试样的含水量。这种方法只适用于试样中的挥发物质只有水的试样，或虽有其他挥发物质，但干燥剂只吸收水，不吸收其他挥发物质。

（2）蒸馏法。蒸馏法适用于一般液体试样，通常采用的是共沸蒸馏法，将试样与有机溶剂（如苯、甲苯、二甲苯等）一起蒸馏，试样中的水随有机溶剂一起蒸出，因水不溶于这些有机溶剂，故静止分层后可测出水的量。但该法要求有较多的试样量，另外，试样中的水也可能没有完全蒸出而造成误差，因此该方法不适用于微量水分的测定。

（3）卡尔－费休法。该法是基于氧化还原反应建立起来的一种滴定分析方法。利用卡尔－费休试剂中二氧化硫和碘发生反应时要消耗定量的水，从反应中碘的消耗量计算出被测定的水含量。终点指示可利用碘本身的颜色作自身指示，也可用电化学的方法指示，即永停法。卡尔－费休法是一个很好的测定微量水的分析方法。

（4）气相色谱法。气相色谱法测定水是仪器分析法，不在本节讨论。

3. 卡尔－费休法测定水分

本方法已在氧化还原非水溶液滴定法中讲述，本节不再重复。

第 5 节　操作技能训练

一、有机化合物中氯、溴、碘的鉴定——钠熔法

1. 准备工作

（1）试剂和材料（所有试剂均为 AR 级、水为三级水）

1）金属钠。

2）HNO_3 溶液，4 mol/L。

3）$AgNO_3$ 溶液，10%。

4）新制氯水。

5）氨水，10%。

6）CCl_4。

7）试样：氯苯、溴苯的混合物。

8）定量滤纸。

(2) 仪器

1) 小试管，1只。

2) 离心试管，2只。

3) 试管夹，1只。

4) 烧杯，100 mL，2只。

5) 表面皿，1块，配烧杯。

6) 酒精灯，1盏。

7) 镊子，1只。

8) 剪刀，1把。

9) 离心机，1台。

2. 训练步骤

(1) 试液的制备

用镊子取金属钠一小块放在滤纸上，擦干煤油后，用剪刀切取一粒表面光滑、大小如黄豆（约 50 mg）的金属钠，迅速投入干净干燥的小试管底部。用试管夹夹住试管上端 1/3 处，在酒精灯上加热试管，使钠熔化。当钠蒸气高达 10～15 mm 时，立即加入 20～30 mg 固体试样（液体 2 滴），使其直落管底，加热试管 2～3 min 至试管底部呈暗红色，立即将试管浸入盛有 10 mL 水的小烧杯中，使试管底部破裂（若试管不破，则将其敲破），然后将分解试样煮沸，过滤。用 5 mL 纯水洗涤残渣，合并过滤液和洗涤液，得到无色或淡黄色透明的钠溶液用于以下鉴定实验。

(2) 鉴定

1) 溴与碘的检定——氯水实验。取 2 mL 试液于离心试管中，加数滴 4 mol/L HNO_3 溶液酸化，并在通风橱内加热煮沸数分钟，以除去硫化氢和氰化氢（若试样中无氮元素和硫元素，则可免去此步骤）。冷却后，加入 1 mL CCl_4，逐滴加入新制氯水，每次加入后要搅动。CCl_4 层呈现紫红色，则表明试样含有碘元素；继续滴加氯水，边加边振荡，直至 CCl_4 层碘的紫色消失，再加几滴，剧烈摇动，CCl_4 层呈现黄色或红棕色，则表明试样含有溴元素。

2) 氯的检定——氯化银实验。取 5 mL 试液，用稀硝酸酸化，煮沸除去硫化氢和氰化氢。加入过量的硝酸银，使卤化银沉淀完全，再加入 10 mL 10% 的氨水一起煮沸 2 min，离心分离。吸取滤液于另一离心试管中，加稀 HNO_3 酸化，滴加 $AgNO_3$，若有白色沉淀，则表明试样含有氯元素。

3) 写出各步骤中的反应式。

3. 注意事项

（1）所用的剪刀、镊子在使用前均应在酒精灯上烘烤半分钟，以除去杂质和黏附在上面的水分。在滤纸上切取金属钠时，粘在滤纸上的微小钠碎粒可用乙醇处理，绝对不可抛弃在水槽、废液缸或垃圾箱中。

（2）钠熔时，试管不能对着人，试管必须干燥，金属钠的用量要适量。与试样熔融时，一定要加热至试管呈暗红色，否则试样分解不完全。钠溶液颜色很深或试液有较强的刺激性气味，说明试样分解不完全，必须重做。

（3）在进行未知样元素分析时，要首先鉴定硫和氮，除去 S^{2-} 和 CN^- 后，再鉴定卤素。在鉴定氮和硫呈负性反应时，应该检验是否有 CNS^- 存在，以免遗漏。

二、苯酚纯度的测定

1. 准备工作

（1）试剂（所有试剂均为 AR 级、水为三级水）

1）溴酸钾，基准试剂，烘干后放在称量瓶中，置于干燥器内备用。

2）盐酸溶液，1+1。

3）碘化钾溶液，10%。

4）淀粉指示液，1%。

5）硫酸溶液，3 mol/L。

6）氯仿。

7）硫代硫酸钠标准滴定液，0.100 0 mol/L。

8）苯酚试样。

（2）仪器

1）天平，感量 0.1 mg。

2）滴定管，50 mL，分度为 0.1 mL。

3）碘量瓶，250 mL。

4）分析实验室一般常用仪器设备。

2. 训练步骤

（1）$Na_2S_2O_3$ 标准滴定液的标定。称取适量的 $KBrO_3$ 于两只 100 mL 烧杯中（$KBrO_3$ 称量范围估算），加入 50 mL 水溶解后全部转入 250 mL 容量瓶中，稀释到刻度、摇匀。用单标线吸管吸取 25 mL $KBrO_3$ 溶液放入 250 mL 碘量瓶中，加入 2 g KI 和 3 mol/L H_2SO_4 溶液 10 mL，放置 10 min（注意碘量瓶塞处必须用水封）。用水稀释至 100 mL，立即用 $Na_2S_2O_3$ 标准滴定液滴定至溶液呈浅黄色，再加入 5 mL 淀粉指示剂，继续用

$Na_2S_2O_3$ 滴定至蓝色消失为止,记下滴定管读数,并作平行测定及空白实验。

(2) 苯酚纯度测定。用 1 mL 吸量管吸取苯酚液体样品,放入已称量的 25 mL 具塞锥形瓶中,称其质量后,加入 10% 的 NaOH 溶液 5 mL,再加少量水溶解,转移到 250 mL 容量瓶中,用水稀释至刻度,摇匀。称取 0.7 g 的 $KBrO_3$ 和 3 g 的 KBr,加少量水溶解后稀释至 250 mL,置于试剂瓶中摇匀备用。用单标线吸管吸取 15 mL 被测苯酚溶液于 250 mL 碘量瓶中,再用单标线吸管吸取 25 mL $KBrO_3$-KBr 溶液,加入同一碘量瓶中,再加入 10 mL 1+1 的 HCl 溶液,立即盖好瓶塞,加少量水封,摇匀。放置 10 min,再加入 1 g KI,并用水封瓶塞处,待 KI 溶解摇匀后再放置 10 min,用少量水冲洗瓶塞,加 2 mL 氯仿,立即用 NaS_2O_3 标准滴定液滴定到溶液呈浅黄色,加入淀粉溶液 5 mL,继续滴定至蓝色消失即为终点,记下滴定管读数。作平行测定及两次空白实验。

(3) 结果计算

1) $Na_2S_2O_3$ 标准滴定液浓度的计算:

$$c(Na_2S_2O_3) = \frac{6 \times m}{M \times (V_1 - V_0)} \times \frac{25}{250} \times 10^{-3}$$

式中 m——称取基准 $KBrO_3$ 试剂的质量,g;

  M——$KBrO_3$ 的摩尔质量,g/mol;

  V_0——空白实验时消耗的 $Na_2S_2O_3$ 标准滴定液的体积,mL;

  V_1——标定时消耗的 $Na_2S_2O_3$ 标准滴定液的体积,mL;

  6——$KBrO_3$ 与 $Na_2S_2O_3$ 反应的摩尔比。

2) 苯酚纯度的计算。苯酚的质量分数为:

$$w = \frac{c \times (V_0 - V_1) \times 10^{-3} \times M \times 6}{m \times \frac{15.00}{250.0}} \times 100\%$$

式中 c——$Na_2S_2O_3$ 标准滴定液的浓度,mol/L;

  V_0——空白实验时消耗的 $Na_2S_2O_3$ 标准滴定液的体积,mL;

  V_1——标定时消耗的 $Na_2S_2O_3$ 标准滴定液的体积,mL;

  m——苯酚试样质量,g;

  M——苯酚的摩尔质量,g/mol。

3) 计算苯酚测定的平均值及测定值的相对偏差。

3. 注意事项

(1) 碘量瓶一定要检查密封性。

(2) 碘量瓶加好试剂后应立即水封。

(3) 反应时间应掌握好，不应少于 10 min。

(4) 滴定前开封碘量瓶瓶塞时必须用水冲洗瓶塞和瓶口。

(5) 淀粉指示液应在接近终点（溶液呈浅黄色）时加入，最好加入指示剂后再滴入 1~2 滴 $Na_2S_2O_3$ 标准滴定液就能达到终点。

(6) 近终点时应震摇溶液。

(7) 试样苯酚的称量一定要既快又准，因为苯酚易吸水且会挥发。

(8) 用 $Na_2S_2O_3$ 滴定碘时，开始时滴定速度应较快，并且不要激烈摇动，避免或减少 I_2 的挥发及 I^- 被空气氧化，影响测定准确度。

本章测试题

一、判断题（下列判断正确的请打"√"，错误的打"×"）

1. 溶解度实验是物质在 1 mL 溶剂中能溶解 50 mg 溶质的为可溶。若溶质和溶剂发生作用，则不论沉淀是否消失，溶质和溶剂是否形成均匀的溶液，一律认为是溶解。（   ）

2. 卢卡斯试剂只能鉴别低碳的伯、仲、叔醇，如六个碳的伯、仲、叔醇。（   ）

3. 有机物中硫元素的测定常用氧瓶燃烧法分解试样。（   ）

4. 有机物溶度分组中，甲苯属于中性组。（   ）

5. 卤代烃可用硝酸银的氨溶液来鉴别。（   ）

6. 有机物试样和三氯化铁不发生显色反应，并不表示试样中一定不含有酚类化合物。
（   ）

7. 烯类化合物的分析可以采用氯化碘直接滴定法测定。（   ）

8. 容量法测定糖，当达到滴定终点时，次甲基蓝被氧化而褪色。（   ）

9. 钠熔法是将钠和试样的熔融物用氢氧化钠溶液溶解。（   ）

10. 在有机物中碳、氢元素分析中的二氧化碳吸收管内装有碱石棉和高氯酸镁吸收剂。
（   ）

二、单项选择题（下列每题的选项中，只有 1 个是正确的，请将其代号填在横线空白处）

1. 斐林试剂直接滴定法测定还原糖含量时，为使终点灵敏所选的指示剂为_____。

（A）亚甲基蓝　　　（B）甲基橙　　　（C）甲基红　　　（D）酚酞

2. 碘值的定义是指_____。

（A）1 g 试样反应中加成碘的质量（mg）

（B）100 g 试样反应中加成碘的质量（mg）

(C) 100 g 试样反应中加成碘的质量（g）

(D) 1 g 试样反应中加成碘的质量（g）

3. 有机物分析中的溶度分组中草酸属于_____组。

(A) S_1　　　　　(B) S_2　　　　　(C) A_1　　　　　(D) A_2

4. 硝酸银－醇溶液鉴定以下卤代烃时，反应最快的是_____。

(A) 氯苯　　　　　(B) 氯乙烷　　　　(C) 烯丙基氯　　　(D) 丙烯基氯

5. 能区分脂肪醛和芳香醛的试剂是_____。

(A) 卢卡斯试剂　　(B) 兴斯堡试剂　　(C) 托伦试剂　　　(D) 斐林试剂

6. 碘酸钾－碘化钾氧化法测定羧酸时，每分子一元羧酸产生_____个碘分子。

(A) 0.5　　　　　(B) 1　　　　　　(C) 2　　　　　　(D) 3

7. 作为糖的仲裁分析方法是_____。

(A) 次碘酸钠氧化法　　　　　　　　(B) 斐林溶液氧化法

(C) 铁氰化钾氧化法　　　　　　　　(D) 在标准中无规定

8. 用蔡塞尔法测定乙醚时，滴定时每摩尔乙醚与_____mol 的硫代硫酸钠相当。

(A) 12　　　　　(B) 6　　　　　　(C) 3　　　　　　(D) 1

9. 有机物用消化法定氮时，溶液中加入硫酸钾的目的是_____。

(A) 作催化剂　　(B) 提高反应温度　(C) 降低反应温度　(D) 减少副反应

10. 有机分析中，氧瓶燃烧法分解试样，则试样中的硫转化成_____气体。

(A) 二氧化硫　　　　　　　　　　　(B) 硫化氢

(C) 三氧化硫　　　　　　　　　　　(D) 二氧化硫和三氧化硫

三、多项选择题（下列每题的选项中，至少有 2 个是正确的，请将其代号填在横线空白处）

1. 托伦试剂实验可以鉴别_____。

(A) 丙酮与丙醛　　　　　　　　　　(B) 甲醇与甲酸

(C) 正丙醇与丙酮　　　　　　　　　(D) 甲酸与甲醛

2. 氧瓶燃烧法常用来测定有机化合物中的_____元素含量。

(A) 碳　　　　　(B) 氢　　　　　(C) 硫　　　　　(D) 卤素

3. 重氮化法测定芳伯胺的测定条件包括_____。

(A) 酸度　　　　(B) 温度　　　　(C) 滴定方法　　(D) 催化剂

4. 下列_____样品不可以用肟化法测定含量。

(A) 丙醚　　　　(B) 丙醛　　　　(C) 丙酸　　　　(D) 丙醇

5. 三氯化铁鉴别酚类，若在酚的四氯化碳溶液中加入吡啶能_____。

(A) 鉴别反应灵敏度提高　　　　　　(B) 降低鉴别反应的灵敏度
(C) 使酚的酸性增强　　　　　　　　(D) 使酚的酸性减弱

6. 区别有机化合物中的伯胺、仲胺、叔胺的实验有_____实验。
(A) 兴士堡　　　(B) 酰氯　　　(C) 氯醛　　　(D) 亚硝酸

7. 在进行有机物元素定性中，进行钠熔法时，正确的步骤是_____。
(A) 试管清洗后就进行　　　　　　　(B) 试管应绝对干燥
(C) 试管清洗后应绝对干燥　　　　　(D) 样品加入时勿黏附在试管壁上

8. 在测定有机物中碳和氢的含量时，_____是常见的干扰元素。
(A) 硫　　　(B) 氮　　　(C) 氯　　　(D) 碘　　　(E) 氧

9. 有机物中氮的定量测定方法有_____。
(A) 凯达尔法　　　　　　　　　　　(B) 杜马法
(C) 气相色谱中热导鉴定器法　　　　(D) 重量法

10. 可以用来鉴别乙炔的试剂有_____。
(A) 溴的四氯化碳溶液　　　　　　　(B) $KMnO_4$ 溶液
(C) $AgNO_3$ 溶液　　　　　　　　　(D) $Cu(NO_3)_2$ 溶液

四、填空题（请将正确答案填在横线空白处）

1. 有机化合物元素定性分析中，硫元素的鉴定方法有_____和_____。

2. 根据有机反应副反应多的特点，在有机官能团定量分析中采取_____，_____措施。

3. 有机物溶度分组中，乙烯属于_____组，苯磺酰胺属于_____组。

4. 氧瓶燃烧法测定卤素时，吸收液是由_____、_____组成的水溶液。

5. 碘值表示为_____g 试样加成反应时消耗碘的质量（g）。

6. 皂化值表示为_____发生皂化反应所消耗的氢氧化钾的质量（mg）。

7. 乙酰化法测定醇时，空白与测定时消耗的硫代硫酸钠的体积比最少为_____。

8. 重氮化法测苯胺须在_____和_____条件下进行。

9. 消化法定氮的主要步骤可分为_____、_____、_____和_____四个部分。

10. 钠熔法中，有机物的氮可能转化为_____、_____。

五、计算题

1. 硝基苯试样 11.40 mg，用杜马法测定氮含量，在 0.100 MPa，22℃条件下测得氮气的体积为 1.10 mL，求样品中氮的质量分数（以质量百分数表示）？氮的原子量为 14.01。

2. 称取有机试样 1.000 0 g 置于碘量瓶中，用 10 mL 四氯化碳溶解，取 15.00 mL 氯化碘溶液于同一碘量瓶中，放在暗处 1 h 后再加 15% 的 KI 溶液 20 mL 及 100 mL 水后，用 0.101 5 mol/L 的 $Na_2S_2O_3$ 标准滴定液滴定至终点，消耗 $Na_2S_2O_3$ 标准滴定液 7.82 mL。在同样条件下作空白实验，消耗 $Na_2S_2O_3$ 标准滴定液 35.43 mL。求样品的碘值？已知碘的原子量为 126.9。

本章测试题答案

一、判断题

1. × 2. × 3. √ 4. √ 5. × 6. √ 7. × 8. × 9. × 10. √

二、单项选择题

1. A 2. C 3. B 4. C 5. D 6. A 7. C 8. A 9. B 10. D

三、多项选择题

1. AB 2. CD 3. ABCD 4. ACD 5. AC 6. AD 7. CD 8. ABCD 9. ABC 10. ABCD

四、填空题

1. 亚硝基铁氰化钠法 醋酸铅法

2. 严格控制反应条件 减少副反应发生

3. N A_2

4. 氢氧化钠（或 NaOH） 过氧化氢（或 H_2O_2）

5. 100 g

6. 1 g 试样

7. 2 比 1 (2∶1)

8. 低温 强酸性

9. 消化 蒸馏 吸收 滴定

10. 氰化钠 硫氰化钠

五、计算题

1. 解：$pV = nRT = \dfrac{m}{M}RT$

$$m = \frac{MpV}{RT} = 14.02 \times 2 \times \frac{0.100 \times 10^6 \times 1.10 \times 10^{-6}}{8.314 \times 295} = 1.257 \times 10^{-3} \text{(g)}$$

$$w_N = \frac{1.257 \times 10^{-3}}{11.40 \times 10^{-3}} \times 100\% = 11.0\%$$

答：样品中氮的质量百分数为 11.0%。

2. 解：

$$\mathrm{\underset{}{>}C=C\underset{}{<}} \xrightarrow[\text{过量}]{+ICl} \mathrm{-\underset{Cl}{\overset{|}{C}}-\underset{I}{\overset{|}{C}}-}$$;

$$ICl + KI \longrightarrow KCl + I_2 \text{；} \quad I_2 + 2Na_2S_2O_3 \longrightarrow 2NaI + Na_2S_4O_6$$

碘值 $= \dfrac{c_{Na_2S_2O_3}(V_0-V) \times 10^{-3} \times M_I}{1.0000}$

$= \dfrac{0.1015 \times (35.43 - 7.82) \times 10^{-3} \times 126.9}{1.0000} \times 100 = 35.56 \text{ (g)}$

答：样品的碘值为 35.56 g。

第 2 章

非水滴定法

第 1 节　非水溶液酸碱滴定　　　　/84
第 2 节　非水溶液氧化还原滴定　　/90
第 3 节　操作技能训练　　　　　　/94

学习目标

1. 了解酸碱质子理论和区分效应、拉平效应的原理。
2. 掌握非水溶液滴定法分类，理解溶剂的分类和选择，以及指示剂的选择。
3. 掌握酸类化合物、碱类化合物的测定。掌握低亚金属盐还原法、金属氢化物还原法和卡尔-费休法，能够进行醋酸钠含量的测定，会熟练操作食品中糖精钠的测定。

在酸碱滴定分析法中讨论滴定曲线时曾经指出，许多弱酸、弱碱当它们的 K_a 或 K_b 小于 10^{-8}，不能在水溶液中直接滴定。特别是一些有机物质在水中溶解度很小时，也无法在水溶液中直接滴定。若在非水溶液中进行酸碱滴定，则可以解决这些困难。

采用非水溶剂作为滴定介质的滴定分析方法称为非水滴定法。它同样包括酸碱滴定、氧化还原滴定、配位滴定和沉淀滴定等方法。这里重点讨论非水溶液中的酸碱滴定和氧化还原滴定。

第1节 非水溶液酸碱滴定

一、酸碱质子理论

1. 酸碱质子理论概述

1923年Bronsted提出了酸碱质子学说。凡能供给质子的物质称为酸，凡能接受质子的物质称为碱。以酸HA为例：

$$HA \rightleftharpoons H^+ + A^-$$

当酸给出质子时，失去质子后的剩余物必然是具有接受质子能力的碱，称这种碱为原来那种酸的共轭碱。上式中，A^- 则为酸HA的共轭碱，或HA为碱 A^- 的共轭酸。HA与 A^- 则称为共轭酸碱对，即因质子得失而互相转变的一对酸碱称为共轭酸碱对。

酸	质子	碱	共轭酸碱对
$H_3O^+ \rightleftharpoons$	$H^+ +$	H_2O	H_3O^+ —H_2O
$H_2O \rightleftharpoons$	$H^+ +$	OH^-	H_2O —OH^-
$NH_4^+ \rightleftharpoons$	$H^+ +$	NH_3	NH_4^+ —NH_3
$HCl \rightleftharpoons$	$H^+ +$	Cl^-	HCl —Cl^-

$$HAc \rightleftharpoons H^+ + Ac^- \qquad\qquad HAc － Ac^-$$

$$H_2Ac^+ \rightleftharpoons H^+ + HAc \qquad\qquad H_2Ac^+ － HAc$$

$$HCO_3^- \rightleftharpoons H^+ + CO_3^{2-} \qquad\qquad HCO_3^- － CO_3^{2-}$$

$$H_2PO_4^- \rightleftharpoons H^+ + HPO_4^{2-} \qquad\qquad H_2PO_4^- － HPO_4^{2-}$$

酸和碱既可以是分子，也可以是离子。上式中 NH_4^+、HCl、H_3O^+ 等是酸，NH_3、Cl^-、Ac^-、CO_3^{2-} 等是碱。H_2O、HPO_4^{2-}、HCO_3^-、HAc 可以作酸，也可以作碱。当其给出质子时是酸，接受质子时则是碱，既具有给出质子的能力，也有接受质子的能力。

一种酸在溶剂中的离解程度，既与该酸的固有酸度有关，也与溶剂的固有碱度有关。就是说，酸碱的强度与酸碱的本质及溶剂的性质有关。例如，NH_3 在水中表现为弱碱，而在甲酸中显较强的碱性，这是因为甲酸的酸性比水强，即甲酸给出质子的能力比水大，所以 NH_3 在甲酸中显较强的碱性。又如苯甲酸在水中表现为弱酸，而在乙二胺中其酸性却强得多，这是由于乙二胺的碱性比水强。

2. 拉平效应和区分效应

一些酸或碱在某种溶剂中表现出同等强度的酸性或碱性，而在另一种溶剂中其酸碱性会有明显的差异。例如在冰醋酸介质中，$HClO_4$、H_2SO_4、HCl 和 HNO_3 的强度是有差别的，其强度顺序为：

$$HClO_4 > H_2SO_4 > HCl > HNO_3$$

但是在水溶液中，当它们的浓度不是很大时，均表现为强酸，它们的强度没有什么差异。这是由于它们的质子全都为水分子所夺取形成了水合质子 H_3O^+，即这四种酸全部被拉平到水合质子 H_3O^+ 的强度水平。因此，它们的酸碱性没有明显的差异。

$$HClO_4 + H_2O \rightleftharpoons H_3O^+ + ClO_4^-$$

$$H_2SO_4 + H_2O \rightleftharpoons H_3O^+ + HSO_4^-$$

$$HCl + H_2O \rightleftharpoons H_3O^+ + Cl^-$$

$$HNO_3 + H_2O \rightleftharpoons H_3O^+ + NO_3^-$$

这种将各种不同强度的酸拉平到溶剂化质子（如水的质子）水平的效应称为拉平效应。具有拉平效应的溶剂称为拉平溶剂。水是上述 $HClO_4$、H_2SO_4、HCl 和 HNO_3 的拉平溶剂。

如果这四种酸是在冰醋酸介质中，由于 HAc 接受质子的倾向比水小，碱性比水弱，这四种酸给出质子的能力在程度上就有了差别，因而它们表现出来的酸性也是有差异的。

$$HClO_4 + HAc \rightleftharpoons H_2Ac^+ + ClO_4^- \qquad\qquad K_a = 2.0 \times 10^7$$

$$H_2SO_4 + HAc \rightleftharpoons H_2Ac^+ + HSO_4^- \qquad\qquad K_a = 1.3 \times 10^6$$

$$HCl + HAc \rightleftharpoons H_2Ac^+ + Cl^- \qquad K_a = 1.3 \times 10^3$$

$$HNO_3 + HAc \rightleftharpoons H_2Ac^+ + NO_3^- \qquad K_a = 22$$

四种酸的强度顺序是 $HClO_4 > H_2SO_4 > HCl > HNO_3$。这种能区分酸（或碱）强度的作用称为区分效应，具有区分效应的溶剂称为区分性溶剂。冰醋酸就是这四种酸的区分性溶剂。

拉平效应和区分效应是相对的。水对 $HClO_4$、H_2SO_4、HCl 和 HNO_3 四种酸具有拉平效应，但冰醋酸对以上四种酸却具有区分效应；冰醋酸对以上四种酸虽具有区分效应，但对弱碱性物质（$K_b < 10^{-9}$ 的弱碱）则具有拉平效应。

总之，酸碱的强度除与本身给出或夺取质子的能力有关，也与溶剂夺取或给出质子的能力有关。非水溶液中的酸碱滴定，就是利用溶剂的拉平效应以增强被测物质的酸碱性而被滴定，利用区分效应进行分别滴定。

非水溶液中的酸碱滴定是利用溶剂的拉平效应或区分效应，使某些在水溶液中不能进行的酸碱滴定反应，能在非水溶液中得以进行。在水溶液中一些难于被滴定的弱酸，在碱性溶剂中其酸性增强；一些难于被滴定的弱碱，在酸性溶剂中其碱性增强，都可以被滴定。

例如，吡啶是一种很弱的有机碱（C_5H_5N，$K_b = 1.4 \times 10^{-9}$），在水溶液中直接滴定有困难。如果用冰醋酸作溶剂，由于冰醋酸是酸性比水强的溶剂，给出质子的能力比水强，因而增强了吡啶的碱性，就可以用高氯酸的冰醋酸溶液进行滴定。其反应：

$$C_5H_5N + HAc \rightleftharpoons C_5H_5NH^+ + Ac^-$$

$$HClO_4 + HAc \rightleftharpoons H_2Ac^+ + ClO_4^-$$

$$\underline{H_2Ac^+ + Ac^- \rightleftharpoons 2HAc}$$

$$C_5H_5N + HClO_4 \rightleftharpoons C_5H_5NH^+ + ClO_4^-$$

溶剂冰醋酸在滴定过程中起传递质子的作用。$HClO_4$ 与吡啶之所以能够进行反应是由于吡啶的碱性比 HAc 强，接受冰醋酸供给的质子形成 $C_5H_5NH^+$，HAc 给出质子后形成其共轭碱；而 HAc 的酸性又比 $HClO_4$ 弱，能接受 $HClO_4$ 供给的质子形成 H_2Ac^+。滴定反应实际上是在强酸 H_2Ac^+ 与强碱 Ac^- 中进行。

又如苯酚在水中是极弱的酸，不能被碱溶液直接滴定。若在乙二胺溶液中，由于乙二胺接受质子的能力比水强，从而增强了苯酚的酸性，这样就可以直接滴定了。图2—1 和图2—2 是在水中和在乙二胺中苯酚和苯甲酸的滴定曲线。

因此，在非水溶液中进行酸碱滴定的过程是通过非水溶剂传递质子，使原来较弱的酸或碱的酸碱性增强，与滴定剂反应时能产生明显的突跃，从而能选择适当的方法判断终点。

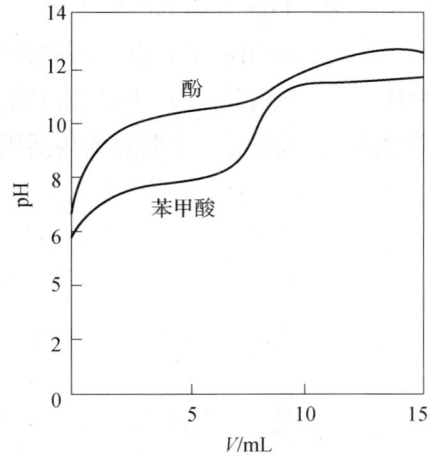
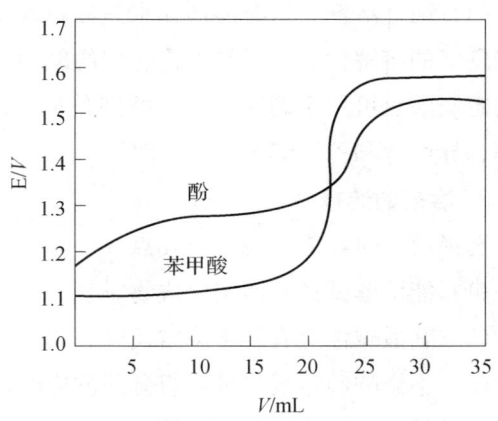

图 2—1 在水中用 NaOH 滴定酚或苯甲酸的滴定曲线

图 2—2 在乙二胺中用氨基乙醇钠滴定酚或苯甲酸的滴定曲线

二、非水溶液酸碱滴定的溶剂及指示剂

1. 溶剂的分类

在非水滴定中，正确选用溶剂是十分重要的。根据溶剂的性质和组成，非水溶剂可以分为以下几类。

（1）质子惰性溶剂或中性溶剂。这类包括一些介电常数较低的非极性溶剂，即不接受质子也不析出质子，如苯、氯苯、氯仿、四氯化碳、二氯甲烷、石油醚等。它们既不因溶剂化作用而促进物质的电离，也不因参与质子转移反应而影响物质的酸碱度，它们只起溶解试样的作用。它们用于非水酸碱滴定长处是滴定生成的中和产物在溶剂中被解离，因而能提高终点灵敏性；短处是单独使用时，因不促进物质电离故内电阻大，不适于电位滴定。因此常常将它们掺和在质子活性溶剂中使用以取长补短。另外还有一类质子惰性溶剂，它们是偶极分子，有较高的介电常数，如乙腈、醋酐、丙醋酐、环丁砜等。由于它们的偶极使离子发生溶剂化，促进物质的电离，另一方面它们是质子惰性的，对酸或碱没有均化效应，所以这类溶剂特别适合于电位法滴定酸或碱的混合物。

（2）析质子溶剂或酸性溶剂。这类溶剂含有酸性的质子，能参与酸碱的质子转移反应，由于它们酸性比水强，适用于滴定弱碱。这类溶剂包括甲酸、醋酸、三氟乙酸、丙酸、硝基甲烷、苯酚等，其中最常用的是冰醋酸和硝基甲烷。

（3）亲质子溶剂或碱性溶剂。这类溶剂含有碱性基团，能接受质子，它们的碱性比水强，适用于滴定弱酸。这类溶剂包括正丁胺、乙二胺、吡啶、二甲基甲酰胺等，另外一些含氧官能团的溶剂，碱性较弱一些，如丙酮、甲基异丁基酮、1，4－二氧六环等。

（4）两性溶剂。这类溶剂如水一样，既能接受质子，又能析出质子，有较高的介电常数和良好的溶解性能。但是无论它们的碱性或酸性都比上述两种溶剂弱，所以它们既可用于滴定弱酸也可用于滴定弱减。特别是可与质子惰性溶剂掺和使用。这类溶剂包括丙醇、乙醇、异丙醇和乙二醇等。

2. 溶剂的选择

选择溶剂时，应考虑以下几点：

（1）能溶解试样及滴定生成物。

（2）其酸碱性应有利于滴定反应。

（3）不影响滴定剂与被测组分间反应的定量关系。

（4）易提纯、价格便宜、使用安全。

3. 指示剂的选择

非水溶液中酸碱滴定所用指示剂大多是一般的酸碱指示剂。一般指示剂的选择随溶剂而异。不同溶剂中常用的指示剂见表2—1。

除了使用指示剂检测化学计量点，非水滴定中还常使用电位法。电位法一般以玻璃电极或锑电极为指示电极，饱和甘汞电极为参比电极，通过绘制滴定曲线来检测化学计量点。

表 2—1　　　　　　　　非水溶剂中酸碱滴定常用的指示剂

溶剂类别	常用溶剂	指示剂
惰性	苯、氯苯、氯仿、四氯化碳、二氯甲烷、石油醚、乙腈、醋酐、丙醋酐	甲基红
酸性	甲酸、醋酸、三氟乙酸、丙酸、硝基甲烷、苯酚	甲基紫、结晶紫、中性红等
碱性	正丁胺、乙二胺、吡啶、二甲基甲酰胺丙酮、甲基异丁基酮、1，4－二氧六环	酚酞、百里酚蓝（麝香草酚蓝）、偶氮紫、邻硝基苯胺等
两性	丙醇、乙醇、异丙醇和乙二醇	甲基红、百里酚蓝

三、酸类化合物的测定

酸性物质主要是指高级羧酸类、酚类、氨基酸类、磺酰胺类等有机物质。测定酸性物质最常用的碱标准滴定液是甲醇钠的苯－甲醇溶液。

甲醇钠是由金属钠和甲醇反应制得：

$$2CH_3OH + 2Na = 2CH_3ONa + H_2 \uparrow$$

标定甲醇钠常用苯甲酸作基准物：

$$C_6H_5COOH+CH_3ONa=C_6H_5COO^-+Na^++CH_3OH$$

保存碱标准滴定液时要注意防止吸收水分和CO_2。

有机溶剂的体积膨胀系数较大，当温度变化时，要注意校正溶液的浓度。

高级羧酸，可在甲醇、乙醇或苯－甲醇溶液中，用甲醇钠标准滴定液滴定；或在二甲基甲酰胺溶剂中，用季胺碱标准滴定液滴定。例如，以二甲基甲酰胺为溶剂，用甲醇钠标准滴定液测定羧酸。该法的测定原理是羧酸溶于二甲基甲酰胺时给出质子使溶剂分子成为二甲基甲酰胺化质子；甲醇钠的CH_3O^-离子碱性比二甲基甲酰胺强，因此二甲基甲酰胺化质子给予CH_3O^-质子使之生成CH_3OH；滴定时CH_3O^-与二甲基甲酰胺化质子反应。反应过程如下：

$$RCOOH+HCON(CH_3)_2 \rightleftharpoons HCON(CH_3)_2H^++RCOO^-$$

$$CH_3ONa \rightleftharpoons CH_3O^-+Na^+$$

$$\underline{HCON(CH_3)_2H^++CH_3O^- \rightleftharpoons HCON(CH_3)_2+CH_3OH}$$

$$RCOOH+CH_3ONa \rightleftharpoons CH_3OH+RCOO^-+Na^+$$

偶氮紫为滴定反应的指示剂，颜色由红变为蓝色；或用百里酚蓝（麝香草酚蓝）为指示剂，终点颜色由黄变为蓝色。

酚类可溶于较强的碱性溶剂如乙二胺中，用季胺碱标准滴定液或甲醇钠标准滴定液滴定。

氨基酸类的氨基和羧基的碱性和酸性在水溶液中都比较弱，且彼此有干扰，难以滴定。可在二甲基甲酰胺溶剂中，用甲醇钠标准滴定液或季胺碱标准滴定液滴定其羧基。

磺酰胺类可在丁胺或二甲基甲酰胺溶剂中，用季胺碱标准滴定液滴定。

四、碱类化合物的测定

碱性物质主要是胺类、生物碱、含氮杂环化合物、氨基酸及弱酸的阴离子等。高氯酸在冰醋酸中表现为强酸，因此在非水溶液中测定碱性物质时，常用高氯酸标准滴定液滴定。高氯酸具有氧化性和腐蚀性，市售高氯酸含$HClO_4$为70%～72%，使用时应加入醋酐以除去水分。

醋酐用量的计算方法是先求出所取用高氯酸中的水含量，再由水含量求所需醋酐量，然后按其密度及含量求得醋酐体积，即按下式计算：

$$V=\frac{V_0 \times 1.75 \times 30\% \times 102.1}{18.02 \times 1.087 \times 98\%}$$

式中 V_0 为高氯酸取用体积，含水量约30%，相对密度为1.75；醋酐相对密度为1.087，含量98%；醋酐及水的摩尔质量分别为102.1 g/mol和18.02 g/mol。

标定高氯酸溶液所用基准物质为邻苯二甲酸氢钾。邻苯二甲酸氢钾在冰醋酸中几乎无酸性，它与$HClO_4$的反应：

$$\text{邻苯二甲酸氢钾} + HClO_4 \rightleftharpoons \text{邻苯二甲酸} + KClO_4$$

甲基紫或结晶紫可作此滴定反应的指示剂，终点颜色由紫变为蓝色。

对于很弱的碱（$K_b < 10^{-12}$），可以在醋酐、含醋酐的冰醋酸溶液或乙腈－冰醋酸混合溶剂中滴定。

一般胺类化合物选用惰性溶剂比用冰醋酸好，终点敏锐。高分子胺类化合物如脂肪胺、杂环胺等，可以用苯、氯仿－冰醋酸或乙腈－冰醋酸作溶剂。

第2节 非水溶液氧化还原滴定

一、非水溶液的氧化还原反应

无机化合物的氧化还原反应通式一般表示：

$$\text{还原剂}1 + \text{氧化剂}2 \rightleftharpoons \text{氧化剂}1 + \text{还原剂}2$$

例如：

$$2I^- + Br_2 \rightleftharpoons I_2 + 2Br^-$$

但是有机化合物的可逆氧化还原反应较少，其中典型的是苯醌与对苯二酚之间的平衡：

$$\text{苯醌} + 2H^+ + 2e \rightleftharpoons \text{对苯二酚}$$

大多数有机化合物的氧化还原反应是不可逆的，而且反应速度较慢，一般采用无机氧化剂或还原剂的氧化还原法来测定其官能团。用氧化还原法测定官能团的方法较多，其中最多的是碘量法、低亚金属盐还原法和金属氢化物还原法。

二、应用实例

1. 碘量法

碘量法有两个突出的优点而特别适合于微量分析：①终点敏锐；②具有化学倍增效应。所谓化学倍增效应是指当测定某一物质的量的官能团样品时，往往消耗或转生一倍或几倍甚至数十倍物质的量的碘，这样可使滴定分析取量少，准确度提高。例如，用碘量法测定甲氧基，先用 HI 裂解试样使甲氧基转化为碘甲烷蒸出，用溴溶液吸收，生成的溴化碘被过量溴氧化成碘酸。除尽剩余的溴后，加入过量的 KI，析出的碘用硫代硫酸钠标准滴定液滴定。有关的反应如下：

$$ROCH_3 + HI \longrightarrow CH_3I + ROH$$
$$CH_3I + Br_2 \longrightarrow CH_3Br + IBr$$
$$IBr + 2Br_2 + 3H_2O \longrightarrow HIO_3 + 5HBr$$
$$HIO_3 + 5I^- + 5H^+ \longrightarrow 3I_2 + 3H_2O$$
$$3I_2 + 6Na_2S_2O_3 \longrightarrow 6NaI + 3Na_2S_4O_6$$

由以上反应可以看出被测物甲氧基与硫代硫酸钠物质的量的关系：

1 mol $ROCH_3 \rightarrow$ 1 mol $CH_3I \rightarrow$ 1 mol $IBr \rightarrow$ 1 mol $HIO_3 \rightarrow$ 3 mol $I_2 \rightarrow$ 6 mol $Na_2S_2O_3$

这样可使滴定分析取样量少，准确度提高。这对于分析一些大分子量的试样特别有利。

碘量法除了用直接氧化或还原反应测定官能团，还常用于一些取代、加成、置换等反应来间接测定官能团，如 O_3 裂解测不饱和键、HOCl 加成测环氧基、$NaBH_4$ 测羰基等。

2. 低亚金属盐还原法

低亚金属盐还原法有亚钛还原法、亚铬还原法和亚锡还原法等。其中以亚钛还原法最常用，常以 $TiCl_3$ 或 $Ti_2(SO_4)_3$ 作还原剂，可直接还原滴定十余种官能团。例如，以亚钛还原法直接测定硝基：

$$Ar-NO_2 + 6Ti^{3+} + 6H^+ \longrightarrow ArNH_2 + 6Ti^{4+} + 2H_2O$$

此外还有一些官能团可用亚钛还原法间接滴定，如以亚钛滴定生成的 2,4-二硝基苯脎可间接测定羰基等。

3. 金属氢化物还原法

金属氢化物还原法有氢化锂铝还原法和氢化硼钠还原法，其中氢化锂铝为还原剂可以测定十余种官能团。例如用氢化锂铝测定醛基、酮基、羧基和氰基的反应：

$$4RCHO + LiAlH_4 \longrightarrow LiAl(OCH_2R)_4$$
$$4R_2CO + LiAlH_4 \longrightarrow LiAl(OCHR_2)_4$$

$$4RCOOH + LiAlH_4 \longrightarrow LiAl(OCH_2R)_4 + 4H_2 + 2LiAlO_2$$

$$2RCN + LiAlH_4 \longrightarrow LiAl(NCH_2R)_2$$

氢化硼钠的还原选择性比氢化锂铝高，它只还原醛、酮、硝基和二硫醚等几类化合物。

4. 卡尔－费休法测定有机物中微量水

（1）测定原理。卡尔－费休试剂由碘、二氧化硫、吡啶和甲醇按一定质量比（1∶1∶10）配制而成。当有水存在时，碘将二氧化硫氧化成三氧化硫，反应如下：

$$I_2 + SO_2 + H_2O \rightleftharpoons 2HI + SO_3$$

反应生成的 HI 和 SO_3 被吡啶吸收生成氢碘酸吡啶及硫酸酐吡啶。反应如下：

$$I_2 + SO_2 + 3C_5H_5N + H_2O \longrightarrow 2C_5H_5N \cdot HI + C_5H_5N\begin{subarray}{l}SO_2\\O\end{subarray}$$

硫酸酐吡啶是中间产物，很不稳定，容易与甲醇作用生成稳定的甲基硫酸氢吡啶。反应如下：

$$C_5H_5N\begin{subarray}{l}SO_2\\O\end{subarray} + CH_3OH \longrightarrow C_5H_5N\begin{subarray}{l}SO_4CH_3\\H\end{subarray}$$

滴定的总反应式为：

$$I_2 + SO_2 + 3C_5H_5N + CH_3OH + H_2O \longrightarrow 2C_5H_5N \cdot HI + C_5H_5NHSO_4CH_3$$

由卡尔－费休试剂的浓度和消耗的体积可计算水的含量。在反应中，吡啶和甲醇不仅参与反应，而且是反应产物的组成成分，还起到溶剂的作用。

用卡尔－费休法测定水分时，确定终点的方法通常有碘的自身指示剂法和永停终点法两种。自身指示剂法测微量水或带有颜色的试样时，容易产生误差；永停终点法比自身指示剂法准确度高，可避免测定时的人为误差。

永停终点法是根据半电池反应：$I_2 + 2e \longrightarrow 2I^-$，将两个铂电极插入滴定液中，在两个铂电极间加 10～15 mV 低电压。在滴定过程中，卡尔－费休试剂与试样中的水发生反应，溶液中只有碘离子而无碘分子存在，溶液中无电流通过。当滴定至终点时，卡尔－费休试剂稍过量时，溶液中同时存在碘分子和碘离子，电极上发生电解反应：

阳极：$2I^- - 2e \longrightarrow I_2$

阴极：$I_2 + 2e \longrightarrow 2I^-$

当电流通过两电极，电流计指针突然偏转至一个最大值，停止滴定。电流计指针在指示的最大值稳定 1 min 以上，此时即为滴定终点。

(2) 卡尔－费休试剂的配制与标定。卡尔－费休试剂是以碘的质量分数来决定其浓度，通常配成对水的滴定度 T 为 3～6 mg/mL。理论上，试剂中各组分的质量比为碘：二氧化硫：吡啶＝1∶1∶3。

实际上，除碘外其他组分的量都较理论量大，通常的质量比：

$$碘：二氧化硫：吡啶＝1∶3∶10$$

例如配制 1 000 mL 的卡尔－费休试剂需要碘的质量为 42.5～85 g。

由于卡尔－费休试剂中的吡啶极难闻且有毒，因此现在已经有了改良的无吡啶卡尔－费休试剂，它是由碘、二氧化硫、碘化钠、无水乙酸钠按一定比例溶于一定的甲醇中混合而成。

卡尔－费休试剂用水标准溶液或用带有稳定结晶水的化合物（如酒石酸钠二水合物 $Na_2C_4H_4O_6·2H_2O$）为基准物进行标定，同时做空白实验。标定结果以滴定度表示，计算公式如下：

$$T=\frac{m}{V-V_0}$$

式中　T——卡尔－费休试剂的滴定度，g/mL；

　　　m——被滴定的水标准溶液中水的质量，g；

　　　V——滴定水标准溶液消耗卡尔－费休试剂的体积，mL；

　　　V_0——空白实验消耗卡尔－费休试剂的体积，mL。

(3) 卡尔－费休法在有机定量分析中的应用

1) 直接测定有机物中的水分。凡本身不与卡尔－费休试剂发生反应的有机化合物都可以用卡尔－费休试剂直接测定其所含的水分。这些化合物见表 2—2。

表 2—2　　　　　　　　直接测定其中水分的各类有机物

有机化合物	适用试样
烃类	饱和烃、不饱和烃、芳烃、卤代烃
酸类	羧酸、羟基酸、氨基酸、磺酸
酸的衍生物	羧酸酯、无机酸酯、酰卤
羟基化合物	醇类、酚类、糖
不活泼羰基化合物	三氯甲醛、二苯基乙二酮
醚类	醚、缩醛
含氮化合物	酰胺、酰苯胺、胺、硝基化合物、生物碱等
含硫化合物	硫醚、二硫化物、硫醇酯

2) 间接测定某些化合物的含量。凡是有机化合物与某试剂能定量反应生成水的，都可以通过测定生成水的量来测定试样中某有机化合物的含量。

例1　醇类与乙酸在 BF_3 催化作用下，发生酯化反应生成水，通过卡尔－费休法测定生成的水，可以测定醇类或羧酸的含量。

例2　醛、酮能和羟胺反应生成肟，同时释放出与羰基等量的水，通过卡尔－费休法测定生成的水，可以测定羰基化合物的含量。

例3　酸酐在 BF_3 催化剂的作用下，能迅速水解为酸，测定时先加一定量且过量的水，反应后，通过用卡尔－费休法测定反应剩余的水，可计算出酸酐的量。测定时样品中游离酸、无机酸、缓冲盐类不产生干扰。

(4) 应用卡尔－费休法的注意事项

1) 配制卡尔－费休试剂时应注意水的干扰。滴定的仪器必须干燥，最好使用自动滴定管，在密闭的系统中滴定，进入系统的空气必须经过干燥。

2) 刚配制好的卡尔－费休试剂应储存在棕色瓶中，于暗处放置 24 h 后才能使用。

3) 每次测定时都应对卡尔－费休试剂进行标定，同时做空白实验。

4) 在测定有机酸中水分时，为防止有机酸与试剂中的甲醇发生酯化反应，最好选用乙二醇－吡啶作试样溶剂，用冰浴冷却，快速滴定。

第 3 节　操作技能训练

一、醋酸钠含量的测定

1. 准备工作

(1) 试剂

1) $HClO_4$，72%。

2) 冰乙酸，AR。

3) 醋酸酐，AR。

4) 邻苯二甲酸氢钾，基准试剂。

5) 结晶紫指示液。

6) 试样，乙酸钠。

(2) 仪器

1）滴定管，50 mL，分度为 0.1 mL。

2）分析天平，感量 0.1 mg。

3）分析实验室常用玻璃器具。

2. 训练步骤

(1) 玻璃仪器的选用、清洗和检查。

(2) 高氯酸—冰乙酸标准滴定液的标定。$c(HClO_4) = 0.1$ mol/L。

1）准确称取适量的邻苯二甲酸氢钾基准试剂于干燥的 100 mL 锥形瓶中。

2）加入 25 mL 冰醋酸使其溶解（必要时可温热数分钟）。冷却至室温，加 2 滴结晶紫指示液。用高氯酸—冰乙酸标准滴定液滴定到紫色消失，刚出现蓝色为终点，记下滴定管读数。

3）再做一个平行测定及空白实验。

(3) 未知样中 NaAc 含量的测定。

1）准确称取适量的未知样（按无水 NaAc 计量）于 100 mL 锥形瓶中。

2）加入 25 mL 冰乙酸，温热使其溶解。冷却至室温，加入 2 滴结晶紫指示液，用已标定的高氯酸标准滴定液滴定到紫色消失，刚出现蓝色为终点，记下滴定管读数。

3）再做一个平行测定及空白实验。

3. 注意事项

(1) 标定高氯酸—冰乙酸标准滴定液时的温度与使用该标准溶液时的温度要相同。

(2) 非水滴定过程中不能带入水，烧杯、量筒、锥形瓶等仪器均要干燥。

(3) 滴定终点观察要准确，紫色刚消失，蓝色刚出现，但此蓝色要稳定，如果滴到绿色则已过量。

二、食品中糖精钠的测定

1. 准备工作

(1) 试剂

1）高氯酸—冰乙酸标准滴定液。

2）冰乙酸，AR。

3）醋酸酐，AR。

4）邻苯二甲酸氢钾，基准试剂。

5）结晶紫指示液。

6）食品试样。

(2) 仪器

1) 滴定管，50 mL，分度为 0.1 mL。

2) 分析天平，感量 0.1 mg。

3) 微波炉。

4) 分析实验室常用玻璃器具。

2. 训练步骤

（1）玻璃仪器的选用、清洗及检查。

（2）高氯酸－冰乙酸标准滴定液的标定。$c(HClO_4) = 0.1$ mol/L。

1) 准确称取适量的邻苯二甲酸氢钾基准试剂于干燥的 100 mL 锥形瓶中。

2) 加入 25ml 冰醋酸使其溶解（必要时可温热数分钟）。冷却至室温，加 2 滴结晶紫指示液。用高氯酸－冰乙酸标准滴定液滴定到紫色消失，刚出现蓝色为终点，记下滴定管读数。

3) 再做一个平行测定及空白实验。

（3）食品中糖精钠的测定。

1) 样品处理（根据样品定，选做）。将样品放在微波炉转盘中，用中火烘干 30 min，粉碎。

2) 样品分析。称取适量的经预干燥的糖精钠样品（若样品有色可加入 10 mL 冰乙酸溶解后滤去残渣备用）于干燥的 100 mL 锥形瓶中。加 20 mL 冰乙酸使其溶解，加 1 滴结晶紫指示液，用已标定的高氯酸标准滴定液滴定至紫色变为蓝绿色，记下滴定管读数。

3) 再做一个平行测定及空白实验。

3. 注意事项

（1）标定高氯酸－冰乙酸标准滴定液时的温度与使用该标准溶液时的温度要相同。

（2）非水滴定过程中不能带入水，烧杯、量筒、锥形瓶等仪器均要干燥。

（3）滴定终点观察要准确，紫色刚消失，蓝色刚出现，但此蓝色要稳定，如果滴到绿色则已过量。

本章测试题

一、判断题（下列判断正确的请打"√"，错误的打"×"）

1. 对难溶性化合物，都可以用非水滴定法测定。　　　　　　　　　　　　（　　）

2. 在水溶液中无法区别盐酸和硝酸的强弱。　　　　　　　　　　　　　　（　　）

3. 采用在纯的甲醇溶液中加入一定量金属钠的方法配置甲醇钠标准溶液。（　　）

二、单项选择题（下列每题的选项中，只有 1 个是正确的，请将其代号填在横线空白

处）

1. NH₃ 和 HAc 他们的共轭酸分别是_____。

(A) NH_4^+，Ac^-　　(B) NH_4^+，H_2Ac^+　　(C) NH_2^-，Ac^-　　(D) NH_2^-，H_2Ac^+

2. 非水酸碱滴定中，测定弱碱的含量时，应选用_____作溶剂。

(A) 甲醇　　　　(B) 丙酮　　　　(C) 乙酸　　　　(D) 乙醚

3. 用非水酸碱滴定测定苯酚含量，可选用_____作溶剂。

(A) 乙醚　　　　(B) 乙醇　　　　(C) 乙二胺　　　　(D) 丙酮

三、多项选择题（下列每题的选项中，至少有 2 个是正确的，请将其代号填在横线空白处）

1. 在酸碱质子理论中，可作为酸的物质是_____。

(A) NH_3　　　　(B) HCl　　　　(C) HSO_4^-　　　　(D) OH^-

(E) H_2O　　　　(F) SO_4^{2-}

2. 非水滴定中，甲醇钠标准滴定液的浓度可选用_____基准物质标定。

(A) 碳酸钠　　　　(B) 硼酸　　　　(C) 苯甲酸　　　　(D) 邻苯二甲酸氢钾

(E) 氢氧化钠　　(F) 氢氧化钾

四、计算题

1. 异硫氰酸酯样品 0.215 1 g，加入浓度为 0.115 7 mol/L 的丁胺溶液 25.00 mL，过量的丁胺消耗 0.115 3 mol/L 的高氯酸标准滴定液 14.91 mL。则样品中 SCN 的百分含量为多少？（SCN 摩尔质量为 58.08 g/mol）

2. 用无水冰乙酸配制约 0.10 mol/L 高氯酸标准滴定液 500 mL，需密度 1.75 g/mL 含量 70.0% 的高氯酸 4.20 mL，问应加入密度 1.087 g/mL，含量 98.0% 的乙酸酐多少毫升，才能完全除去其中的水分。（乙酸酐的摩尔质量为 102.1）

3. 称取苯甲酸钠 0.120 0 g，溶于冰乙酸中，用 0.100 0 mol/L 的高氯酸标准滴定液滴定至终点，消耗 8.35 mL。空白实验消耗高氯酸标准滴定液 0.10 mL。则苯甲酸钠的浓度为多少？（苯甲酸钠的摩尔质量为 144.1 g/mol）

本章测试题答案

一、判断题

1. ×　2. √　3. √

二、单项选择题

1. B　2. C　3. C

三、多项选择题

1. ABCE　2. CD

四、计算题

1. 解：$w=\dfrac{(0.115\ 7\times25.00-0.115\ 3\times14.91)\times58.08}{0.215\ 1\times1\ 000}\times100\%=31.68\%$

答：样品中 SCN 的百分含量为 31.68%。

2. 解：$V=\dfrac{4.24\times1.75\times(100-70)\times102.1}{18.02\times1.087\times98.0\%}=11.72(\text{mL})$

答：加乙酸酐 11.72 mL。

3. 解：$w=\dfrac{0.100\ 0\times(8.35-0.10)\times144.1}{0.120\ 0\times1\ 000}\times100\%=99.1\%$

答：苯甲酸钠的浓度为 99.1%。

第 3 章

光谱分析法

第 1 节　概述　　　　　　　　　　/100
第 2 节　发射光谱分析法　　　　　/105
第 3 节　紫外－可见分光光度法　/119
第 4 节　原子吸收分光光度法　　/130
第 5 节　红外分光光度法　　　　/147
第 6 节　操作技能训练　　　　　/156

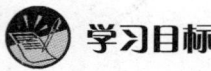**学习目标**

1. 了解光谱分析的分类、基本原理。
2. 了解发射光谱分析法、吸收光谱分析法的原理、定性、定量的方法及影响因素。
3. 熟悉发射光谱分析法、吸收光谱分析法的各种仪器构造及各部件的作用。
4. 掌握可见—紫外分光光度计和原子吸收分光光度计的操作、测定条件的选择及注意事项。
5. 掌握光谱分析中常用仪器的维护保养工作。

第 1 节　概　述

光学分析法是基于电磁辐射与待测物质相互作用后产生的辐射信号或发生的变化来测定物质的性质、含量和结构的分析方法。

光学分析法所涉及的电磁辐射覆盖了由射线到无线电波的所有波长范围，相互作用的方式则包括了发射、吸收、反射、折射、散射、干涉、衍射、偏振等，并通过波长、频率、波数、强度等参数来进行表征。物质吸收或发射不同范围的能量（波长），引起相应的原子或分子内能级跃迁，据此建立了各种光波谱分析方法，如紫外—可见光谱分析、红外光谱分析、核磁共振波谱分析、X 射线光谱分析等。

光学分析的方法虽然很多，原理各异，但均涉及以下三个过程：提供能量的能源（光源、辐射源）及辐射控制；能量与被测物之间的相互作用；信号产生过程。

光学分析法与电化学分析法和色谱分析法的区别之一是不涉及化合物的分离，可进行选择性测量，因而具有灵敏度高、选择性好、用途广泛等优点，是仪器分析的重要分支，在分析领域中发挥着重要作用。

一、光学分析法分类

通常情况下可将光学分析法分为非光谱分析法和光谱分析法两大类。光学分析法的一般分类方法如图 3—1 所示。

1. 非光谱分析法

非光谱分析法是指那些不以光的波长为分析依据，仅通过测量光的折射、反射、干涉、衍射、偏振等某些基本性质的变化为分析依据的方法。非光谱分析法不涉及物质内部能级的跃迁，电磁辐射只改变了传播方向、速度或某些物理性质，如辐射的散射、折射、衍射、旋转等。其常用分析方法有折射法、光散射法、旋光法、圆二色性法和浊度法等，见图3—1。

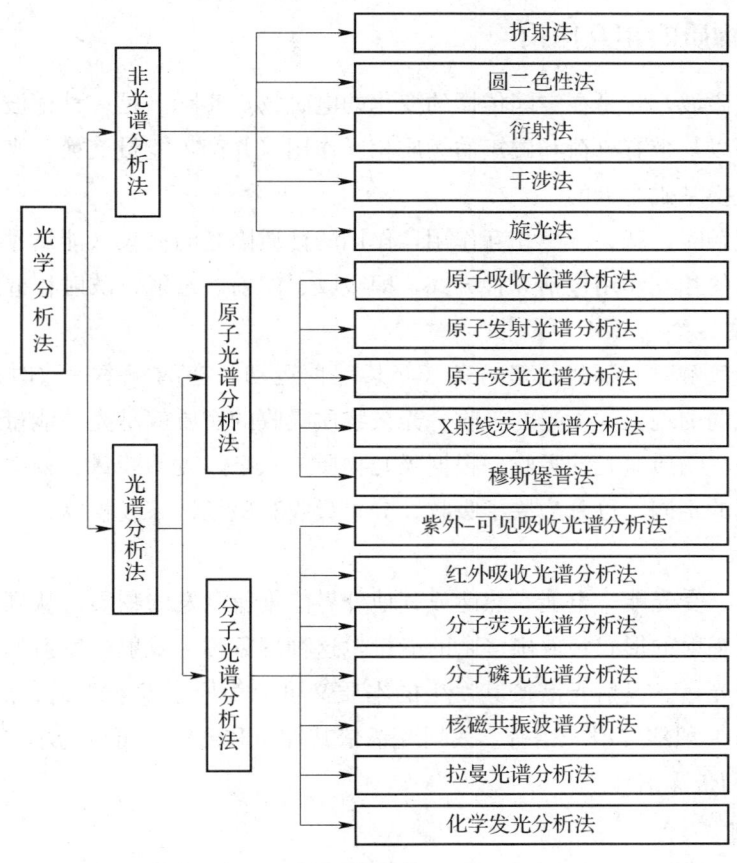

图3—1 光学分析法的一般分类方法

2. 光谱分析法

光谱分析法是指基于光与物质相互作用时，测量因物质内部发生量子化的能级之间的跃迁，而产生的发射或吸收光谱的波长和强度来进行的定性、定量分析的一种方法。

根据作用对象的不同，又将光谱分析法分为分子光谱分析法和原子光谱分析法；根据作用能量范围（光谱区）的不同又可分为可见、紫外、红外、荧光各种光谱分析法。

分子光谱分析法是基于分子中电子振动能级和转动能级的变化产生的，表现为带状光谱。分析方法有红外吸收光谱法、紫外—可见吸收光谱法、分子荧光光谱法和分子磷光光谱法等。

原子光谱分析法是由原子外层或内层电子能级的变化产生的，表现为线状光谱。这类分析方法有原子发射光谱法、原子吸收光谱法、原子荧光光谱法、X射线光谱法以及核磁共振波谱法等。

二、光与物质的相互作用

光是一种电磁波，它是在空间传播的变化的电磁场，实际上是一种横波。当电磁波穿过物质时，它可以与带有电荷和磁矩的物质相互作用，并产生能量交换。光谱分析就是建立在这种能量交换基础之上的。

物质与光接触时，就会产生相互作用，作用的性质因光的波长（能量）及物质的性质而异。光与物质的相互作用包括5种方式，即吸收、发射、透射、散射和折射。

1. 光的吸收

当光与物质接触时，某些频率的光（与某一种运动状态的频率一致时）被选择性吸收，使其强度减弱的现象称为光的吸收。光被物质吸收的实质就是光的能量已转移到物质的原子或分子中。物质对光的吸收，根据吸光物质的状态、光的能量（频率或波长）及所引起的激发情况的不同，可分为原子吸收、分子吸收和磁场诱导吸收等。

2. 光的发射

当受激物质（受光能、电能、热能或其他外界能量所激发的物质）从高能态回到低能态时，往往以光辐射的形式释放出多余的能量，这种现象称为发射。发射的光按波长排列起来，称为发射光谱。发射光谱按其发生的本质又可分为原子发射光谱、离子发射光谱、分子发射光谱和X射线发射光谱等。发射光谱依其性质和形状又可分为不连续光谱（线光谱）、连续光谱和带光谱。

3. 光的透射

光通过透明介质时，如果只是引起了微粒的价电子相对于原子核的振动，它的能量只是瞬间（$10^{-5} \sim 10^{-4}$ s）被微粒所保留，当物质回到其原来的状态时，又毫无保留地将光能重新按原方向发射出来，在该过程中没有净能量变化，光的频率也就没有变化，只是光的传播速度减慢了，这种现象称为光的透射。

4. 光的散射

光通过不均匀介质时，如果一部分光沿着其他方向传播，这种现象称为光的散射。根据散射的起因，可分类：

（1）丁达尔（Tyndall）散射。若被照射试样粒子的直径大于等于入射光的波长时，产生丁达尔散射，其散射波长与入射波长一样。

(2) 瑞利（Rayleigh）散射。若被照射试样粒子的直径小于入射光的波长时，发生分子散射；光子与分子无能量交换，仅改变光子传播方向的弹性碰撞导致的光散射为瑞利散射。

(3) 拉曼（Raman）散射（包括斯托克斯散射和反斯托克斯散射）。若被照射试样粒子的直径小于入射光的波长时，发生分子散射；光子与分子发生非弹性碰撞，引起光子能量改变的散射称为拉曼散射，其中波长变长的散射谱线为斯托克斯（Stokes）散射，波长变短的散射谱线为反斯托克斯散射。根据入射光与散射光的能量差可得到分子的振动能级信息。散射现象提供了建立散射浊度分析法、比浊分析法和拉曼光谱分析法的依据。

5. 光的折射

光从一种透明介质进入另一种透明介质时，光束的前进方向发生改变的现象称为光的折射。光的折射是由于光在不同介质中的传播速度不同引起的。物质对光的折射率随着光频率（或波长）的变化而改变，这种现象称为色散。利用色散现象可将不同波长的混合光分散开来，成为许多波长范围较窄的单色光，这种作用称为分光。在光学分析法中广泛地利用色散现象获得单色光。

三、各种光学分析法简介

1. 光谱法

光谱分析方法涉及不同能级之间的跃迁，即吸收辐射的跃迁和发射辐射的跃迁，由此建立了基于外层电子能级跃迁的光谱法、基于转动及振动能级跃迁的光谱法、基于内层电子能级跃迁的光谱法、基于原子核能级跃迁的光谱法以及拉曼散射光谱法。

（1）基于原子、分子外层电子能级跃迁的光谱法

1）原子发射光谱分析法。它是以火焰、电弧、等离子炬焰等作为光源，使气态原子的外层电子受激发，发射出特征光谱，根据特征光谱中谱线位置和强度进行定性和定量分析的方法。原子发射光谱法可以对周期表中 70 多种元素进行定性和定量分析，是多元素同时测定的有效方法。

2）原子吸收光谱分析法。它是利用特殊光源发射出待测元素的共振线，并将试样中的物质转变成气态原子后，测定气态原子对共振线吸收的变化进行定量分析的方法。原子吸收光谱法可以定量测定元素周期表中 60 多种金属元素，是应用广泛的低含量元素的定量测定方法。

3）原子荧光光谱分析法。它是利用光能激发基态原子而产生的原子荧光谱线的波长和强度，进行物质的定性和定量的分析方法。我国是较早进行原子荧光分析仪开发研究的国家之一。目前应用效果较好的测定元素有砷、铅、硒、铋、锡、汞等 11 种元素。

4) 紫外—可见吸收光谱分析法。它是利用溶液中分子或离子吸收紫外光和可见光产生跃迁所记录到的吸收光谱图，进行化合物结构的分析，根据最大吸收波长光的强度随溶液中被测物的浓度变化的线性关系进行定量分析的方法。

5) 分子荧光光谱分析法。某些物质的分子被紫外光或可见光照射激发后，在回到基态的过程中，发射出比原激发光波长更长的荧光，通过测量荧光强度进行定量分析的方法。

6) 分子磷光光谱分析法。磷光与荧光都属于光致发光，有些性质也很相似。它是当某些物质的分子中处于第一最低单重激发态（Si）的分子以无辐射弛豫方式进入第一、三重激发态（Ti），再跃迁返回基态并发出磷光，利用测定磷光的强度进行定量分析的方法。目前该方法被广泛应用于稠环芳烃、染料、药品、生物试剂等领域的测定。

7) 化学发光分析法。它是利用化学反应提供能量，使待测分子激发，返回基态时发出一定波长的光，依据其强度与待测物浓度之间的线性关系进行定量分析的方法。

（2）基于分子转动、振动能级跃迁的光谱法，也被称为红外吸收光谱法。红外吸收光谱法的波段在近红外光区和微波光区之间，即 750～1 000 000 nm 之间，为复杂的带状光谱。红外光谱按其波长范围可划分为 3 个区域：近红外光区（750～2 500 nm；13 330～4 000 cm^{-1}）、中红外光区（2 500～25 000 nm，4 000～400 cm^{-1}）和远红外光区（25 000～1 000 000 nm，400～10 cm^{-1}）。它是利用分子中基团吸收红外光产生的振动—转动吸收光谱进行化合物结构分析的方法。

（3）基于原子内层电子能级跃迁的光谱法，也被称为 X 射线光谱分析法。它是与原子内层电子能级跃迁相关的光谱法，是基于高能电子的减速运动或原子内层电子跃迁所产生的短波电磁辐射所建立的分析方法，包括 X 射线荧光法、X 射线吸收法和 X 射线衍射法。

（4）基于原子核能级跃迁的光谱法，也被称为核磁共振波谱法。它是基于原子核能级跃迁的光谱法，即在外磁场的作用下，电子的自旋磁矩与外磁场相互作用而分裂为磁量子数不同的磁能级，吸收微波辐射能后产生能级跃迁，根据其吸收光谱进行物质结构分析的方法。

（5）基于拉曼散射的光谱法。它是由于光子与物质分子在发生非弹性碰撞时改变了光运动方向，并进行了能量交换，使散射光的能量发生变化。由于散射光的频率和入射光的频率不同而产生拉曼位移，拉曼位移的大小与分子的振动和转动能级有关。利用拉曼位移研究物质结构的方法称为拉曼光谱法。

2. 非光谱法

（1）折射法。它是测量物质对光的折射率的一种方法。该法可用于纯化合物的定性及纯度的测定，并可用作二元混合物的定量分析，还可得到物质的基本性质和结构的某些信息。

（2）旋光法。溶液的旋光性与分子非对称结构有密切关系，因此旋光法可作为鉴定物质化学结构的一种手段。它对于研究某些天然产物及络合物的立体化学问题有特殊的效果，并可用于物质纯度的鉴定。圆二色性法也是旋光法中的一种，被用作液相色谱仪的检测器，其定量的依据是圆二色检测器的响应信号正比于旋光物质对左、右圆偏振光的吸收差。

（3）衍射法。它是基于光的衍射现象而建立的方法，有 X 射线衍射法和电子衍射法（透射电子显微镜）等。

第 2 节　发 射 光 谱 分 析 法

原子发射光谱法（atomic emission spectrometry，AES）是根据处于激发态的待测元素原子回到基态时发射的特征谱线对待测元素进行分析的方法。它是光学分析法中产生和发展最早（1859 年）的一种光谱分析方法。

一、原子发射光谱法的优点

1. 一个样品中同时检测多种元素，试样消耗少。
2. 分析速度快，液、固试样不经过任何化学处理，利用光电直读光谱仪，均可在几分钟内同时测定出几十种元素含量。
3. 检出限低，一般检出限可达 $0.1\sim10\ \mu g/g$（或 $\mu g/mL$），电感耦合高频等离子体光谱仪检出限可达 ng/g 级。
4. 选择性好。每种元素因原子结构不同而发射出各自不同的特征光谱，这对于一些化学性质极为相似的元素测定具有特别重要的意义。
5. 准确度较高。一般光源相对误差为 5%～10%，ICP 相对误差可达 1%以下。
6. 线性范围宽。ICP 光源校准曲线线性范围宽，可达 4～6 个数量级，可测定元素各种不同含量（高、中、低）。一个试样同时进行多元素分析时，又可测定各种元素的不同含量，因此 ICP－AES 应用范围非常广泛。

二、原子发射光谱法的缺点

目前一般的光谱仪还无法测定一些非金属元素，如常见的非金属元素氧、硫、氮、卤素等的谱线在远紫外区，磷、硒、碲等的激发电位低，灵敏度也较低。

三、原子发射光谱法的基本原理

1. 原子发射光谱的产生

原子的外层电子受到激发，跃迁至激发态，很短时间后又从高能级激发态跃迁回低能级激发态或基态，多余的能量以电磁辐射的形式发射出去，就得到了发射光谱。原子发射光谱是线状光谱。谱线波长与能量的关系见式3—1：

$$\lambda = \frac{hc}{\Delta E} = \frac{hc}{E_1 - E_2} \tag{3—1}$$

式中，λ 为波长，h 为普朗克常数，c 为光速，E_1、E_2 分别为高能级与低能级的能量。原子的各个能级是不连续的（量子化的），电子的跃迁也是不连续的，这就是原子光谱是线性光谱的根本原因。其光谱范围在紫外、可见和近红外区（10～3 000 nm）。

2. 元素的特征谱线

周期表中每一个元素都能显示出一系列的光谱线，这些光谱线对元素具有特征性和专一性，称为元素的特征光谱，这是元素定性的基础。原子中某一外层电子由基态激发到高能级所需要的能量称为激发电位，以 eV（电子伏特）表示。原子光谱中每一条谱线的产生各有其相应的激发电位，这些激发电位在元素谱线表中可以查到。由第一激发态向基态跃迁的能量最小，最易发生，强度也最大，称为第一共振线，是该元素最强的谱线。

原子如果获得足够的能量（电离能），将失去一个电子产生电离（一次电离），一次电离的原子再失去一个电子称为二次电离，以此类推。

离子也可能被激发，当离子由激发态跃迁回基态时，产生离子谱线（离子发射的谱线）。由于离子和原子具有不同的能级，因此离子发射的光谱与原子发射的光谱不同。每一条离子线也都有其激发电位，这些离子线激发电位大小与电离电位高低无关，是离子的特征共振线。

在原子谱线表中，罗马字"Ⅰ"表示中性原子发射的谱线，"Ⅱ"表示一次电离离子的谱线，"Ⅲ"表示二次电离离子发射的谱线。利用色散系统对光谱进行线色散，可获得按序排列的光谱线谱图。选择元素特征光谱较强的谱线（通常是第一共振线）作为分析线，依据谱线的强度与激发态原子数成正比，而激发态原子数与样品中对应元素的原子总数成正比，遵守式（3—2）的关系，这就是进行定量分析的依据。

$$N_i = N_0 \left(\frac{g_i}{g_0}\right) e^{-\frac{E_i}{kT}} \tag{3—2}$$

四、原子发射光谱仪的主要类型及组成

1. 原子发射光谱仪的类型

根据所用仪器设备和检测手段的不同,常用的原子发射光谱分析方法有以下 5 种:摄谱分析法、光电直读法、电感耦合等离子体发射光谱法、火焰光度法、原子荧光分析法。

2. 原子发射光谱仪的主要组成

原子发射光谱仪的类型虽然较多,但均可由光源、单色器、样品池、检测器和信息处理与显示装置 5 个基本单元组成,如图 3—2 所示。

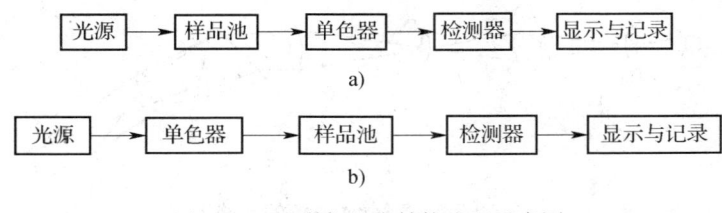

图 3—2 光谱仪基本结构流程示意图
a) 连续光谱作用 b) 单色光作用

原子发射光谱仪器起关键作用的部件为激发光源、分光系统和检测器,分别介绍如下。

(1) 光源。作为光谱分析用的光源对试样具有两个作用过程。首先是把试样中的组分蒸发离解为气态原子,然后使这些气态原子激发,使之产生特征光谱。因此光源的主要作用是为试样蒸发、原子化和激发发光提供所需的能量,它的性质影响着光谱分析的灵敏度和准确度。因此在分析具体试样时,应根据分析的元素和对灵敏度及精确度的要求选择适当的激发源。原子发射光谱的光源种类很多,基本可分为以下两类:

1) 适宜液体试样分析的光源:早期的火焰和目前应用最广泛的等离子体光源。

2) 适宜固体样品直接分析的光源:直流电弧、交流电弧和电火花光源。

发射光谱分析常用光源的特性见表 3—1。

表 3—1   发射光谱分析常用光源的特性比较

光源	蒸发温度	激发温度/K	放电稳定性	应用范围
直流	高	4 000~7 000	稍差	定性分析,矿物、纯物质、难挥发元素的定性及半定量分析
交流	低	4 000~7 000	较好	试样中低含量组分的定量分析
火花	低	瞬间 10 000	好	金属与合金、难激发元素的定量分析
ICP	很高	6 000~8 000	很好	溶液定量分析

(2) 分光系统

分光系统的作用是将试样中待测元素的激发态原子（或离子）所发射的特征光经分光后得到按波长顺序排列的光谱，以便进行定性和定量分析。原子发射光谱的分光系统目前采用棱镜分光、光栅分光两种。其中光栅分光系统又可分为平面反射光栅、凹面光栅分光系统和中阶梯平面发射光栅的分光系统。

1) 棱镜分光系统。其主要是利用棱镜对不同波长的光有不同的折射率，复合光被分解为各种单色光，从而达到分光的目的。早期的发射光谱仪采用棱镜分光，如图3—3所示。

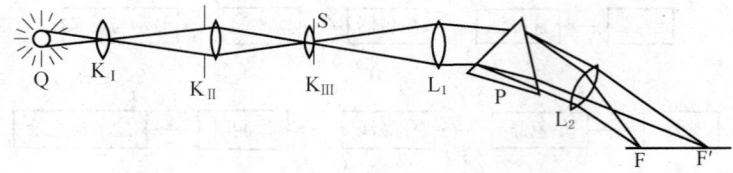

图3—3 棱镜分光系统的光路图

2) 光栅分光系统。它的色散元件采用了光栅（通常由一个镀铝的光学平面或凹面上刻印等距离的平行沟槽做成），利用光在光栅上产生的衍射和干涉来实现分光，如图3—4、图3—5所示。

3) 中阶梯光栅分光系统。中阶梯光栅是目前使用较多的一种光栅。与普通光栅相比，它是一种槽密度低（8~80条/mm）、刻槽深度大（μm级）、分辨率极高的衍射光栅。其每一个梯状刻槽的宽度是其高度的几倍，阶梯之间的距离是欲色散波长的10~200倍，闪耀角大。将中阶梯光栅与低色散率的棱镜配合使用，可使200~800 nm的光谱形成光谱级一波长二维光谱，全部谱集中在40 mm^2的聚焦面上，特别适合多道检测器同时检测，如图3—6所示。

光栅色散与棱镜色散比较，具有较高的色散与分辨能力，适用的波长范围宽，而且色散率近乎常数，谱线按波长均匀排列，其缺点是有时出现"鬼线"（由于光栅刻线间隔的误差引起在不该有谱线的地方出现的"伪线"）和多级衍射的干扰。

(3) 检测系统

在原子发射光谱法中，常用的检测方法有摄谱（照相）法和光电检测法两种。光电检测法的检测器目前常用的是光电倍增管和阵列检测器两类。

1) 摄谱法。它是用感光板来接收与记录光谱的方法，其仪器称为摄谱仪。将光谱感光板置于摄谱仪焦面上，接受被分析试样光谱的作用而感光，再经过显影、定影等过程后，制得光谱底片，其上有许多黑度不同的光谱线，然后用映谱仪观察谱线的位置和强

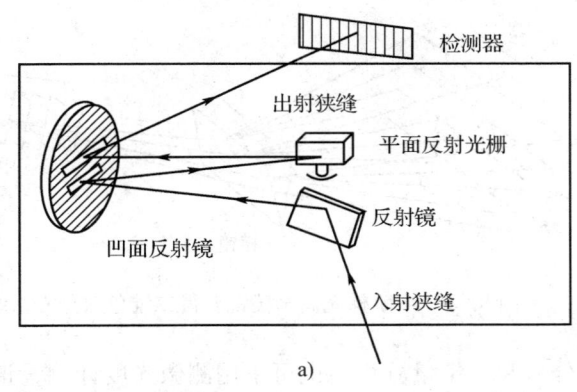

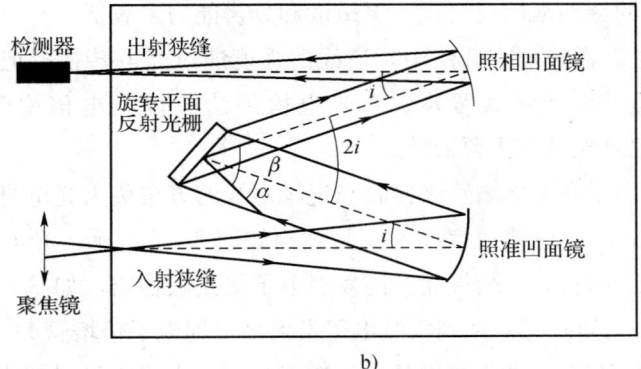

图 3—4 平面反射光栅的分光系统示意图
a) 固定反射光栅　b) 旋转反射光栅

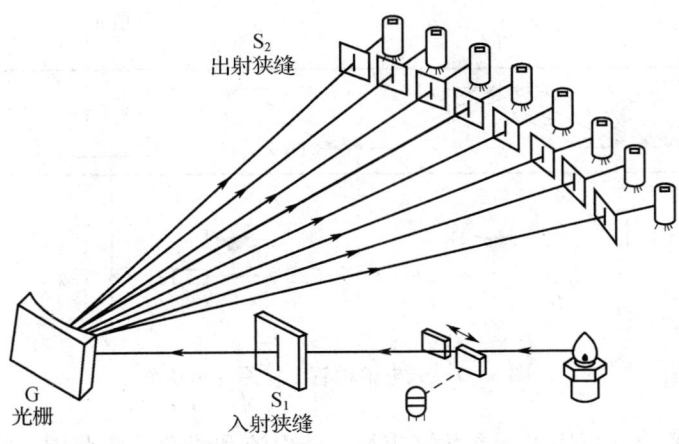

图 3—5 凹面光栅固定狭缝式的多道分光系统

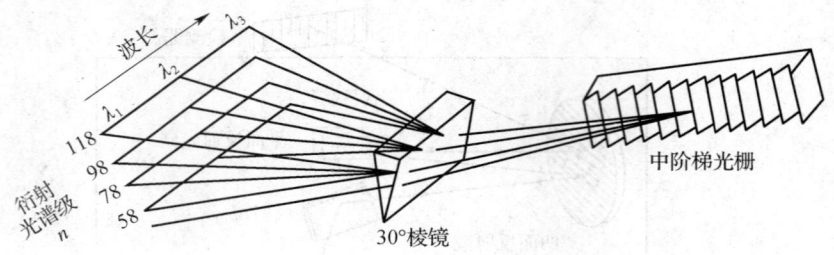

图 3—6　中阶梯光栅＋棱镜获得二维色散分光系统

度，进行光谱定性分析和半定量分析；也可采用测微光度计测量谱线的强度比，进行光谱定量分析。感光板的特性常用反衬度、灵敏度和分辨能力来表征。

2）光电检测法。在光电直读法中，谱线的强度通过光电转换，把光信号转换为电信号，检测电信号就可确定谱线强度。在光电检测法中以光电倍增管或电荷耦合器件（CCD）为接收与记录光谱的主要器件。

①光电倍增管。用光电倍增管来接收与记录谱线的方法称为光电直读法。光电倍增管既是光电转换元件，又是电流放大元件，其结构如图 3—7 所示。光电倍增管的外壳由玻璃或石英制成，内部抽真空，阴极涂有能发射电子的光敏物质，如 Sb－Cs 或 Ag－Cs 等。在阴极 C 和阳极 A 之间装有一系列次级电子发射极，即电子倍增管 D_1、D_2 等。阴极 C 和阳极 A 之间加有约 1 000 V 的直流电压，当辐射光子撞击光阴极 C 时发射光电子，该光电子被电场加速落在第一倍增极 D_1 上，撞击出更多的二次电子，依此类推，阳极最后收集到的电子数是阴极发出的电子数的 $10^5 \sim 10^6$ 倍。

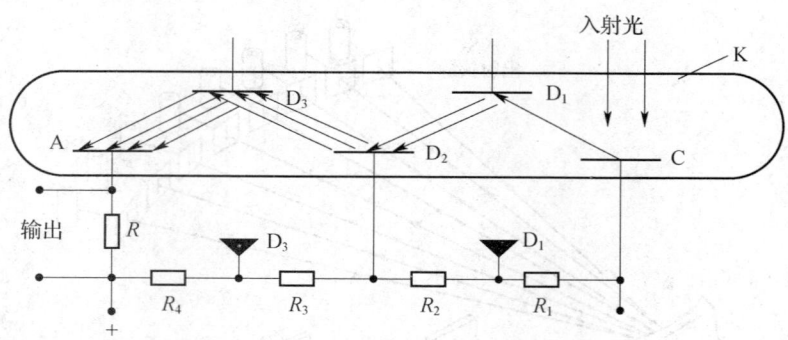

图 3—7　光电倍增管工作原理示意图

光电倍增管的特性可用以下参数来表征：暗电流和线性响应范围、噪声和信噪比、灵敏度和工作光谱区等。由于光电倍增管具有灵敏度高、线性影响范围宽、响应时间短等特点，因此，被广泛应用于光谱分析仪器中。

②电荷耦合检测器（CCD）。电荷耦合检测器（charge-coupled device，CCD）是一种新型固体多道光学检测器件，它是在大规模硅集成电路工艺基础上研制成模拟集成电路芯片。由于其输入面空域上逐点紧密排列着对光信号敏感的像元，因此它对光信号的积分与感光板的情形极为相似。但它可以借助必要的光学和电路系统，将光谱信息进行光电转换、储存和传输，在其输出端产生波长－强度二维信号，信号经放大和计算机处理后，在末端显示器上同步显示出人眼可见的图谱，无须像感光板那样冲洗和测量黑度的过程。目前这类检测器已经在光谱分析的许多领域中获得了应用。

采用CCD的优点：具有同时多谱线检测能力和借助计算机系统快速处理光谱信息的能力，分析速度极快。采用这一检测器设计的全谱直读等离子发射光谱仪，可在1 min内完成试样中多达70种元素的测定。动态响应范围和灵敏度均可达到或甚至超过光电倍增管。体积小，性能稳定，结实耐用，因此在发射光谱中有广阔的应用前景。

五、电感耦合等离子体发射光谱仪

在光谱学中，等离子体是指以气态形式存在的包含有分子、原子、阳离子、自由电子等各种粒子的电中性集合体。在光谱分析中又把电感耦合等离子体－原子发射光谱简称等离子体（ICP－AES）。

1. 电感耦合等离子体光源类型

自从20世纪70年代出现了第一台采用等离子体喷焰作为发射光谱光源的仪器以来，等离子体光源有了较快发展，目前等离子体光源主要有如下几种类型，如图3—8所示。

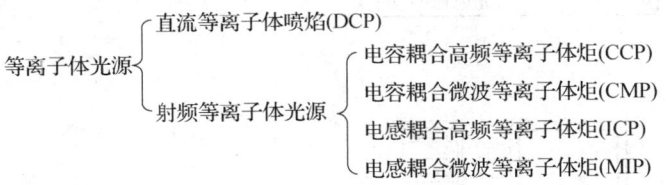

图3—8 等离子体光源的类型

2. 电感耦合等离子体光源的特点

（1）ICP温度可达10 000 K，可使化合物完全解离成原子状态，有利于难激发元素的测定。

（2）ICP具有良好的稳定性，ICP－AES法的测量精密度可达1%左右。

（3）基体影响小，自吸收现象少，无电极污染，具有良好的抑制电离干扰效应的影响。

(4) 工作曲线线性范围宽,达 5~6 个数量级,能同时进行常量和微量物质分析。

(5) 谱线强度大、背景干扰小、灵敏度高,可测定周期表中绝大多数元素(70 多种),检出限可达 10^{-4}~10^{-3} μg/mL 级(有原子发射光谱和离子发射光谱可供选择,较易避开干扰谱线)。

3. **电感耦合等离子体发射光谱仪类型**

(1) 光电直读等离子体发射光谱仪。光电直读是利用光电法直接获得光谱线的强度,目前 ICP—AES 中光电直读式仪器已占商品光谱仪器的主要地位。它又可分为多道固定狭缝式和单道扫描式光谱仪两种类型。

1) 多道固定狭缝式光谱仪。它安装了多个光电倍增管,可同时检测多种元素的谱线,如图 3—9 所示。从光源发出的光经透镜聚焦后,在入射狭缝上成像,并投射到狭缝后的凹面光栅上。凹面光栅将光色散后聚焦在焦面上。焦面上安置一组出射狭缝以允许不同波长的光通过,在光电倍增管上检测各波长的光强后,用计算机进行数据处理。

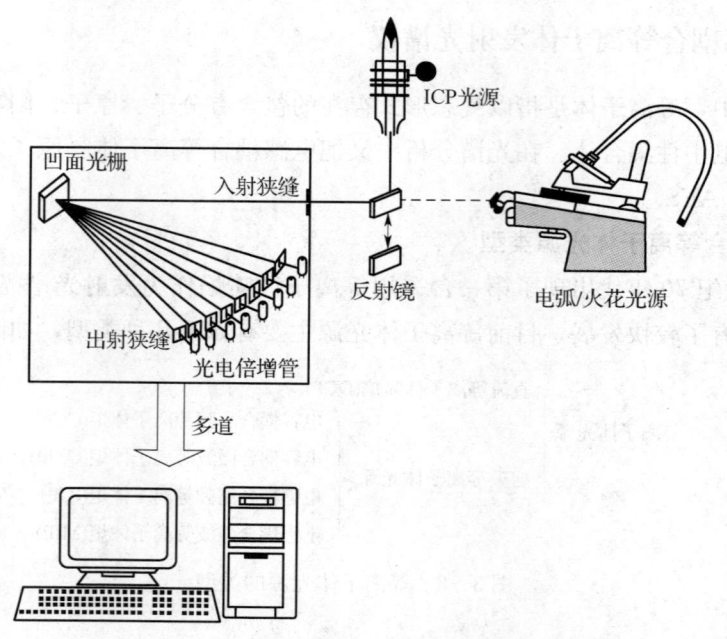

图 3—9 多道固定狭缝式光谱仪

多道固定狭缝式光谱仪具有多达 70 个通道,可同时进行含量差异较大的多元素分析,分析速度快,准确度高。线性范围宽达 4~5 个数量级,在高、中、低浓度范围内都可分析。适合于固定元素的快速定性、半定量和定量分析,目前在钢铁冶炼中用于炉前快速监控碳、硫、磷等元素。

2)单道(顺序)扫描等离子体发射光谱仪。该仪器为真空型光谱仪,通过转动光栅进行扫描,在不同时间检测不同元素的谱线,如图 3—10 所示。光源发出的辐射经入射狭缝投射到可转动的光栅上色散,当光栅转动到某一固定位置时,只有某一特定波长的谱线能通过出射狭缝而进入检测器。通过光栅转动完成一次全谱扫描,一般用计算机进行扫描控制、测量和数据处理。波长范围 160~800 nm,可分析碳、磷、硫等灵敏线短于 200 nm 的元素。为保证波长的稳定性,整个分光器系统安置在恒温控制室中。时间应不超过几秒,传动机构应坚固耐用,能够可靠地工作多年而无须维修。与多道光谱仪相比,其选择波长灵活方便,但分析速度受到一定限制。

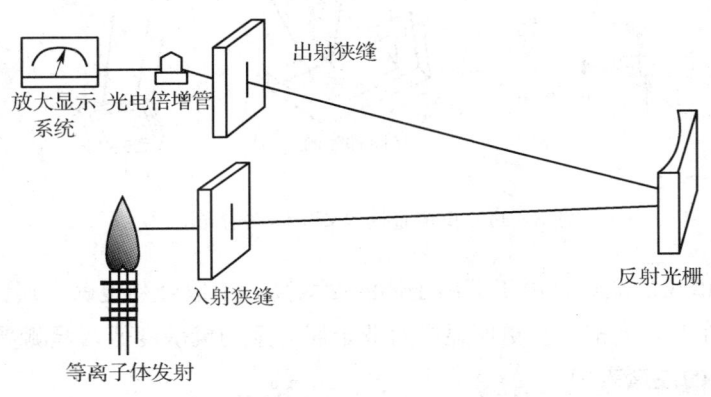

图 3—10 单道扫描等离子体发射光谱仪

(2)全谱直读等离子体发射光谱仪。该仪器从光源发出的辐射,经两个曲面反光镜聚焦于入射狭缝。入射光经抛物面准直镜反射成平行光,照射到中阶梯光栅上,使光在 X 轴方向上色散,再经另一个光栅(Schmidt 光栅)使光在 Y 轴方向上进行二次色散,保证了光谱分析线全部色散在一个平面上,并经反射镜反射进入电荷注入式检测器(charge injection detector,CID)进行检测,如图 3—11 所示。

全谱直读光谱仪的优点:采用电荷注入检测器(CID)、电荷耦合检测器(CCD)或二极管阵列检测器等,可同时检测 165~800 nm 波长范围内出现的全部谱线,而且中阶梯光栅加棱镜分光系统,使得仪器结构紧凑、体积小,克服了多道和单道光谱仪的缺点,故障率低,稳定性好。28 nm×28 nm 的硅型金属—金属氧化物半导体(MOS)芯片上,可排列 26 万个感光点点阵,具有同时检测几千条谱线的能力。因此,测定每个元素可同时选用多条谱线,能在 1 min 内完成 70 多种元素的定性和定量分析,1 mL 试样即可检测所有可分析元素,全自动操作,线性范围达 4~6 个数量级,可检测不同含量的试样,分析精度高,变异系数为 0.5%,绝对检出限为 0.1~50 ng/mL。

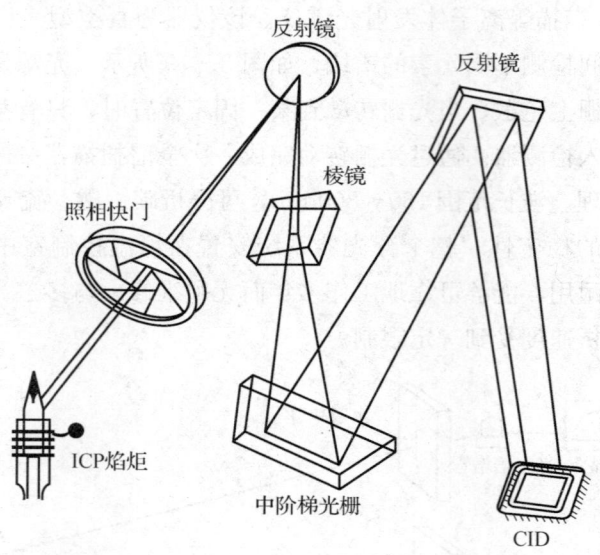

图 3—11 全谱直读等离子体发射光谱仪

全谱直读光谱仪的缺点：由于等离子体温度太高，不适合测定碱金属元素。特别是在 U、Fe 和 Co 存在时，光谱干扰更明显。对非金属元素的灵敏度低，检测受到限制。

4. 使用 ICP 的注意事项

（1）为减少高频电磁场对人体的伤害，ICP 炬管均应置于金属制的火炬室中，加以高频屏蔽。

（2）高频发生器必须有良好的接地，接地电阻小于 4 Ω。必须使用单独地线，不能与其他电器设备共用地线，以免高频电流影响其他电器设备的正常工作，甚至导致仪器毁坏。

（3）高频发生器在工作时，将有一部分功率消耗在振荡管阳极及负载感应线圈上，产生热量，需要采用冷却装置。感应线圈常采用循环水冷却，振荡器多采用空气强制通风冷却。

（4）高频设备具有功率大、高频、高压的特点，设备易出现打火、爬电、击穿、烧毁和熔断等事故。为延长其使用寿命，须注意使用的功率和额定电压应尽可能降低，严格遵守预热灯丝的操作规程，经常检查通冷风和冷却水的设备，保证运转良好。

六、原子发射光谱的应用

1. 光谱定性分析

不同元素的原子结构不同，在光源的激发作用下，试样中每种元素都发射自己的特征光谱，这是定性的依据。

（1）元素的分析线。定性分析所依据的谱线有灵敏线、最后线和特征线组。在光谱分析中，凡是用于鉴定元素存在及测定元素含量的谱线称为分析线。灵敏线是指各元素谱线中最容易激发或激发电位较低的谱线，通常是该元素光谱中最强的谱线，多是共振线。最后线是指随着试样中某元素的含量逐渐减少时，最后仍能观察到的几条谱线，它们常常是该元素的第一共振线，也是理论上的最灵敏线。特征线组是指某种元素所特有的、容易辨认的多重线组。

（2）定性分析方法。光谱定性分析常采用摄谱法，通过比较试样光谱与纯物质光谱或铁光谱来确定元素的存在。

1）铁光谱比较法。标准光谱图是在相同条件下，将试样与铁标准样品并列摄谱于同一感光谱板上，然后将试样光谱与铁光谱标准谱图进行对照，以铁谱线为波长标尺，逐一检查待分析元素的灵敏线，若试样光谱中的元素谱线与标准谱图中标明的某一元素谱线出现的波长位置相同时，即为该元素谱线。判断某一元素是否存在，必须由其灵敏线来决定。铁光谱比较法可同时进行多元素定性鉴定。对于复杂组分的样品，进行全定性测定时应用铁光谱比较法更为简便、准确，如图3—12所示。

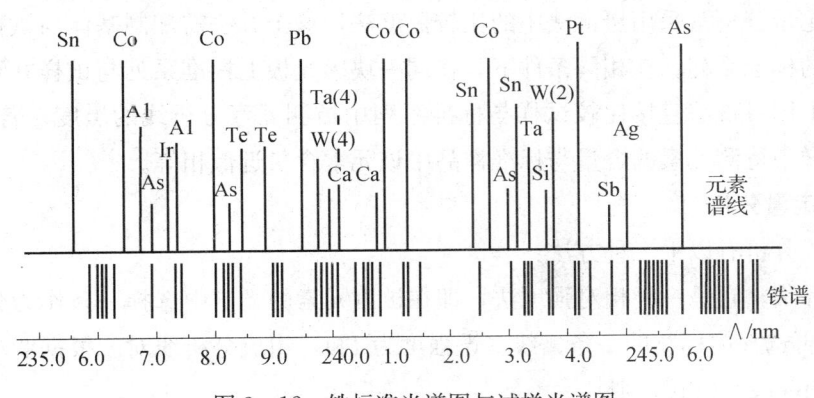

图3—12　铁标准光谱图与试样光谱图

2）标准试样光谱比较法。光谱定性也可用纯试样光谱比较法。将待测元素的纯物质或纯化合物与试样在相同条件下同时并列摄谱于同一感光板上，然后在映谱仪上进行光谱比较，如试样光谱中出现与纯物质光谱相同波长的特征谱线，则表明样品中有与纯物质相同的元素存在。此法多用于不经常遇到的元素分析。

3）光谱定性分析的试样处理。根据试样性质不同，摄谱前需做不同处理。若试样是无机物，可按下述方法进行：

①金属或合金最好用试样本身做电极。若试样量少，不能直接加工成电极，则可将试样粉碎后放在电极小孔中激发。

②矿石可磨碎成均匀粉末，然后放在电极小孔中激发。

③溶液可先蒸发浓缩至结晶析出，然后滴入电极中加热蒸干后再进行激发。或将原液全部蒸干，磨成均匀的粉末，放入电极孔中，也可使用平头电极，将溶液滴在电极头上烘干后进行激发。

若分析微量成分，从原试样中不能直接检出，则需事先进行适当的处理，使大量主要成分分离，对微量组分进行浓缩后再测定。

对于有机物，一般先低温干燥，在坩埚中灰化（应避免在灰化中使易挥发元素损失），再将存下的残渣放在电极上进行激发。

2. 光谱半定量分析

分析准确度要求不高，但要求简便、快速而有一个数量级的结果时（如矿石品位的估计，钢材、合金的分类，为化学分析提供试样元素的大致含量等），以及在进行光谱定性分析时，除需给出试样中存在哪些元素外，还需要指出其大致含量（即何者是主要成分，何者是少量、微量、痕量成分）的情况下，应用半定量分析法可以快速简便地解决问题。

光谱半定量分析常采用摄谱法中的比较黑度法，这个方法需配制基体与试样组成相近的被测元素的标准系列。在相同条件下，在同一块感光板上标准系列与试样并列摄谱；然后在映谱仪上用目视法直接比较试样与标准系列中被测元素分析线的黑度。若黑度相同，则可认为试样中待测元素的含量与标准样品中该元素含量近似相等。

3. 光谱定量分析

光谱定量分析有以下三种方法：

(1) 内标法。它是一种相对强度法，即在被测元素的光谱中选择一条作为分析线（设强度为 I）；再选择内标物的一条谱线（设强度为 I_0），组成分析线对。根据罗马金—塞伯 (Lomakin-Schiebe) 公式，则：

$$I = ac^b$$
$$I_0 = a_0 c_0^{b_0}$$

设 R 为 I 与 I_0 两谱线强度之比，则：

$$R = \frac{I}{I_0} = \frac{ac^b}{a_0 c_0^{b_0}} \tag{3—3}$$

当内标元素浓度 c_0 及实验条件一定时，则 $\dfrac{a}{a_0 c_0^{b_0}} = A =$ 常数，则式（3—3）：

$$R = Ac^b$$

取对数：

$$\lg R = b\lg c + \lg A \tag{3—4}$$

式（3—4）即为内标法定量的基本关系式。以 $\lg R$ 对应 $\lg c$ 作图，绘制标准曲线，在相同条件下，测定试样中待测元素的 $\lg R$，在标准曲线上即可求得未知试样的 $\lg c$。

内标元素与分析线对的选择原则有以下 4 条：

①内标元素可以选择基体元素，或另外加入，若是外加的，必须是试样不含有的或含量极少可以忽略的。

②内标元素与待测元素具有相近的蒸发特性、激发能与电离能。

③分析线对应匹配，同为原子线或离子线，且激发电位相近（谱线靠近），形成"匀称线对"。

④强度相差不大，无相邻谱线干扰，无自吸或自吸小。

（2）校准曲线法。该法是最常用的方法。在确定的分析条件下，用三个或三个以上含有不同浓度被测元素的标准样品与试样溶液在相同条件下激发光谱，以分析线强度 I，或内标法分析线对强度比 R 或 $\lg R$ 对浓度 c 或 $\lg c$ 作校准曲线。再由校准曲线求得试样中待测元素的含量。

（3）标准加入法。当测定低含量元素时，基体干扰较大，找不到合适的基体来配制标准试样，无合适内标物，多采用标准加入法。

该方法的具体做法：取若干份相同量的试液（c_x），依次按比例加入不同量的待测物的标准溶液（c_0），调整体积相同，则浓度依次为 c_x，$c_x + c_0$，$c_x + 2c_0$，$c_x + 3c_0$，$c_x + 4c_0$，$c_x + 5c_0$……在相同条件下激发光谱，以分析线强度对标准溶液加入量的浓度作图，如图 3—13 所示。将绘制的标准直线外推，与浓度轴横坐标相交截距的绝对值，即为试样中待测元素的含量浓度 c_x。

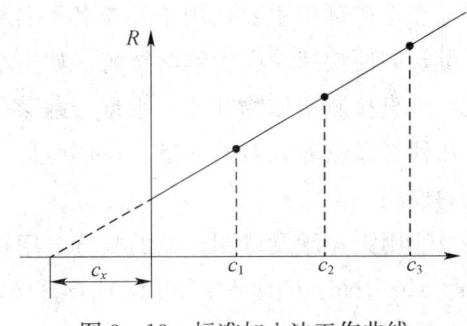

图 3—13 标准加入法工作曲线

标准加入法可用来检查基体的纯度、估计系统误差、提高测定灵敏度等，可以较好地消除因为基体组成不同给测定带来的影响，得到较为准确的分析结果。但在应用标准加入法时应特别注意加入的分析元素应与原试样中该元素的化合物状态一致或十分接近，同时分析线应无自吸收现象，才能保证测定准确，否则将会产生较大的误差。

4. 多种元素的同时测定

原子发射光谱法由于具有多元素同时测定的特性，已经成为土壤、植物、农副产品、生物制品等进行多元素分析的主要手段。特别是近年来，由于 ICP 等新型稳定激发源的普及和发展以及精密加工和计算机技术的广泛应用,使得原子发射光谱分析在材料科学、土壤学、植物营养学、动物营养学、食品科学、环境科学、生命科学、地矿及地球化学等领域的研究中得到广泛应用。

(1) 同时多种元素的定性和半定量分析

传统的摄谱仪主要应用于地矿部门,多用于筛查各种各样的矿物、岩石、土壤、生物等,用于了解待测样品中的各种常量或微量元素的组分与含量,以进行定性和半定量分析为主。

(2) 同时多种元素的定量分析

1) 样品直接同时多种元素的定量。分析待测样品无须经过前处理,可直接测定多种元素的含量。应用 ICP 激发源,可以直接分析生物样品(如血浆、血清、体液等)、食品样品(如乳制品、饮料、酒类等)中的微量元素以及环境样品(如污水、底泥、空气中的粉尘等)中的重金属。

2) 样品经前处理后同时多种元素的定量分析。近年发展起来的电感耦合等离子体发射光谱仪(ICP),极大地扩大了发射光谱仪的应用范围。将待测样品经过浸提或消解前处理后,采用不同的发射光谱分析法,可同时测定样品中多种常量元素或微量元素的含量。

①ICP 直读光谱法。以地矿部门应用为主,其他如农业、环境、冶金等均有一定应用。在地矿部门主要是用于筛查各种各样的岩石、矿物等,一次可以检测 70 多种元素的含量,方便快速。在生物学领域,如土壤和植物营养等领域,主要用于营养元素含量的测定,可直接测定作物叶片、水果、蔬菜等中的 K、P、Ca、Mg、Na、Cu、Mn、B、Fe 等十几种必需营养元素的含量。在环境科学领域,主要用于土壤、水源、空气中的重金属元素的检测。

②用火花激发待测样品的灰分,用转盘电极带入放电间隙中激发,可同时测定 K、P、Ca、Mg、Na、Cu、Mn、B、Al_2O_3、Mo、Fe、Sr、Ba 等多种元素。

③用平头碳电极、交流电弧激发,以 Al_2O_3 和碳粉为缓冲剂,以 Pd、Cd 为内标,可分析植物灰分中 20 余种常量元素和微量元素。

④火焰光度计。火焰光度计主要在医学领域和农业方面应用较多。医学方面主要用于测定血液、体液等样品中的钾、钠浓度,农业领域主要用于测定土壤、作物、肥料等中的钾、钠含量。

第3节 紫外-可见分光光度法

一、紫外-可见分光光度计的类型

用于测量介质对不同波长的紫外线、可见单色光吸收程度的仪器叫紫外-可见分光光度计。紫外-可见分光光度计按光源提供的光谱区不同分为可见分光光度计和紫外-可见分光光度计两类;按仪器结构不同分为单光束、准双光束、双光束和双波长分光光度计四类。

1. 单光束紫外-可见分光光度计

1945年美国Beckman公司推出的世界上第一台成熟的紫外-可见分光光度计商品仪器,就是单光束紫外-可见分光光度计。它只有一束单色光、一只吸收池、一个检测器。其工作原理如图3—14所示。常用的单光束仪器有721型、722型等。

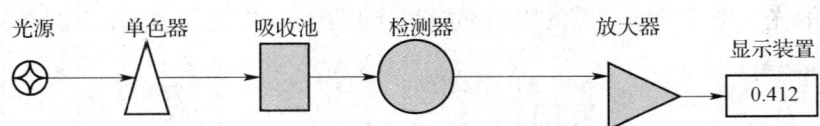

图3—14 单光束紫外-可见分光光度计原理示意图

单光束紫外-可见分光光度计的特点是结构简单、价格便宜。其不足之处是杂散光、光源波动、电子学噪声等都不能抵消,因而分析准确度较差,在使用上受到限制。一般来讲,要求较高的制药行业、质量检验行业、科研等行业不宜使用单光束紫外-可见分光光度计。

2. 准双光束紫外-可见分光光度计

准双光束紫外-可见分光光度计一般都是两束单色光、一只吸收池、两个检测器。只有一束光通过吸收池,另一束光不通过吸收池。不通过吸收池的那束光,主要起抵消光源波动对分析误差影响的作用。其工作原理如图3—15所示。常用的准双光束仪器有TU—1800型、TU—1801型等。

准双光束紫外-可见分光光度计的结构比较简单,因其有两束光,所以可以抵消光源波动的影响,电子学噪声也可部分抵消(因只有一个吸收池,杂散光不能抵消),准确度较单光束仪器好。准双光束紫外-可见分光光度计的价格也比较便宜,属普及型的常规仪器。

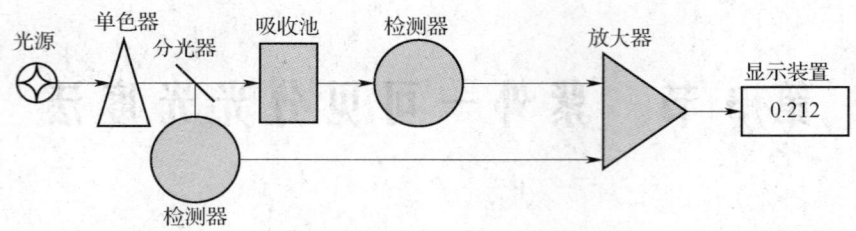

图3—15 准双光束紫外-可见分光光度计原理示意图

3. 双光束紫外-可见分光光度计

目前国际上的高档双光束紫外-可见分光光度计都是两束光、两只吸收池、一个检测器，其工作原理如图3—16所示。从光源中发出的光经过单色器后被分光器分为强度相等的两束光，分别通过参比溶液和样品溶液。利用另一个与前一个分光器同步的分光器，使两束光在不同时间交替地照在同一个检测器上，通过一个同步信号发生器对来自两个光束的信号加以比较，并将两信号的比值经对数变换后转换为相应的吸光度值。常用的双光束紫外-可见分光光度计有TU—1900型、TU—1901型等。这类仪器由于是两束光，对光源波动、杂散光、电子学噪声等的影响都能部分抵消，所以其杂散光、光度噪声都很小。

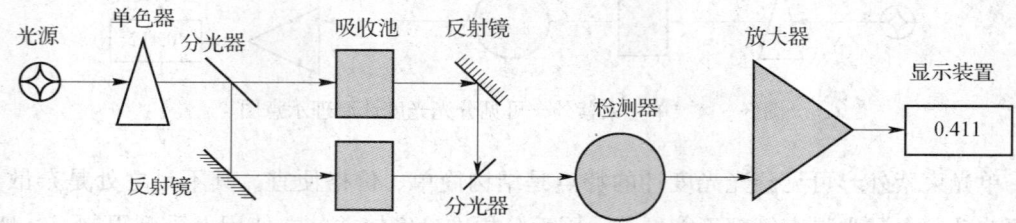

图3—16 双光束紫外-可见分光光度计原理示意图

这类仪器的特点是分析准确度高，这也是它最大的优点。此外，它还能连续改变波长，自动地比较样品及参比溶液的透光强度，自动消除光源强度变化所引起的误差。对于必须在较宽的波长范围内获得复杂的吸收光谱曲线的分析，此类仪器极为合适。

因一束光被分成两束，所以每束光的能量降低了一半，使仪器的信噪比不如单光束仪器大。因两束光路对噪声可相互抵消，故其灵敏度仍然很好，但是仪器结构较复杂、价格较贵。

4. 双波长紫外-可见分光光度计

双波长紫外-可见分光光度计与单波长紫外-可见分光光度计的主要区别在于采用双单色器，以同时得到两束波长不同的单色光，其工作原理如图3—17所示。

这类仪器的特点是不用参比溶液，只用一个待测溶液，因此可以消除背景吸收干扰，

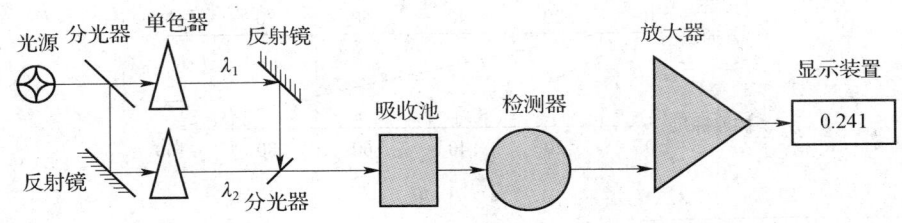

图 3—17　双波长紫外－可见分光光度计原理示意图

包括待测溶液与参比溶液组成的不同及吸收液厚度的差异的影响，提高了测量的准确度；在多组分测定时非常方便，特别适合混合物和混浊样品的定量分析；可进行一阶导数光谱分析等。其不足之处是价格昂贵。

二、定量测定

1. 示差分光光度法

（1）概念。示差分光光度法又称差示分光光度法，是在经典分光光度法的基础上派生出来的一种分光光度法。在一般光度测定中，吸光度值在 0.2～0.8，读数误差较小，但有时由于待测组分含量过高或过低，尽管采取了其他措施，如改变试样称样量、改变稀释倍数等，仍不能满足上述要求，为提高分析的准确度和精密度，可以采用示差分光光度法。它是利用接近样品试液浓度（稍低或稍高）的参比溶液来调节分光光度计的 0 和 100% 透射比以进行光度测量的方法。

仪器测量吸光度 A 和透射比 τ 的原理。用一空白溶液调仪器的透光度为 0 和 100%，分别测定样品的光强 Φ_0、Φ_{100}、Φ_x（实际是其相应的光电流），然后计算得到透射比和吸光度：

$$\tau = \frac{\Phi_x - \Phi_0}{\Phi_{100} - \Phi_0}$$

$$A = -\lg\tau$$

在普通分光光度法测量时，$\Phi_0 = 0$。因此 $\tau = \frac{\Phi_x}{\Phi_{100}}$。

（2）操作方法。示差分光光度法按照参比溶液不同，分为以下 3 种：

1）高吸光度法。高吸光度示差分光光度法是常用的示差法，有时简称为示差法。分光光度计检测器未受光照时，调节透射比为 0，用一个浓度稍低于待测溶液的参比溶液调节透射比为 100%。测定时，待测溶液的透射比会落入误差符合要求的范围内，如图 3—18a 所示。此法相当于刻度标尺放大了，因而测量的准确度得到了相应提高。

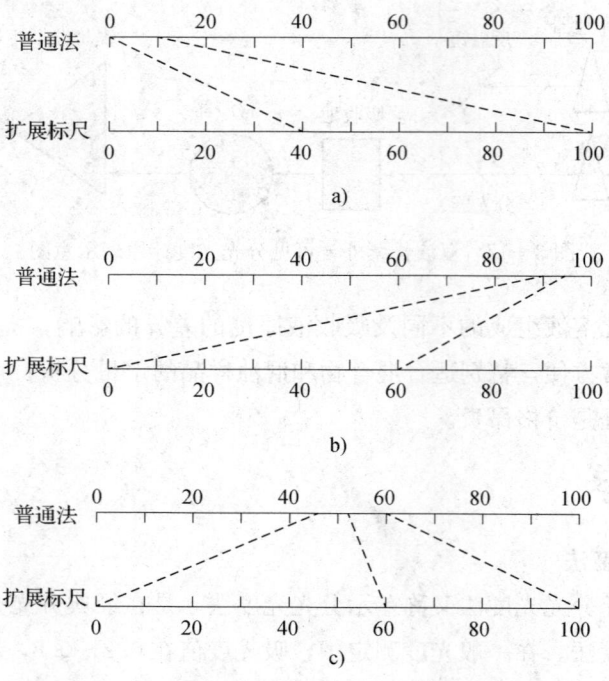

图 3—18 示差分光光度法标尺扩展示意图
a) 高吸光度法 b) 低吸光度法 c) 最高精密度法

根据朗伯-比耳定律可以推导出高吸光度示差分光光度法的定量公式（3—5）。$A_{相对}$ 值的大小与标准溶液和未知溶液的浓度差成正比。示差法的定量方法以标准曲线法和标准加入法应用较多，特别适用于 $A>1$ 的情况。参比溶液浓度与未知液浓度越接近，误差越小。

$$\tau_{相对} = \frac{\Phi_x - 0}{\Phi_s - 0} = \frac{\Phi_x}{\Phi_s} = \frac{\Phi_x/\Phi_{100}}{\Phi_s/\Phi_{100}} = \frac{\tau_x}{\tau_s}$$

$$A_{相对} = -\lg \tau_{相对} = -\lg \frac{\tau_x}{\tau_s} = A_x - A_s$$

$$A_{相对} = kb(c_x - c_s) = A_x - A_s \tag{3—5}$$

式中　c_s——标准溶液浓度；
　　　c_x——未知溶液浓度。

$$\frac{\Delta c}{c} = \frac{0.434 \Delta \tau_{相对}}{\tau_{相对} \lg(\tau_s \times \tau_{相对})}$$

2) 低吸光度法。使用两种参比溶液，以空白溶液调节透射比 100%，以浓度稍高于待测溶液的参比溶液调节透射比为 0，使待测溶液的透射比落入误差符合要求的范围，如图

3—18b 所示。定量公式：
$$-\lg(10^{-A_{相对}}-\tau_s 10^{-A_{相对}}+\tau_s)=kbc_x$$

$A_{相对}$ 和 c_x 不是线性关系。此法一般只适用于 $A<0.1$。此法调节 0 和 100% 相互牵扯，要反复多次才能实现，实际操作不方便，应用较少。

3) 最高精密度法。以一个浓度较待测溶液稍低的参比溶液调节透射比为 100%，以另一个浓度稍高的参比溶液调节透射比为 0。如果选择合适，待测溶液的吸光度值可以控制在 $A=0.434$ 左右，浓度测量的相对标准偏差最小，如图 3—18c 所示。

定量公式：$-\lg(\tau_{s1}10^{-A_{相对}}-\tau_{s2}10^{-A_{相对}}+\tau_{s2})=kbc_x$

理论上讲，这是较理想的测量方法。但是实际工作中，调节透射比 0 和 100% 相当困难，甚至难以实现，另外差示吸光度与浓度不是线性关系，也导致误差增大，所以此法实际应用也很少。

(3) 示差分光光度法对仪器和实验条件的要求

1) 对仪器的要求。仪器必须具有光源发出的光束通过一定吸收物质后仍能调节透射比 100% 的能力。因此必须配备强的光源、色散性能好的单色器及足够稳定的电子系统。

2) 对吸收池的要求。吸收池要严格配对，必要时进行校正。

3) 温度控制。制作校正曲线和测量样品时，温度必须控制在 ±2℃ 范围内。若精度要求更高，应有恒温装置。

4) 参比液和被测液的浓度应尽量接近。

5) 为防止偏离光吸收定律，在选择吸收峰时，吸收峰必须较宽，摩尔吸光系数可不必很大。

2. 双波长分光光度法

由于传统的单波长吸光光度测定法要求试液本身透明，不能有混浊，因而当试液在测定过程中慢慢产生混浊时就无法正确测定。单波长测定法对于吸收峰相互重叠的组分或背景很深的试样，也难于得到正确的结果。此外，试样池和参比池之间不匹配，试液与参比液组成不一致均会给传统的单波长吸光光度法带来较大的误差。如果采用双波长技术，就可以从分析波长的信号中减去来自参比波长的信号，从而可以在一定范围内消除上述影响，提高方法的灵敏度和选择性，简化分析手续，扩大吸光光度法的应用范围。

双波长分光光度法只使用一个吸收池，以样品溶液本身做参比，用两束强度相等的波长分别为 λ_1 和 λ_2 的单色光交替照射到同一样品池，由检测器测量和记录样品溶液对波长 λ_1 和 λ_2 两束光的吸光度差值 ΔA。

$$\Delta A = A_{\lambda 1} - A_{\lambda 2} = (\varepsilon_{\lambda 1} - \varepsilon_{\lambda 2})bc$$

上式表明，试样溶液在两个波长吸光度差值与溶液中待测物质的浓度成正比，这是双波长分光光度法定量的依据。

应用双波长分光光度法，只要 λ_1、λ_2 波长组合选择适当，可以在互有干扰的双组分体系中测定各成分的含量。λ_1、λ_2 波长组合选择常用的方法有等吸收点法和系数倍率法。

(1) 等吸收点法。如图 3—19 所示，当 X、Y 两物质共存时，需要测 X 物质的含量，Y 物质有干扰，可通过选择 Y 物质有等吸收的两个波长 λ_1 和 λ_2 加以消除，λ_2 为参比波长，λ_1 为测量波长，则：

$$\Delta A = (\varepsilon_{x\lambda 1} - \varepsilon_{x\lambda 2})bc_x \qquad (3-6)$$

式中　$\varepsilon_{x\lambda 1}$、$\varepsilon_{x\lambda 2}$——组分 X 分别在 λ_1、λ_2 处的摩尔吸光系数；

　　　b——吸收池厚度。

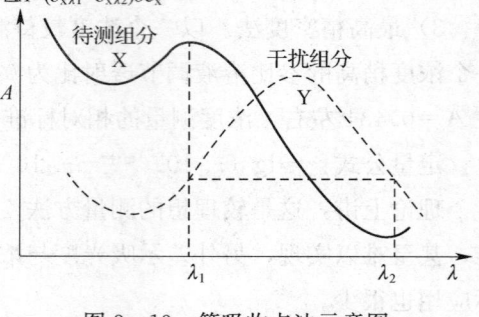

图 3—19　等吸收点法示意图

选择 λ_1、λ_2 须注意以下两点：

1) 干扰组分在波长 λ_1 和 λ_2 处有相同的吸光度，这样，ΔA 只与一个组分的浓度成正比。

2) 要求待测组分在此两波长处的吸光度差值应足够大，以保证较高的灵敏度。

(2) 系数倍率法，又称 K 系数法。当干扰组分没有吸收峰时，找不到等吸收点，此时可以采用此法。该法获得差示信号与干扰组分含量无关。

$$\Delta A = A_{\lambda 1} - K_1 A_{\lambda 2} = kc$$

式中　ΔA——吸光度差值；

　　　$A_{\lambda 1}$、$A_{\lambda 2}$——样品溶液在波长 λ_1 和 λ_2 处的总吸光度；

　　　K_1——校正系数；

　　　k——标准曲线斜率；

　　　c——样品溶液待测组分浓度。

校正系数 K_1 由下式求得：

$$\Delta A_{\text{干}} = A_{\text{干}\lambda 1} - K_1 A_{\text{干}\lambda 2} = 0$$

只要测出干扰组分在 λ_1 和 λ_2 处的吸光度，便可求出 K_1。

三、分光光度法的其他应用

1. 定性分析

紫外吸收光谱定性分析是利用光谱吸收峰的数目、峰位置、吸收强度等特征来进行物质的鉴别。在研究分子结构中，可利用光谱推定分子的骨架，判断生色团之间的共轭关系及估计共轭体系中取代基的种类、位置和数目,以及判断顺反异构体和互变异构体等。但是由于紫外吸收光谱的吸收峰一般比较宽而平缓,因此特征性较差,在分子结构推测方面所能提供的信息不如红外吸收光谱、质谱和核磁共振等方法多。但紫外吸收光谱能与这些方法在应用上互相补充和验证。

(1) 未知试样的定性鉴定。紫外吸收光谱定性分析一般采用比较光谱法。所谓比较光谱法是将经提纯的样品和标准物用相同溶剂配成溶液,并在相同条件下绘制吸收光谱曲线,比较其吸收光谱是否一致。如果紫外光谱曲线完全相同(包括曲线形状、λ_{max}、λ_{min}、吸收峰数目、拐点及 ε_{max} 等),则可初步认为是同一种化合物。为了进一步确认可更换一种溶剂重新测定后再作比较。

如果没有标准物,则与标准谱图对比。在相同的测量条件(溶剂、pH 值等)下,将测得的未知物的吸收光谱与化合物的标准紫外吸收光谱直接比较,如果吸收光谱特征完全相同,可初步认为是同一种化合物。

前人在实验基础上总结汇编的各种有机化合物的紫外与可见标准谱图以及电子光谱的工具书可利用。常用的有以下几种:

1) 萨特勒紫外标准谱图及手册。"The Sadtler Standard Spectra Ultraviolet",由美国费城 Sadtler 研究实验室编辑出版。

2) 有机化合物的紫外与可见光谱手册。Kenzo Hirayama: "Handbook of Ultraviolet and Visible Absorption Spectra of Organic Compounds" New York, Plenum, 1967。

3) 有机化合物光谱数据与物理常数图表集。Crassell Jeanette G. and Ritchey William M. et al, "Atlas of Spectral Data and Physical Constants for Organic Compounds" V. 1~6. 2 d ed. Cleveland, Ohio. CRC Pr., 1975。

(2) 推断化合物的结构。若将样品尽可能提纯,绘制紫外-可见吸收光谱,由其光谱特征,根据一般规律可对化合物结构作初步判断。

1) 用一般规律初步推断化合物的结构。如果样品在 200~400 nm 无吸收($\varepsilon<1$),则该化合物无共轭双键体系,或为饱和化合物;如果在 270~350 nm 出现很弱的吸收峰($\varepsilon=10~100$),且在 200 nm 以上无其他吸收,则该化合物含带孤对电子的未共轭的生色团;若有多个吸收峰,且在可见区出现吸收峰,则该化合物结构中具有长链共轭体系或稠环芳香族生色团。如果化合物有颜色,则其结构中至少有 4~5 个相互共轭的生色团。如果化合物的长波吸收峰在 250 nm 以上,$\varepsilon=1\,000~10\,000$,则该化合物通常有苯环存在。

2) 计算有机化合物吸收波长的经验规则。为了推测和判断某些有机化合物的结构,如果一时缺乏紫外可见标准谱图或标准样品(模型化合物),可以根据以下有机化合物吸收波长的经验规则进行初步估测。伍德沃德(Woodward)和菲斯(Fiese)提出了计算共轭二烯、多烯及共轭烯酮类化合物吸收波长的经验规则，斯科特（Scott）提出了计算芳香族羰基衍生物的 E_2 吸收带波长的经验规则，具体规定和计算方法可查阅化学工业出版社的《分析化学手册》第 2 版的第三分册。

（3）判断异构体。有机化合物经常存在异构现象，其中包括顺反异构、互变异构、旋光异构等。由于它们在吸光特性上存在差异，可以用紫外可见吸收光谱进行判别。

1）顺反异构体的判别。一般来说，反式异构体的 λ_{max} 和 ε_{max} 比顺式异构体大，这是由于立体位阻引起的。例如反式取代苯乙烯的分子是平面型的，双键和苯环在同一平面上容易产生共轭，而顺式取代苯乙烯的苯环由于立体位阻不可能与乙烯键共平面，不易产生共轭。表 3—2 列出了一些顺反异构体的 λ_{max} 和 ε_{max}。

表 3—2　　　　　　　　　某些顺反异构体的紫外吸收特征

化合物	顺式异构体		反式异构体	
	λ_{max}/nm	ε_{max}	λ_{max}/nm	ε_{max}
丁烯二酸二甲酯	198	2.6×10^4	214	3.4×10^4
1,2—二苯乙烯	280	1.05×10^4	295.5	2.9×10^4
肉桂酸	280	1.35×10^4	295	2.7×10^4
1—苯基—1,3—丁二烯	265	1.4×10^4	280	2.83×10^4

2）互变异构体的判断。紫外光谱常用于检测和判别互变异构体。常见的互变异构体有酮—烯醇式互变异构、内酰胺—内酰亚胺互变异构、醇醛的环式—链式互变异构等。以乙酰乙酸乙酯的酮—烯醇式互变异构为例：

$$CH_3-\underset{\underset{O}{\|}}{C}-CH_2-\underset{\underset{O}{\|}}{C}-O-C_2H_5 \rightleftharpoons CH_3-\underset{\underset{OH}{|}}{C}=CH-\underset{\underset{O}{\|}}{C}-O-C_2H_5$$

　　　　　　　　酮式　　　　　　　　　　　　　烯醇式

酮式体的 λ_{max} 为 204 nm，ε_{max} 为 16；烯醇式由于两个双键共轭，其 λ_{max} 为 245 nm，吸收强度增加，ε_{max} 为 18 000。通过测定不同溶剂中的紫外光谱可知，在极性溶剂水中，酮式占优势，而在己烷中，烯醇式占优势。

2. 物理化学常数的测定

（1）配合物组成及其稳定常数的测定。应用光度法测定配合物组成的方法有多种，如摩尔比法，又称饱和法，它是根据金属离子 M 在与配位体 R 反应过程中被饱和的原则来测定配合物组成的。

设配合反应：　　　　　　　　　$M + nR = MR_n$

若 M 与 R 均不干扰 MR_n 吸收，且其分析的浓度分别是 c_M、c_R。那么固定金属离子

M 的浓度，改变配位体 R 的浓度，可得到一系列 c_R/c_M 值不同的溶液。在适宜波长下测定各溶液的吸光度，然后以吸光度 A 对 c_R/c_M 作图。当加入的配位体 R 还没有使 M 定量转化为 MR_n 时，曲线处于直线阶段；当加入的配位体 R 已使 M 定量转化为 MR_n 并稍有过量时，曲线便出现转折；加入的 R 继续过量，曲线便成水平直线。转折点所对应的摩尔比数便是配合物的组成比。若配合物较稳定，则转折点明显；反之则不明显，这时可用外推法求得两直线的交点，如图 3—20 所示。

此法较简便，适合于离解度小、组成比高的配合物组成的测定。

配合物的稳定常数：

$$K_{稳} = \frac{[MR_n]}{[M][R]^n}$$

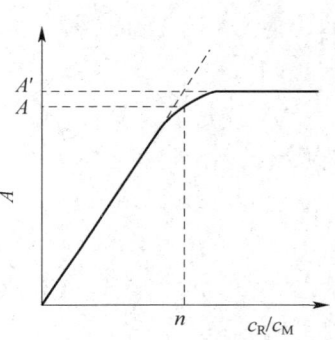

图 3—20 摩尔比法

设配合物不离解时在转折点处的浓度为 c，配合物的离解度为 α，则达到平衡时：

$[MR_n] = (1-\alpha)c$；$[M] = \alpha c$；$[R] = \alpha nc$

则得公式：

$$K_{稳} = \frac{(1-\alpha)c}{[\alpha c][\alpha nc]^n} = \frac{1-\alpha}{n^n \alpha^{n+1} c^n} \tag{3—7}$$

式中：$\alpha = \dfrac{A'-A}{A}$。

在转折点处可求得 n，吸光度 A 由实验测得，A' 由外推法求得，则得公式（3—8）：

$$K_{稳} = \frac{1 - \left[\dfrac{A'-A}{A}\right]}{n^n \left[\dfrac{A'-A}{A}\right]^{n+1} \times c^n} \tag{3—8}$$

（2）酸碱离解常数的测定。光度法是测定分析化学中应用的指示剂或显色剂离解常数的常用方法，因为它们大多是有机弱酸或弱碱，只要它们的酸式形和碱式形的吸收曲线不重叠。该法特别适用于溶解度较小的弱酸或弱碱。

现以一元弱酸 HL 为例，在溶液中有如下平衡关系：

$$HL = H^+ + L^-$$

其离解常数：

$$K_a = \frac{[H^+][L^-]}{[HL]} \text{ 或 } pK_a = pH + \lg\frac{[HL]}{[L^-]}$$

从上式可知，只要在某一确定的 pH 值下，知道 [HL] 与 [L$^-$] 的比值，就可以计

算 pK_a。HL 与 L^- 互为共轭酸碱，它们的平衡浓度之和等于弱酸 HL 的分析浓度 c。只要两者都遵从比尔定律，就可以通过测定溶液的吸光度求得 $[HL]$ 和 $[L^-]$ 的比值。

具体做法是，配制 n 个浓度相等而 pH 值不同的 HL 溶液，在某一确定的波长下，用 1 cm 的吸收池测量各溶液的吸光度 A，并用酸度计测量各溶液的 pH 值。各溶液的吸光度为，

$$c = [HL] + [L^-]$$

则，

$$[HL] = \frac{[H^+]c}{K_a + [H^+]}$$

所以，

$$[L^-] = \frac{K_a c}{K_a + [H^+]}$$

$$A = \varepsilon(HL)[HL] + \varepsilon(L^-)[L^-]$$
$$= \varepsilon(HL)\frac{[H^+]c}{K_a + [H^+]} + \varepsilon(L^-)\frac{K_a c}{K_a + [H^+]} \quad (3\text{—}9)$$

在高酸度介质中，可以认为溶液中该酸只以 HL 型体存在，仍在以上确定的波长下测定吸光度，则：

$$A(HL) = \varepsilon(HL)[HL] \approx \varepsilon(HL)c$$

$$\varepsilon(HL) = \frac{A(HL)}{c} \quad (3\text{—}10)$$

而在碱性介质中，可以认为该酸主要以 L^- 型体存在，这时依然在以上波长下测量吸光度，则：

$$A(L^-) = \varepsilon(L^-)[L^-] \approx \varepsilon(L^-)c$$

$$\varepsilon(L^-) = \frac{A(L^-)}{c} \quad (3\text{—}11)$$

将式（3—10）和式（3—11）代入式（3—9），整理后可得：

$$K_a = \frac{A(HL) - A}{A - A(L^-)}[H^+]$$

或

$$pK_a = pH + \lg\frac{A - A(L^-)}{A(HL) - A}$$

上式是用光度法测定一元弱酸离解常数的基本关系式。式中 A（HL）、A（L^-）分别为弱酸定量地以 HL、L^- 型体存在时溶液的吸光度，该两值是不变的。A 为某一确定 pH 值时溶液的吸光度。上述各值均可由实验测得。将测定的数据代入上式就可算出 pK_a 值。

对于一系列（n 个）c 相同而 pH 值不同的 HL 溶液，可测得 n 个 pK_a 值，然后取其平均值。

四、紫外-可见分光光度计操作注意事项

1. 仪器使用前要预热 30 min 以上。

2. 空白溶液与样品溶液必须澄清，不得有浑浊。如有浑浊，应预先过滤，并弃去初滤液。

3. 测定波长在 340 nm 以下必须用石英吸收池，340 nm 以上可以用玻璃吸收池，也可用石英吸收池。

4. 吸收池盛装挥发性溶液时应加盖，以免影响测定结果。

5. 吸收池要进行成套性检验，否则要引入测定误差。在必要时，需要在测定结果中扣除吸收池间的误差。

6. 取放吸收池时，手指只能拿其毛玻璃面的两侧，切勿捏透光面。

7. 吸收池在盛装溶液时，不能有气泡；吸收池内溶液以其高度的 2/3～3/4 为宜，不可过满以防液体溢出腐蚀仪器。

8. 吸收池外边沾有溶液时，可先用滤纸吸干，再用镜头纸擦拭干净。不得用硬物擦拭，更不能用毛刷刷洗吸收池。

9. 吸收池每次放入吸收池架时，一方面应注意方向相同，以免吸收池间的误差值有所改变；另一方面要确保吸收池垂直放置，稍许倾斜，会导致测定误差。若有溶液溢出或其他原因将吸收池架污染，要尽可能及时清理干净。

10. 应保证每次测定时，吸收池架推拉到位。若不到位，将影响测定值的重复性或准确度。

11. 测定时，禁止在仪器的表面上放置物品。

12. 样品溶液除已有注明外，其吸光度以在 0.2～0.8 为宜。

13. 选用仪器的狭缝宽度应小于样品吸收带的半宽度，对于大部分被测品种，可以使用 2 nm 狭缝宽度。

14. 若大幅度改变测试波长，需校零后稍等片刻，等仪器光源热平衡后，重新校零，然后测量。

15. 仪器的连续使用时间不宜太长。若需要长时间使用，可以在中间过程关机 30 min 以后，重新开机测定。

第4节　原子吸收分光光度法

一、概述

原子吸收分光光度法（atomic absorption spectrophotometry，AAS），也称为原子吸收光谱法。它是根据基态原子对特征波长光的吸收，测定试样中待测元素含量的分析方法。

早在1859年基尔霍夫就成功地解释了太阳光谱中暗线产生的原因，并且用于太阳外围大气组成的分析。但原子吸收光谱作为一种分析方法，却是从1955年澳大利亚物理学家A. Walsh发表了"原子吸收光谱在化学分析中的应用"的论文后才开始的，这篇论文奠定了原子吸收光谱分析的理论基础。20世纪50年代末和60年代初，市场上出现了供分析用的商品原子吸收光谱仪。1961年，苏联提出电热原子化吸收分析，提高了原子吸收分析的灵敏度。1965年，J. B. Willis将氧化亚氮－乙炔火焰成功地应用于火焰原子吸收法，大大扩大了火焰原子化吸收法的应用范围。自20世纪60年代后期开始，"间接"原子吸收分光光度法的开发，使得原子吸收法不仅可测金属元素，还可测一些非金属元素（如卤素、硫、磷）和一些有机化合物（如维生素B_{12}、葡萄糖、核糖核酸酶等），为原子吸收法开辟了广泛的应用领域。

近年来，计算机、微电子、自动化、人工智能技术和化学计量等的发展，各种新材料与元器件的出现，大大改善了仪器性能，使原子吸收分光光度计的精度、准确度及自动化程度有了极大提高。原子吸收分光光度法成为痕量元素分析灵敏且有效的方法之一，被广泛地应用于各个领域。

原子吸收分光光度法有以下特点：

①灵敏度高，检出限低。火焰原子吸收分光光度法的检出限可达$\mu g/L$级；无火焰原子吸收分光光度法的检出限可达$10^{-14}\sim10^{-12}g$。

②精密度和准确度高。火焰原子吸收法测定中等和高含量元素的相对标准偏差小于1%，其准确度接近经典化学方法。石墨炉原子吸收法的相对标准偏差一般为3‰～5‰。

③选择性好。原子吸收分光光度法是基于待测元素对其特征谱线的吸收，因此共存元素通常对测定干扰少，若实验条件合适，一般可以在不分离共存元素的情况下直接测定。

④操作简便，分析速度快。在准备工作做好后，一般几分钟内即可完成一种元素的测定。

⑤应用广泛。原子吸收分光光度法被广泛应用各领域中,它可以直接测定 70 多种金属元素,也可以用间接原子吸收法测定一些阴离子和有机化合物。

原子吸收分光光度法的不足之处:由于分析不同元素,必须使用不同元素灯,因此多元素同时测定尚有困难;有些元素的灵敏度还比较低,如钍、铪、银、钽等;对于复杂样品仍需要进行复杂的化学预处理,否则干扰将比较严重;若采用火焰原子吸收分光光度法,需要使用燃气,操作不方便,而且灵敏度、准确度和干扰现象受实验条件影响较大。

1. 基本原理

原子吸收是指呈气态的基态原子对同类原子辐射出的特征谱线有吸收现象。原子吸收与原子的外层电子在不同能级之间的跃迁有关。当电子从低能级跃迁到高能级时,必须吸收相当于两个能级间能量差的能量;而从高能级跃迁到低能级时,则要释放出相对应的能量。原子吸收光谱所吸收光辐射的波长:

$$\lambda = hc/\Delta E \tag{3—12}$$

式中　h——普朗克常数;

　　　c——光速;

　　　ΔE——两能级间能量差。

(1) 共振线和吸收线。在正常状态下,原子处于最低能态(这个能态最稳定)称为基态,处于基态的原子称基态原子。基态原子受到外界能量(如热能、光能等)激发时,其外层电子吸收了一定能量而跃迁到不同能态层,产生不同的吸收谱线,因此,原子可能有不同的激发态。当电子从第一激发态跃回基态时,则发射出与吸收同样频率的光辐射,与其吸收能量对应的谱线称为发射线。共振吸收线和共振发射线合称共振线。

由于不同元素的原子结构不同,其共振线的特征也不相同。由于原子的能态从基态到最低激发态的跃迁最容易发生,因此,对大多数元素来说,共振线也是元素的最灵敏线。原子吸收光谱分析法一般是利用处于基态的待测原子蒸气对从光源发射的共振发射线的吸收来分析的,因此,元素的共振线又称分析线。

(2) 谱线轮廓。从理论上讲,原子吸收光谱应该是线状光谱。但实际上任何原子发射或吸收的谱线都不是绝对单色的几何线,而是具有一定宽度的谱线。若在各种频率 ν 下,测定吸收系数 K_ν,以 K_ν 为纵坐标,ν 为横坐标,可得如图 3—21 所示的吸收曲线。曲线极大值对应的频率 ν_0 称为中心频率,中心频率所对应的吸收系数称为峰值吸收系数,用 K_0 表示。在峰值吸收系数一半处 $\frac{1}{2}(K_0)$,吸收曲线呈现的宽度称为吸收曲线半宽度,以频率差 $\Delta\nu$ 表示。吸收曲线的半宽度 $\Delta\nu$ 的数量级为 $10^{-3} \sim 10^{-2}$ nm(折合成波长),吸收曲线的形状就是谱线轮廓。

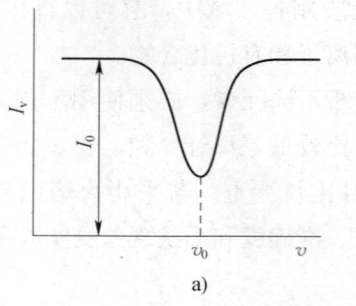 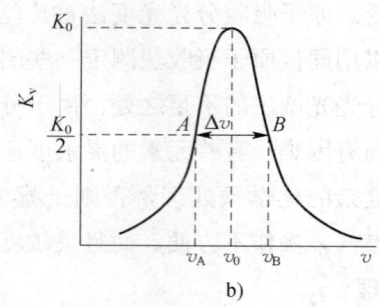

图 3—21 吸收曲线轮廓
a) I_v—v 曲线 b) K_v—v 曲线

（3）谱线变宽。原子吸收谱线变宽原因较为复杂，一般由两方面的因素决定。一方面是由原子本身的性质决定了谱线自然宽度；另一方面是由于外界因素的影响引起谱线变宽。谱线变宽效应可用 Δv 和 K_0 的变化来描述。

1) 自然宽度 Δv_N。在没有外界因素影响的情况下，谱线本身固有的宽度称为自然宽度，不同谱线的自然宽度不同，它与原子发生能级跃迁时激发态原子的平均寿命有关，寿命长则谱线宽度窄。谱线自然宽度造成的影响与其他变宽因素相比要小得多，根据计算得知，其大小一般在 10^{-5} nm 数量级。

2) 多普勒（Doppler）变宽 Δv_D。多普勒变宽是由于原子在空间做无规则热运动而引起的，所以又称热变宽。在原子蒸气中，原子处于杂乱无章的热运动状态，若运动方向朝向观察者（检测器），则观测到光的频率较静止原子所发出光的频率高（波长短）；反之，若运动方向背向观察者，则观测到光的频率较静止原子所发出光的频率低（波长长），其变宽程度可用式（3—13）表示：

$$\Delta v_D = 0.716 \times 10^{-6} v_0 \cdot \sqrt{\frac{T}{A_r}} \quad (3—13)$$

式中 v_0——中心频率；

T——热力学温度；

A_r——相对原子质量。

式（3—13）表明，多普勒变宽与元素的相对原子量、温度和谱线的频率有关，被测元素的相对原子质量（A_r）越小、温度（T）越高，则变宽程度（Δv_D）就越大。

3) 压力变宽。压力变宽是由产生吸收的原子与蒸气中原子或分子相互碰撞而引起谱线的变宽，所以又称为碰撞变宽。根据碰撞种类，压力变宽又可以分为两类。一是劳伦茨（Lorentz）变宽，它是产生吸收的原子与其他粒子（如外来气体的原子、离子或分子）碰撞而引起的谱线变宽。劳伦兹变宽（$\Delta\nu_L$）随外界气体压力的升高而加剧，随温度的升高谱线变宽呈下降趋势。劳伦兹变宽使中心频率位移，谱线轮廓不对称，影响分析的灵敏度。二是赫鲁兹马克（Holtzmork）变宽，又称共振变宽，它是由同种原子之间发生碰撞而引起的谱线变宽，共振变宽只在被测元素浓度较高时才有影响。

除上面所述的变宽原因之外，还有其他一些影响因素，如同位素效应、电场作用、磁场作用、自吸效应。但在通常的原子吸收实验条件下，吸收线轮廓主要受多普勒和劳伦兹变宽影响。当采用火焰原子化器时，劳伦兹变宽为主要因素；当采用无火焰原子化器时，多普勒变宽占主要地位。

2. 原子吸收测量的定量关系

待测元素的锐线光垂直通过光程为 b 的均匀基态原子蒸气，当实验条件一定时，基态原子蒸气的吸光度与试液中待测元素的浓度 c 及光程长度 b（火焰法中，燃烧器的缝长）的乘积成正比，即遵守朗伯—比尔定律。

$$A = kbc \tag{3—14}$$

当锐线光源强度及其他实验条件一定时，火焰法中 b 通常不变，因此式（3—14）可写为：

$$A = k'c \tag{3—15}$$

式中　k'——与实验条件有关的常数。

式（3—14）、式（3—15）即为原子吸收分光光度法定量依据。

3. 原子吸收分光光度法与可见－紫外分光光度法的异同点

原子吸收分光光度法的分析过程如图 3—22 所示。

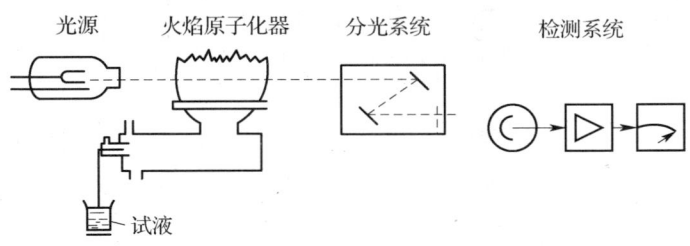

图 3—22　原子吸收光谱分析过程示意图

在原子化器中，被测元素转化为原子蒸气，气态的基态原子吸收从光源发射出的与被测元素吸收波长相同的特征谱线，使该谱线的强度减弱，再经分光系统分光后，由检测器接收。产生的电信号经放大器放大，由显示系统显示吸光度或光谱图。

原子吸收分光光度法与可见－紫外分光光度法都是基于物质对可见－紫外光的吸收而

建立起来的分析方法,属于吸收光谱分析,但它们吸光物质的状态不同。原子吸收光谱分析中,吸收物质是基态原子蒸气,而可见－紫外分光光度分析中的吸光物质是溶液中的分子或离子。原子吸收光谱是线状光谱,而可见－紫外吸收光谱是带状光谱。它们的异同比较见表3—3。

表3—3　　　　原子吸收分光光度法与可见－紫外分光光度法的比较

分析方法	光源	吸收装置	吸收状态	分光器	分光器位置	检测器	定量依据
原子吸收分光光度法	元素灯	原子化器	原子蒸气中基态原子	棱镜光栅	在原子化器之后	光电倍增管	朗伯－比尔定律
可见－紫外分光光度法	钨灯 氘灯	吸收池	溶液、分子或离子	棱镜光栅	在吸收池之前	光电池 光电管	朗伯－比尔定律

二、原子吸收分光光度计

原子吸收光谱分析用的仪器称为原子吸收分光光度计或原子吸收光谱仪。它主要由光源、原子化器、单色器、检测系统4个部分组成,如图3—23所示。

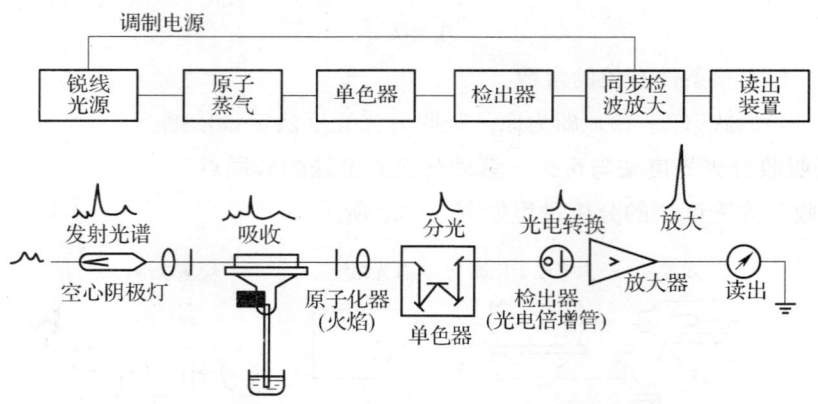

图3—23　原子吸收分光光度计的基本构造示意图

1. 光源

光源的作用是发射待测元素的特征光谱,供测量用。为了保证峰值吸收的测量,要求光源必须能发射出比吸收线宽度更窄,并且强度大而稳定、背景低、噪声小、使用寿命长的线光谱。空心阴极灯、无极放电灯、蒸气放电灯和激光光源灯都能满足上述要求,其中应用最广泛的是空心阴极灯和无极放电灯。

(1) 空心阴极灯

1) 空心阴极灯的构造和工作原理。空心阴极灯又称元素灯，其构造如图3—24所示。它由一个在钨棒上镶钛丝或钽片的阳极和一个由发射所需特征谱线的金属或合金制成的空心筒状阴极组成。阳极和阴极封闭在带有光学窗口的硬质玻璃管内，管内充有几百帕低压惰性气体（氖或氩）。当在两电极施加300～500 V电压时，阴极灯开始辉光放电。电子从空心阴极射向阳极，并与周围惰性气体碰撞使之电离。所产生的惰性气体阳离子获得足够的能量，在电场作用下撞击阴极内壁，使阴极表面上的自由原子溅射出来，溅射出的金属原子再与电子、正离子、气体原子碰撞而被激发，当激发态原子返回基态时，辐射出特征频率的锐线光谱。为了保证光源发射频率范围很窄的锐线，要求阴极材料具有很高的纯度。通常单元素的空心

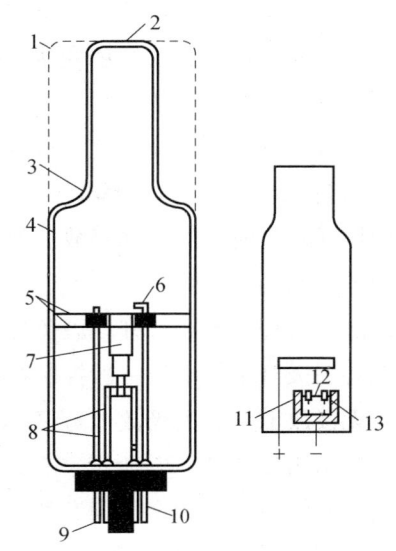

图3—24 空心阴极灯的结构示意图
1—紫外玻璃窗口 2—石英窗口 3—密封 4—玻璃套
5—云母屏蔽 6—阳极 7—阴极 8—支架 9—管套
10—连接管套 11、13—阴极位降区 12—负辉光区

阴极灯只能用于一种元素的测定，这类灯发射线干扰少、强度高，但每测一种元素需要更换一种灯。若阴极材料使用多种元素的合金，可制得多元素灯。多元素灯工作时同时发出多种元素的共振线，可连续测定几种元素，减少了换灯的麻烦，但光强度较弱，容易产生干扰，使用前应先检查测定波长附近有无单色器无法分开的非待测元素的谱线。目前应用的多元素灯中，一灯最多可测6～7种元素。

2) 空心阴极灯工作电流。空心阴极灯发光强度与工作电流有关，增大电流可以增加发光强度，但工作电流过大会使辐射的谱线变宽，灯内自吸收增加，使锐线光强度下降，背景增大，同时还会加快灯内惰性气体消耗，缩短灯的寿命；灯电流过小，又使发光强度减弱，导致稳定性、信噪比下降。因此，实际工作中应选择合适的工作电流。

为了改善阴极灯放电特征，常采用脉冲供电方式。

3) 空心阴极灯的使用注意事项

①空心阴极灯使用前应经过一段预热时间，使灯的发光强度达到稳定。预热时间随灯元素的不同而不同，一般在20 min以上。多数空心阴极灯在5 min内的漂移≤1%，背景强度≤1%（或背景值读数≤5%）。

②灯在点燃后可从灯的阴极辉光的颜色判断灯的工作是否正常，判断的一般方法如

下：充氖气的灯负辉光的正常颜色是橙红色,充氩气的灯是淡紫色,汞灯是蓝色。灯内有杂质气体存在时,负辉光的颜色变淡,如充氖气的灯颜色可变为粉红、发蓝或发白,此时应对灯进行处理。

③元素灯长期不用,应定期(每月或每隔2～3个月)点燃处理,即在工作电流下点燃1 h。若灯内有杂质气体,辉光不正常,可进行反接处理。

④使用元素灯时,应轻拿轻放。低熔点的灯用完后,要等冷却后才能移动。

⑤为了使空心阴极灯发射强度稳定,要保持空心阴极灯石英窗口洁净,点亮后要盖好灯室盖,测量过程中不要打开,以免外界环境破坏灯的热平衡。

⑥空心阴极灯工作电流一般控制在额定电流的40%～60%。

(2)无极放电灯。无极放电灯又称微波激发无极放电灯,其结构如图3—25所示,它是在石英管内放入少量金属或较易蒸发的金属卤化物,抽真空后充入几百帕压力的氩气再密封。将它置于微波电场中,微波将灯的内充气体原子激发,被激发的气体原子又使解离的气化金属或金属卤化物激发而发射出待测金属元素的特征谱线。

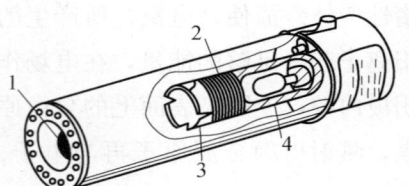

图3—25 无极放电灯结构示意图
1—石英窗 2—螺旋振荡线圈
3—陶瓷管 4—石英灯管

无极放电灯的发射强度比空心阴极灯大100～1 000倍,谱线半宽度很窄,适用于对难激发的As、Se、Sn等元素的测定。目前已制成Al、P、K、Rb、Zn、Cd、Hg、Sn、Pb、As等18种元素的商品无极放电灯。

除上述介绍的两种光源外还有低压汞蒸气发电灯、氙弧等,它们的发射强度也比空心阴极灯大,但使用不普遍。

2. 原子化器

将试样中待测元素变成气态的基态原子的过程称为试样的原子化。完成试样的原子化所用的设备称为原子化器或原子化系统,其作用是将试样中的待测元素转化为原子蒸气。常用的原子化器有火焰原子化器和非火焰原子化器两种。火焰原子化器利用火焰热能使试样转化为气态原子,非火焰原子化器利用电加热或化学还原等方式使试样转化为气态原子。

原子化器在原子吸收分光光度计中是一个关键装置,它的质量对原子吸收光谱分析法的灵敏度和准确度有很大影响,甚至起到决定性的作用,也是分析误差最大的一个来源。

(1)火焰原子化器。火焰原子化器的原子化包括两个步骤,先将试样溶液变成细小雾滴,即雾化阶段;后使雾滴接受火焰供给的能量形成基态原子,即原子化阶段。火焰原子化器由雾化器、预混合室和燃烧器等部分组成,其结构如图3—26所示。

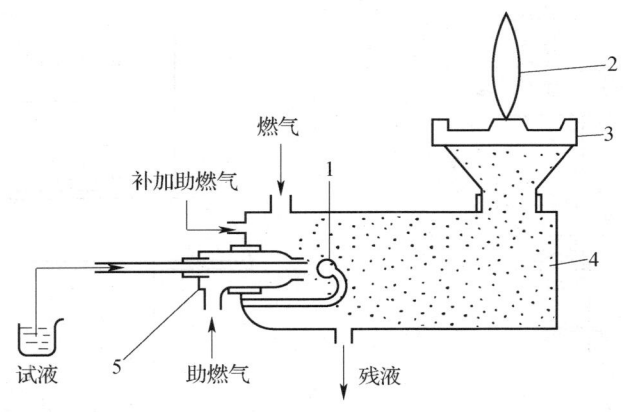

图 3—26 火焰原子化器示意图
1—碰撞球 2—火焰 3—燃烧器 4—预混合室 5—雾化器

1）雾化器。它的作用是将试液雾化成微小的雾滴。雾化器的性能会对灵敏度、测量精度和化学干扰等产生影响，因此，要求其喷雾稳定、雾滴细微均匀和雾化效率高。目前，商品原子化器多使用气动型雾化器。当具有一定压力的压缩空气作为助燃气高速通过毛细管外壁与喷嘴口构成的环形间隙时，在毛细管出口尖端处形成一个负压区，于是试液沿毛细管吸入并被快速通入的助燃气分散成小雾滴。喷出的雾滴撞击在距毛细管喷口前端几毫米处的撞击球上，进一步分散成更为细小的细雾。这类雾化器的雾化效率一般为 $10\%\sim30\%$，影响雾化效率的因素有助燃气的流速、溶液的黏度、表面张力以及毛细管与喷嘴口之间的相对位置。近年来采用的超声雾化器，其雾化效率可达 75%，并且雾滴的粒度均匀，缺点是记忆效应大。

2）预混合室。它的作用是进一步细化雾滴，并使之与燃料气均匀混合后进入火焰。部分未细化的雾滴在预混合室凝结成为废液，废液由预混合室排出口排出，以减少前试样被测组分对后试样被测组分记忆效应的影响。为了避免回火爆炸的危险，预混合室的废液排出管必须采用导管弯曲或将导管插入水中等液封方式，如图 3—27 所示。

3）燃烧器。燃烧器的作用是使燃气在助燃气的作用下形成火焰，使进入火焰的试样微粒原子化。火焰的结构如图 3—28 所示，分为预燃区、第一反应区、中间薄层区及第二反应区。中间薄层区温度最高，具有还原性气氛，自由原子浓度最大，适合于原子吸收分析，一般入射光应通过该区。

①预混合区。预混合区是试液雾滴与燃气、助燃气混合的区域。

②预燃区。预燃区在燃烧器缝口上方不远处，上升的燃气被加热到 350℃ 着火燃烧。

③第一反应区。第一反应区在预燃区上方，是燃烧的前沿区，燃烧不充分的火焰温度

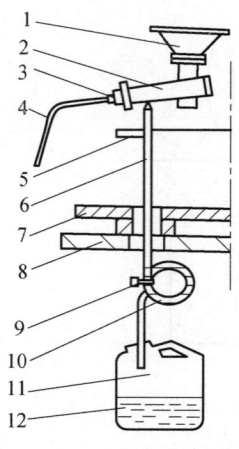

图 3—27 预混合室废液排放系统

1—燃烧头　2—预混合室　3—雾化器　4—进样毛细管　5—燃烧室底板　6—排液管　7—主机底板　8—实验台台板　9—捆扎带　10—液封圈　11—废液容器　12—废液

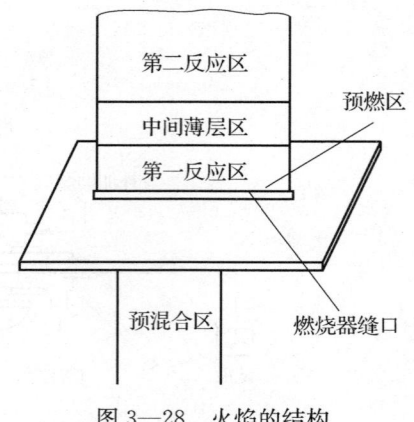

图 3—28　火焰的结构

低于 2 300 ℃（空气－C_2H_2）。此区域反应复杂，生成多种分子和游离基，如 H_2O、CO、·OH、·CH、·C_2 等，产生连续分子光谱，对测定有干扰，不宜做原子吸收测定区域使用。

④中间薄层区。中间薄层区在第一和第二反应区之间，火焰温度最高，对空气－C_2H_2 火焰，其温度可达 2 300 ℃，为强还原气氛。待测元素的化合物在此区域还原并热解成基态原子。此区为锐线光源辐射光通过的主要区域，适合做原子吸收测定区域使用。

⑤第二反应区。第二反应区在火焰的上半部，覆盖火焰的外表面，温度低于 2 300 ℃，由于空气供应充分，燃烧比较完全。

燃烧器应能使火焰燃烧稳定，原子化程度高，并能耐高温、耐腐蚀。预混合型原子化器通常采用不锈钢制成长缝型燃烧器（见图 3—29）。对于乙炔－空气等燃烧速度较低的火焰一般使用缝长 100～120 mm、缝宽 0.5～0.7 mm 的燃烧器，而对乙炔－氧化亚氮等燃烧速度较高的火焰，一般用缝长 50 mm、缝宽 0.5 mm 的长缝燃烧器。也有多缝燃烧器，它可增加火焰宽度。

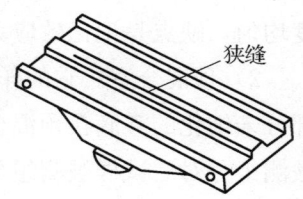

图 3—29　长缝燃烧器

火焰原子化器操作简便、重现性好、有效光程大，对大多数元素有较高灵敏度，因此应用广泛。但火焰原子化法原子化效率低，灵敏度不够高，而且一般不能直接分析固体试样。火焰原子化法的这些不足，促进了非火焰原子化法的发展。

（2）非火焰原子化器。非火焰原子化器的种类有多种，如电热高温管式石墨炉原子化器、石墨杯原子化器、钽舟原子化器、碳棒原子化器、镍杯原子化器、等离子喷焰器、化学原子化器、阴极溅射原子化器、激光原子化器等。在商品仪器中常用的是管式石墨炉原子化器，其结构如图 3—30 所示。它使用低电压（10～25 V）、大电流（400～600 A）来加热石墨管，可升温至 3 000℃，使管中少量液体或固体试样蒸发和原子化。石墨管长 30～60 mm，外径 6 mm，内径 4 mm，管上有 3 个小孔用于注入试液。石墨炉要不断通入惰性气体，以保护原子化基态原子不再被氧化，并用

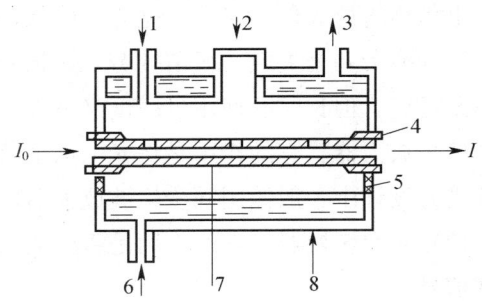

图 3—30　石墨管原子化器
1—惰性气体进口　2—进样窗　3、6—冷却水进、出口
4—电极　5—绝缘材料　7—石墨管　8—金属外壳

以清洗和保护石墨管。为使石墨管在每次分析之前能迅速降到室温，从上面冷却水入口通入 20℃的水以冷却石墨炉原子化器。

石墨炉原子化器的优点是原子化效率高，在可调的高温下试样利用率达 100%，灵敏度高、试样用量少，适用于难熔元素的测定。不足之处是试样组成不均匀性的影响较大，测定精密度较低；共存化合物的干扰比火焰原子化器大，背景干扰较严重，一般都需要校正背景。

3. 单色器

单色器主要由色散元件、反射镜、狭缝组成。单色器的作用是将待测元素的吸收线与邻近谱线分开。由锐线光源发出的共振线，谱线比较简单，对单色器的色散率和分辨率要求不高。在进行原子吸收测定时，单色器既要将谱线分开，又要有一定的出射光强度。所以，当光源强度一定时，就需要选用适当的光栅色散率和狭缝宽度配合，以构成适于测定的光谱通带来满足上述要求。光谱通带（W）是指单色器出射光谱所包含的波长范围，它由光栅线色散率的倒数（D，又称倒线色散率）和出射狭缝宽度（L）所决定，其关系：

$$W = D \times L \tag{3—16}$$

4. 检测系统

检测系统由光电元件、放大器、对数转换器和显示装置等组成。

（1）光电元件。一般采用光电倍增管，其作用是将经过原子蒸气吸收和单色器分光后的微弱信号转换为电信号。原子吸收光谱仪的工作波长通常为 190～800 nm，不少商品仪器在短波方面可测至 197.3 nm，长波方面可测至 852.1 nm。近年来，日盲光电倍增管的应用逐渐增多，其光谱响应范围为 160～320 nm，对大于 320 nm 的光无反应，而在测定吸收波长小于 300 nm 的元素时，可以减少干扰和噪声。

使用光电倍增管时，必须注意不要用太强的光照射，并尽可能不要使用太高的增益，

即光电倍增管放大倍数对数,这样才能保证光电倍增管良好的工作特性,否则会引起光电倍增管的疲劳乃至失效。所谓疲劳,是指光电倍增管刚开始工作时灵敏度下降,过一段时间趋于稳定,但长时间使用灵敏度又下降的光电转换不成线性的现象。

(2)放大器。它的作用是将光电倍增管输出的电压信号放大后送入显示器。在原子吸收分光光度计中一般使用同步检波放大器以提高信噪比。

(3)对数转换器。它的作用是将检测、放大后的透光度信号,经运算放大器转换成吸光度信号。

(4)显示装置。它可采用微安表或检流计直接指示读数(目前几乎不再使用),或用数字显示器、记录仪打印显示读数。

目前,国内外商品化的原子吸收分光光度计几乎都配备了微处理机系统,具有自动调零、曲线校正、浓度直读、标尺扩展、自动增益等性能,并附有记录器、打印机、自动进样器及计算机等装置,大大提高了仪器的自动化程度。

三、测定条件的选择

在进行原子吸收光谱分析时,为了获得灵敏、重现性好和准确的结果,应对测定条件进行选择。

1. 吸收线的选择

每种元素的基态原子都有若干条吸收线,为了提高测定的灵敏度,一般情况下应选用其中最灵敏线作分析线。如果测定元素的浓度很高,或为了消除邻近光谱线的干扰等,也可以选用次灵敏线。例如,试液中铷的测定,其最灵敏的吸收线是 780.0 nm,为了避免钠、钾的干扰,可选用 794.0 nm 次灵敏线作吸收线。又如分析高浓度试样时,为了保持工作曲线的线性范围,选次灵敏线作吸收线是有利的。但对低含量组分的测量,应尽可能选最灵敏线作分析线。若从稳定性考虑,由于空气—乙炔火焰在短波区域对光的透过性较差,噪声大,若灵敏线处于短波方向,则可以考虑选择波长较长的灵敏线。表 3—4 列出了常用的各元素分析线,可供使用时参考。

2. 光谱通带宽度的选择

因为 $W=DL$,对于一台原子吸收分光光度计来说,其单色器中的光栅是不会改变的,即 D 是一个常数,所以,选择光谱通带实际上就是选择狭缝的宽度。单色器的狭缝宽度主要是根据待测元素的谱线结构和所选的吸收线附近是否有非吸收干扰来选择的。当吸收线附近无干扰线存在时,放宽狭缝,可以增加光谱通带。若吸收线附近有干扰线存在,在保证有一定强度的情况下,应适当调窄一些。光谱通带一般在 0.5~4 nm 之间选择,表 3—5 列出了一些元素在测定时经常选用的光谱通带。

表 3—4　　　　　　　　原子吸收分光光度法中常用的元素分析线　　　　　　　　　　　　nm

元素	分析线	元素	分析线	元素	分析线
Ag	328.1，338.3	Ge	265.2，275.5	Re	346.1，346.5
Al	309.3，308.2	Hf	307.3，288.6	Sb	217.6，206.8
As	193.6，197.2	Hg	253.7	Sc	391.2，402.0
Au	242.3，267.6	In	303.9，325.6	Se	196.1，204.0
B	249.7，249.8	K	766.5，769.9	Si	251.6，250.7
Ba	553.6，455.4	La	550.1，413.7	Sn	224.6，286.3
Be	234.9	Li	670.8，323.3	Sr	460.7，407.8
Bi	223.1，222.8	Mg	285.2，279.6	Ta	271.5，277.6
Ca	422.7，239.9	Mn	279.5，403.7	Te	214.3，225.9
Cd	228.8，326.1	Mo	313.3，317.0	Ti	364.3，337.2
Ce	520.0，369.7	Na	589.0，330.3	U	351.5，358.5
Co	240.7，242.5	Nb	334.4，358.0	V	318.4，385.6
Cr	357.9，359.4	Ni	232.0，341.5	W	255.1，294.7
Cu	324.8，327.4	Os	290.9，305.9	Y	410.2，412.8
Fe	248.3，352.3	Pb	216.7，283.3	Zn	213.9，307.6
Ga	287.4，294.4	Pt	266.0，306.5	Zr	360.1，301.2

表 3—5　　　　　　　　不同元素所选用的光谱通带　　　　　　　　　　　　　　　　nm

元素	共振线	通带	元素	共振线	通带
Al	309.3	0.2	Mn	279.5	0.5
Ag	328.1	0.5	Mo	313.3	0.5
As	193.7	<0.1	Na	589.0①	10
Au	242.8	2	Pb	217.0	0.7
Be	234.9	0.2	Pd	244.8	0.5
Bi	223.1	1	Pt	265.9	0.5
Ca	422.7	3	Rb	780.0	1
Cd	228.8	1	Rh	343.5	1
Co	240.7	0.1	Sb	217.6	0.2
Cr	357.9	0.1	Se	196.0	2
Cu	324.7	1	Si	251.6	0.2
Fe	248.3	0.2	Sr	460.7	2
Hg	253.7	0.2	Te	214.3	0.6
In	302.9	1	Ti	364.3	0.2
K	766.5	5	Tl	377.6	1
Li	670.9	5	Sn	286.3	1
Mg	285.2	2	Zn	213.9	5

① 使用 10 nm 通带时，单色器通过的是 589.0 nm 和 589.6 nm 双线；若用 4 nm 通带，测定 589.0 nm 线，灵敏度可提高。

合适的狭缝宽度可以通过实验的方法确定,具体方法是逐渐改变单色器的狭缝宽度,使检测器输出信号最强,即吸光度达到最大。当然,还可以根据文献资料进行确定。

根据仪器说明书上列出的单色器线色散率倒数,用光谱通带宽度=线色散率倒数×狭缝宽度,可计算出不同的光谱通带宽度所相应的狭缝宽度。

如果仪器上的狭缝不是连续可调的,而是一些固定的数值,这时应根据要求的光谱通带选择一个适当的狭缝。

3. 空心阴极灯工作电流的选择

空心阴极灯电流选择原则是在保证放电稳定和有适当光强输出的情况下,尽量选用低的工作电流。空心阴极灯上都标明了最大工作电流,对大多数元素,日常分析的工作电流建议采用额定电流的40%~60%,因为这样的工作电流范围可以保证输出稳定且强度合适的锐线光。对高熔点的镍、钴、钛等空心阴极灯,工作电流可以调大些;对低熔点易溅射的铋、钾、钠、铯等空心阴极灯,使用时工作电流小一些为宜。具体要采用多大电流,一般要通过实验的方法绘出吸光度-灯电流关系曲线,然后选择有最大吸光度读数时的最小灯电流。

4. 火焰的选择

火焰的温度是影响原子化效率的基本因素。有足够的温度才能使试样充分分解为原子蒸气状态,但温度过高会增加原子的电离或激发,而使基态原子数减少,这对原子吸收是不利的。因此,在确保待测元素能充分解离为基态原子的前提下,低温火焰比高温火焰具有较高的灵敏度。但对于某些元素,温度太低则试样不能解离,反而灵敏度降低,并且还会发生分子吸收,干扰可能更大。因此,必须根据试样的具体情况,合理选择火焰温度。

火焰温度主要由火焰种类确定,应根据测定需要选择合适的火焰。原子吸收光谱分析中常用的火焰有空气-乙炔火焰、空气-氢气火焰、空气-煤气或石油气火焰、氧化亚氮-乙炔火焰等。

此外,燃气和助燃气的比例(即燃助比)对火焰温度也有影响。根据燃助比不同可以将火焰分为以下3种类型:

(1) 化学计量火焰,又称中性火焰。燃气与助燃气按照它们之间的化学反应计量关系提供,这类火焰一般温度较高,适于多数元素的原子化。

(2) 富燃火焰。富燃火焰是燃助比小于化学计量的火焰。这类火焰含有较丰富的未分解产物,温度较低。由于燃烧不完全而具有较强的还原性能,因而,有时可用于某些易形成稳定的氧化物的元素(如Al_2O_3、Cr、MO等)的原子化。

(3) 贫燃火焰。贫燃火焰是燃助比大于化学计量的火焰。温度较富燃火焰高,未分解产物很少、还原性能差,适于易离解易电离元素的原子化。

在进行原子吸收光谱分析时,需要根据待测元素的性质,选择适当的火焰。合适的火焰不仅可以提高测定的稳定性和灵敏度,也有利于减少干扰因素。火焰的温度只要能使待测元素解离成基态原子即可。在火焰中容易生成难解离化合物的元素以及易生成耐热氧化物的元素,应当选用高温火焰;而对于易电离、易挥发的碱金属元素,应选用低温火焰。此外,还应选择合适的燃助比。一般通过实验的方法来确定最佳燃助比。方法是配制一标准溶液喷入火焰,在固定助燃气流量的条件下,改变燃料气流量,测出吸光度值。吸光度值最大时的燃料气流量,即为最佳燃料气流量。

5. **燃烧器高度的选择**

不同元素在火焰中形成的基态原子的最佳浓度区域高度不同,因而灵敏度也不同。因此,应选择合适的燃烧器高度使光束从原子浓度最大的区域通过。一般在燃烧器狭缝口上方 2~5 mm 附近火焰具有最大的基态原子密度,灵敏度最高,但对于测定不同元素和不同性质的火焰则有所不同。最佳的燃烧器高度应通过实验选择,其方法是先固定燃气和助燃气流量,取一固定试样,逐步改变燃烧器高度,调节零点,测定吸光度,绘制吸光度-燃烧器高度曲线图,选择最佳位置。

四、定量方法

1. 工作曲线法

工作曲线法也称标准曲线法,它与可见-紫外分光光度法的工作曲线法相似,都要绘制一条工作曲线。其方法是先配制一组浓度合适的标准溶液,在最佳测定条件下,由低浓度到高浓度依次测定它们的吸光度,然后以吸光度 A 为纵坐标,标准溶液浓度为横坐标,绘制吸光度(A)-浓度(c)的工作曲线,如图 3—31 所示。工作曲线法简便、快速,适于组成较简单的大批试样分析。

在与绘制工作曲线相同的条件下测定试样的吸光度,利用工作曲线查出被测元素的浓度。为了保证测定的准确度,测定时应注意以下 3 点:

(1)标准溶液与试液的基体(指溶液中除待测组分外的其他成分的总体)要相似,以消除基体效应(基体效应是指试样中与待测元素共存的一种或多种

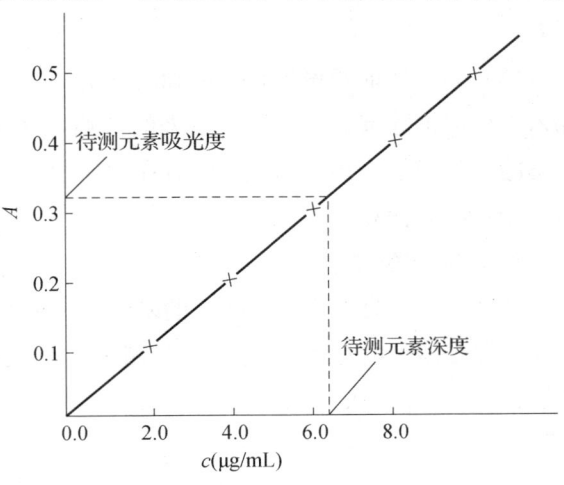

图 3—31 吸光度(A)-浓度(c)的工作曲线

组分所引起的种种干扰)。标准溶液浓度范围应将试液中待测元素的浓度包括在内,浓度范围大小应以获得合适的吸光度读数为准。

(2) 在测量过程中要吸喷去离子水或空白溶液来校正零点漂移。

(3) 由于燃气和助燃气流量变化会引起工作曲线斜率变化,因此,每次分析都应重新绘制工作曲线。

2. 标准加入法

当试样中共存物不明或基体复杂而又无法配制与试样组成相匹配的标准溶液时,使用标准加入法进行分析是合适的。

标准加入法具体操作方法:吸取试液 4 份以上,第一份不加待测元素标准溶液,从第二份开始,依次按比例加入不同量待测组分标准溶液,用溶剂稀释至相同体积,以空白为参比,在相同测量条件下,分别测量各份试液的吸光度,绘出工作曲线,并将它外推至浓度轴,则在浓度轴上的截距即为未知浓度 c_X,如图 3—32 所示。

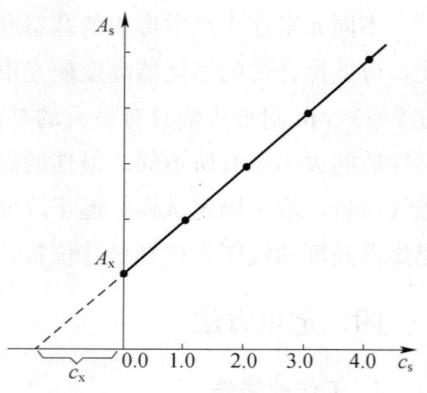

图 3—32 标准加入法工作曲线

使用标准加入法时应注意下面 3 个问题:

(1) 相应的标准曲线应是一条通过坐标原点的直线,待测组分的浓度应在此线性范围之内。

(2) 第二份中加入的标准溶液的浓度与试样的浓度应当接近(可通过试喷试样和标准溶液比较两者的吸光度来判断),以免曲线的斜率过大或过小,给测定结果引入较大的误差。

(3) 为了保证能得到较为准确的外推结果,至少要采用 4 个点来制作外推曲线。标准加入法可以消除部分基体效应带来的影响,并在一定程度上消除了化学干扰和电离干扰,但不能消除背景干扰。因此,只有在扣除背景之后,才能得到待测元素的真实含量,否则将使测量结果偏高。

3. 紧密内插法

紧密内插法是在标准曲线法的基础上发展而来的。选取两份标准溶液,试样溶液浓度位于两标准溶液的浓度之间,同时测定它们的吸光度,按式(3—17)计算试样溶液的浓度:

$$c_x = c_1 + \frac{c_2 - c_1}{A_2 - A_1} \times (A_x - A_1) \quad (3—17)$$

式中 A_1、A_2、c_1、c_2——分别为两标准溶液的吸光度和浓度;

A_x、c_x——分别为试样溶液的吸光度和浓度。

在日常分析中，紧密内插法应用十分普遍，分析精密度也可以满足一般要求。

五、操作注意事项

1. 环境的注意事项

(1) 环境要求：室温（5～35℃），相对湿度≤85%，室内保持清洁。

(2) 使用乙炔气体为原子吸收分光光度计燃气时，管路连接严禁使用铜、银、含铜或银的合金材料。要定期检查气路接头和封口是否存在漏气现象，以便及时解决。

(3) 实验前应检查通风是否良好，确保实验中产生的废气能排出室外，检查各电源插头是否接触良好，仪器各部分是否归于零位，排出废液的管道水封是否形成。

(4) 所用乙炔要尽量纯净，以点火前后数据无变化为好，一般要求纯度达到98%以上。乙炔瓶内压力低于0.5 MPa时就要更换，否则乙炔内溶解物会流出并进入管道，造成仪器内乙炔气路堵塞。乙炔气路一般有两处易发生堵塞，一是乙炔进入仪器处；另一是仪器内乙炔二次调压阀处，如处理不当造成漏气会发生危险，一般要由专业人员处理并检漏后才能使用。

(5) 要用经过除油、除水后的空气，要注意空压机排水及油水分离器的排油、排水。

(6) 氩气纯度99%以上即可，主要是为了保护石墨管和元素不被氧化。

(7) 若使用笑气，注意要用带加温功能的减压阀，因为笑气钢瓶内笑气是以液态储存的，使用时变为气态，温度很低，会影响雾化室温度，甚至造成雾化室结冰，灵敏度降低。

(8) 使用石墨炉时，石墨炉电源要与主机电源不同相，要求220 V、30 A以上的供电，最好不要用插座，要使用30 A以上的开关，并把接线头压紧，防止接触不良。

(9) 必须把仪器的地线与大楼的单独地线相连。

(10) 如要做有机溶剂溶解的样品，且雾化室下的废液管是透明的，请更换有机溶剂专用废液管，否则，原废液管会破裂，有机溶剂漏到仪器内部，易发生危险。如废液管是较硬的白色塑料管，就不需要更换了。

(11) 如果乙炔钢瓶与仪器距离很长（大于5 m以上），管路内径要在8 mm以上，否则会因为流量不足，造成仪器乙炔入口压力不足，使仪器不能点火或点燃后很快熄灭。如果管路长，乙炔瓶减压阀出口压力要适当调高一些，但不要大于0.15 MPa。

(12) 仪器使用完毕后，要使灯充分冷却，然后从灯架上取下存放。长期不用的灯，应定期在工作电流下点燃，以延长灯的寿命。

2. 使用的注意事项

(1) 仪器点火时，先开助燃气，后开燃气；关闭时，先关燃气，后关助燃气。

(2) 乙炔钢瓶工作时应直立，严禁剧烈振动和撞击。工作时乙炔钢瓶应放置在室外，温度不宜超过 30℃，防止日晒雨淋。开启乙炔钢瓶时，阀门旋开不超过 1.5 转，防止丙酮逸出。

(3) 为了确保安全，使用燃气、助燃气应严格按操作规程进行。如果在实验过程中突然停电，应立即关闭燃气，然后将空气压缩机及主机上所有开关和旋钮都恢复至操作前状态。操作过程中，若嗅到乙炔气味，则可能气路管道或接头漏气，应立即关闭明火源再仔细检查。

(4) 为了保证分析结果有良好的重现性，应注意燃烧器缝隙的清洁、光滑。发现火焰不整齐，中间出现锯齿状分裂时，说明缝隙内有杂质堵塞，此时应仔细进行清理。清理方法：待仪器关机，燃烧器冷却以后，取下燃烧器，用洗衣粉溶液刷洗缝隙，然后用水冲，清除沉积物。注意缝隙宽度不要超过 0.8 mm，否则有回火危险。

(5) 仪器的不锈钢喷雾器为铂铱合金毛细管，不宜测定高氟浓度样品。每次分析工作后，都应用去离子水吸喷 5~10 min 进行清洗。预混合室要定期清洗积垢，喷过浓酸、浓碱液后，要仔细清洗。定期检查废液收集容器的液面，及时倒出过多的废液，但又要保证足够的液封。

(6) 处理样品后要无颗粒物质，否则很容易把雾化器进样毛细管堵塞。若有颗粒，要过滤样品。吸液用的聚乙烯管应保持清洁、无油污，防止弯折。雾化器堵塞后，样品灵敏度会下降很大，此时一般要取下雾化器，用专用的钢丝疏通，疏通时注意不要把撞击球捅掉，尽量不要拔出雾化器的毛细管部分。

(7) 火焰法的灵敏度与雾化器的雾化效率有很大关系，一般可用铜元素检查，可根据新仪器安装时的数据或仪器指标检查。若相差较大，要考虑雾化器问题，在疏通雾化器毛细管后如无大的改善，要检查雾化效率。检查方法：对雾化器与撞击球为一体的雾化器，在关掉乙炔气的情况下，保证空气压力，把雾化器卸出，进样管插入纯水中，手持雾化器喷纯净水，排出的雾要尽量浓，且均匀稳定，如雾稀少，要调节雾化器喷嘴与撞击球间的距离，微小的调整会有明显的效果。

(8) 如要使用笑气－乙炔火焰，要根据元素不同，调整笑气流量，使火焰温度达到合适温度，以达到最佳灵敏度。一定要注意燃烧头的使用，使用笑气－乙炔专用的短缝燃烧头（也叫高温燃烧头，一般燃烧缝长 5 cm）。笑气－乙炔在燃烧时放出强烈的紫外线，建议做好防护（如戴墨镜）。笑气是有毒气体注意防止泄漏和通风。

(9) 石墨炉分析的注意事项

1) 石墨炉是用于分析 PPb 级浓度的样品，因此，不能盲目进样，浓度太高会造成石墨管被污染，可能多次高温清烧也烧不干净，造成石墨管报废。

2）一般的样品石墨管，可用几百次以上，如样品中有强氧化剂或含氧酸可能影响石墨管寿命。若同一样品重现性明显变差，排除其他原因仍不能改善，或石墨管已被严重污染不能烧干净时，应更换石墨管。

3）在日常清理石墨帽和石墨架时，要注意石墨炉冷却水套与石墨的接触面，如较脏或表面有氧化层时，要用1000目以上的细砂纸把氧化层打磨掉，保持接触良好。

第5节 红外分光光度法

红外分光光度法又称为红外吸收光谱法，它是定性鉴定化合物和测定分子结构最有用方法之一，也适用于定量分析，其定量分析的依据仍然是朗伯－比耳定律。

红外光谱按其波长范围可划分为3个区域：近红外光区（750～2 500 nm；13 330～4 000 cm^{-1}）、中红外光区（2 500～25 000 nm，4 000～400 cm^{-1}）和远红外光区（25 000～1 000 000 nm，400～10 cm^{-1}）。

波长和波数的关系式如下式：

$$v(\text{cm}^{-1})=\frac{10^7}{\lambda(\text{nm})} \tag{3—18}$$

红外光谱与其他光谱不同之处在于激发源和提供的能量大小不同，它涉及的是物质分子对入射的红外光能的吸收。物质分子在一般情况下以振动和转动方式的固有频率运动着，当受到具有连续波长的红外光照射时，物质吸收了与其运动频率相同特征的红外光后，分子的振动能级以及所伴随的转动能级便发生跃迁，由基态变成激发态，产生物质分子吸收光谱，因此红外光谱又称为振动－转动光谱。

一、仪器的构造

1960年之前，红外光谱仪是色散型的，色散元件是NaCl、KBr等晶体构成的三棱镜单色器。1960年之后，采用的色散元件为光栅型的单色器。1980年以后，以干涉分光的傅里叶变换红外光谱仪全面取代了光栅型红外光谱仪，而且其功能不断增加，出现了色谱与红外光谱联机仪器。

1. 红外分光光度计的组成部件

红外分光光度计有光源、吸收池、单色器、检测器、记录器5大部件。

(1) 光源。它是用来提供红外光谱的元件。红外分光光度计中所用的光源通常是一种惰性固体，用电加热使之发射高强度的连续红外辐射，常用的光源有能斯特灯和硅碳棒，也有用高压汞灯和碘钨灯作为光源的。对光源的要求是无自吸、稳定性好、低噪声、寿命长和易于操作等。

(2) 单色器。红外单色器由一个或几个色散元件（光栅）、可调的入射狭缝和出射狭缝，以及用于聚焦和反射光束的反射镜所构成。其作用是把来自光源的复色光变成单色光。

(3) 吸收池。吸收池有液体池和气体池，分别用于分析液体样品和气体样品，固体样品可以用压片机压片。吸收池都具有岩盐窗片，目的是使红外线得以通过而不被吸收。各种岩盐窗片的透过限度为 NaCl，16 μm；KBr，28 μm；CsI，56 μm。

用 NaCl 和 KBr 的窗片时要注意防止其吸水潮解，不用时需在干燥器中保存。

(4) 检测器。检测器的作用是接收红外光信号转变成电信号，检测器性能应具有灵敏的红外光接收面、热容量低、热灵敏度高、响应快、噪声小、稳定性高和对红外光的吸收无选择性等。

(5) 记录器。一般用记录仪或计算机来记录红外图谱，尤其是干涉分比型的红外分光光度计必须由计算机来处理其干涉光，进行傅里叶变换，才能获得人们所熟悉的红外光谱图。

2. 色散型红外分光光度计

色散型红外分光光度计也称光栅型红外分光光度计，它分为两类。一类是单光束红外分光光度计，另一类是双光束红外分光光度计，后者应用较为广泛。按平衡原理可分为光学平衡及电学平衡两种形式。

色散型双光束红外分光光度计如图 3—33 所示，它属于光学平衡式。从光源发出的红外光分成两束，一束通过试样池（或叫测量池），另一束通过参比池。然后两束光都进入单色器，在单色器内先通过一定频率转动的斩光器（一面扇形镜），使经过试样池的光束和经参比池的光束交替进入单色器中的光栅，使检测器也交替接受这两束光。当两束光强度相等时（即试样不吸收红外光谱），检测器不产生交流信号，无输出。当试样对红外光谱有吸收时，两束光的强度有差异，检测器上就产生一定频率的交流信号（频率由斩光器转动的频率决定），通过交流放大器放大，此信号通过伺服系统驱动参比光路上的光楔（光学衰减器）进行补偿，减弱参比光路上的光强，使两束光的光强相等，因此，光楔部位的改变，相当于试样的百分透光度，它作为纵坐标直接被描绘在记录纸上。由于单色器内光栅的转动，使单色光的波数连续发生改变，并与记录纸的移动速度同步，即是横坐标（波长），这样在记录纸上就描绘出百分透光度（$T\%$）对波数（或波长）的红外吸收光谱曲线—红外吸收光谱图。

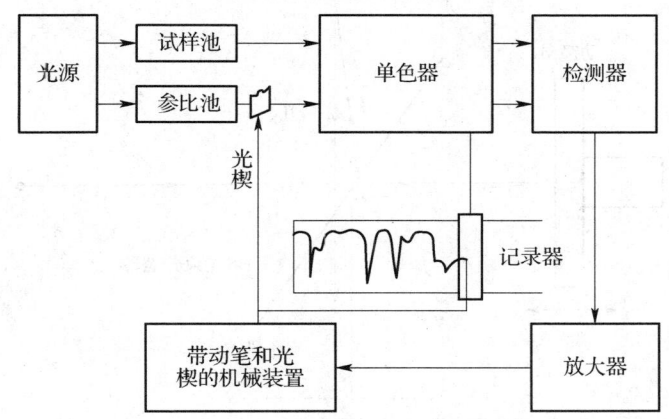

图 3—33 双光束红外分光光度计示意图

3. 干涉型红外分光光度计

干涉型红外分光光度计也称傅里叶变换红外分光光度计，它的特点是测量速度快，连续扫描只需 15~20 ms，用步进扫描的时间分辨本领高达 5 ns。有高的噪比、高的分辨率、光通量大、波数精度高，光谱范围宽，杂散光低，自动化功能多等优点。

干涉型红外分光光度计与色散型红外分光光度计的区别，主要表现在单色器上差别，色散型红外分光光度计的单色器是光栅，干涉型红外分光光度计的单色器为迈克尔逊 (Michelson) 干涉仪，其工作原理如图 3—34 所示。干涉型红外分光光度计如图 3—35 所示。由光源发出的红外光谱经迈克尔逊干涉仪产生干涉图，通过样品后得到带有样品信息的干涉图，用计算机进行傅里叶余弦变换后，就得到样品的红外光谱图。

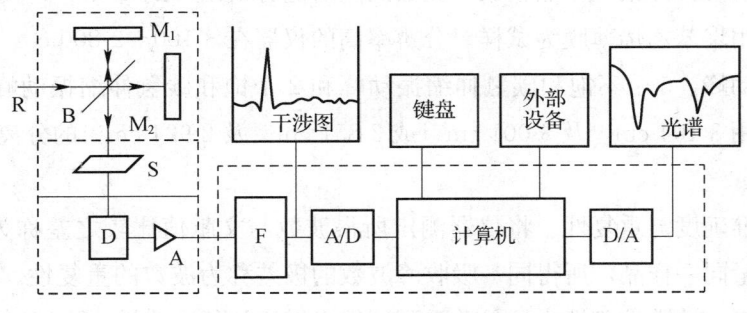

图 3—34 迈克尔逊干涉仪的工作原理

R—光源 M_1—定镜 M_2—动镜 B—光束分裂器 S—样品 D—探测器
A—放大器 F—滤光器 A/D—模数转换器 D/A—数模转换器

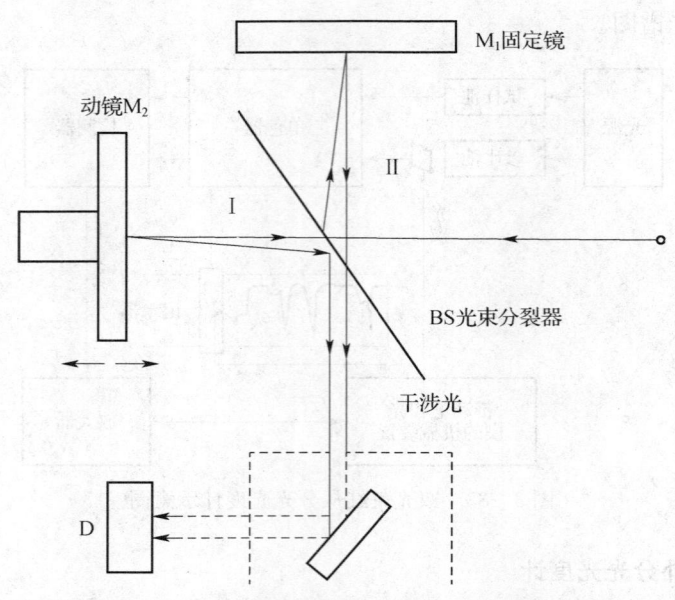

图3—35 干涉分光型红外分光光度计示意图

4. 红外分光光度计的性能

红外分光光度计的性能指标有分辨率、波数准确度与重复性、透光率或吸收度的准确度与重复性、I_0（100%）线平直度、检测器满度能量输出、狭缝线性及杂散光等，其中前两项为仪器的最主要指标。

（1）分辨率。它多以在某波数处恰好能分开两个吸收带的波数差为指标$\left(\frac{\Delta\nu}{\nu}\right)$，通常采用简便的表示法：即某一样品在某一波数区间所能分辨出峰的峰和一定波数处相邻峰的分离深度，常用聚苯乙烯薄膜为试样。分辨率高的仪器在 3 100～2 800 cm^{-1} 区间能分出7个碳氢伸缩振动峰、5个不饱和碳氢伸缩振动峰和2个饱和碳氢伸缩振动峰，如图3—36所示。通常引用 3 104 cm^{-1} 及 3 001 cm^{-1} 或 2 851 cm^{-1} 及 2 924 cm^{-1} 的分离深度作为分辨率的检查指标。

（2）波数准确度与重复性。将仪器测定所得波数与文献值比较之差称为波数准确度。将多次重复测量同一样品，所得同一吸收峰波数的极差称为波数的重复性。一般可用聚苯乙烯薄膜来检查。波数准确性指标是关系到测得光谱峰位的准确性，直接影响光谱解析。

5. 操作注意事项

（1）开启仪器。在测试样品前，必须进行仪器预热，待仪器稳定后再开始测试工作。

（2）在仪器室内，不能有腐蚀性气体存在，也不能有敞开的挥发性的溶剂存在，更不

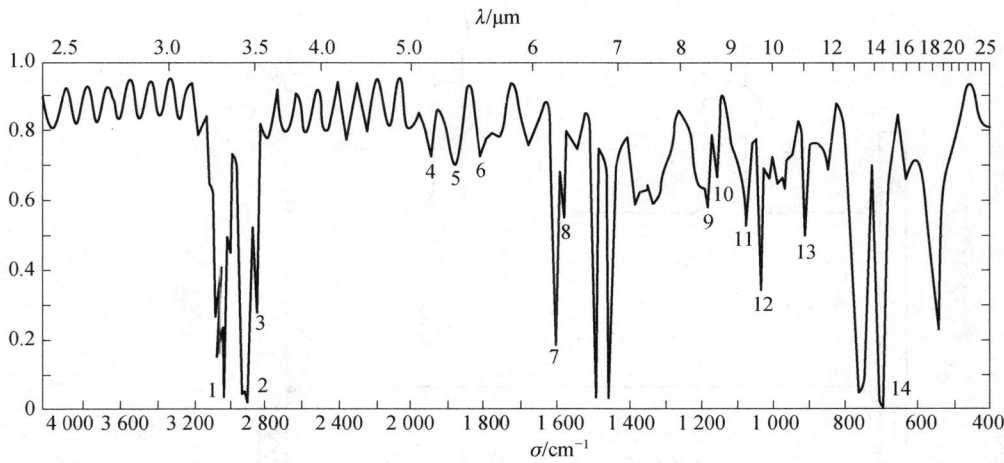

图3—36 聚苯乙烯薄膜的红外吸收光谱

能在仪器室配制溶液,以防腐蚀仪器及损坏光学系统。

(3) 在仪器室内不能有振动,或敲击放置仪器的桌子,以防由于振动造成光学系统的光栅及各种透镜发生位移。

(4) 仪器室内应保持干燥,尤其是具有 NaCl、KBr 等盐类的棱镜或窗口的仪器,必须要恒温恒湿,一般相对湿度不大于 80%,室内温度为 20℃ 左右。

(5) 有盐片的吸收池,不用时必须放在干燥器内。

(6) 仪器附近不允许有大功率的电动机工作,仪器应放置在防振、坚实的工作台上。

(7) 注意单色器中干燥剂是否失效,失效后应及时更换。

(8) 操作吸收池时必须带上医用乳胶手套,防止手上的汗液污染槽窗,盐片槽窗不能用滤纸擦。

二、制样

1. 气体样品的制备

气体样品是使用气体吸收池来制备测定的样品。先是将吸收池中空气抽去,然后吸收被测气体样品,将吸收池放入仪器的样品架上,进入光路,即可测定样品的红外吸收光谱。气体吸收池如图 3—37 所示。

2. 液体样品的制备

在红外光谱分析中,多采用液态试样进行测定,有时将气态或固体样品也转变成液态试样再进行测定。固态样品的溶剂必须选择好,要求溶剂对样品的溶解度大,不与样品起

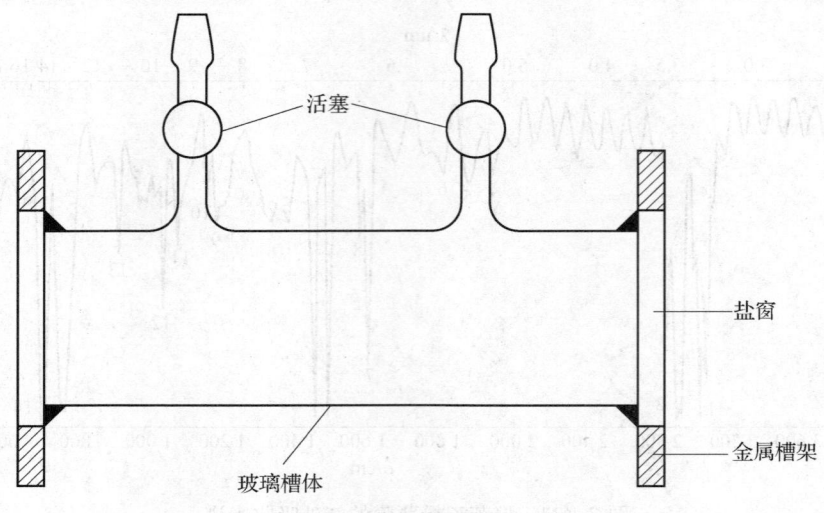

图 3—37 气体吸收池

化学反应，溶剂对红外光的透过率要高，不吸收红外光、不含水分、不腐蚀盐窗。常用的溶剂有二硫化碳、四氯化碳、氯仿和环己烷等。

液体样品的制备方法有以下几种：

（1）夹片法。此法适用于黏度大、挥发性小的液体样品。常用的为可拆卸的液体池，将样品直接滴在两片盐片之间，形成液体毛细薄膜进行测定，又称液膜法。

（2）涂片法。此法适用于黏度很大的样品，制样时，可将样品直接涂在空白的 NaCl 或 KBr 晶片上测定。

（3）液体池法。此法适用于对红外光吸收较强或易挥发的样品溶液。若要进行定性和定量时，应采用固定密封液体池制备试样进行测定。固定密封液体池的结构如图 3—38 所示。

3. 固体样品的制备

固体试样的制备方法有粉末法、糊状物法、压片法和薄膜法 4 种。

（1）粉末法。此法是将固体样品于玛瑙研钵中或研磨机上，研磨至粉末的颗粒直径在 2 μm 左右，然后把粉末悬浮在易挥发的溶剂中，把悬浮液放在 NaCl 或 KBr 的窗片上，使溶剂挥发至样品成为均匀的薄层，再进行测定。

（2）糊状物法。此法是将固体样品粉碎至颗粒直径 2 μm 左右，少量多次加入糊剂，将其磨成均匀的糊状物，取少许糊状物试样于可拆液池的后窗片上，放上间隔框，再压上前窗片，使试样形成薄层后放入仪器光路上进行测定。常用糊剂有精制液体石蜡或六氯丁二烯等，它们有较高的黏度和折射率，其红外光谱较简单。

（3）压片制样法。此法是将试样研磨成粒径约 2 μm 的粉末，再与干燥的光谱纯 KBr 等碱金属卤化物的粉末按一定比例[一般按 n（样品）：n（KBr）＝1：10]混合。然后在干燥箱内研磨混匀，利用压模，压制成一定规格（厚 1 mm，直径约 10 mm）的试样片，进行测定。样品用量及片的厚度以能得到基线在 80% 以上透光率，最大吸收峰约在 20% 透光率的红外光谱为好。

（4）薄膜制样法。一种是将试样直接加热熔融，然后涂制成膜或压制成膜；另一种是先将试样用溶剂溶解，将试液滴在盐片上，待溶剂挥发尽制成薄膜，再进行测定。

对于高分子化合物的试样，可采用裂解法。将试样放在裂解管中，加热至裂解温度，使试样裂解成小分子，然后将裂解后残留液体涂在空白的 KBr 盐片上进行测定。也可采用溶剂溶解法，即将试样选择适当溶剂溶解，然后可按液体样品测量方法进行或按固体样品制备中的薄膜制样法进行。

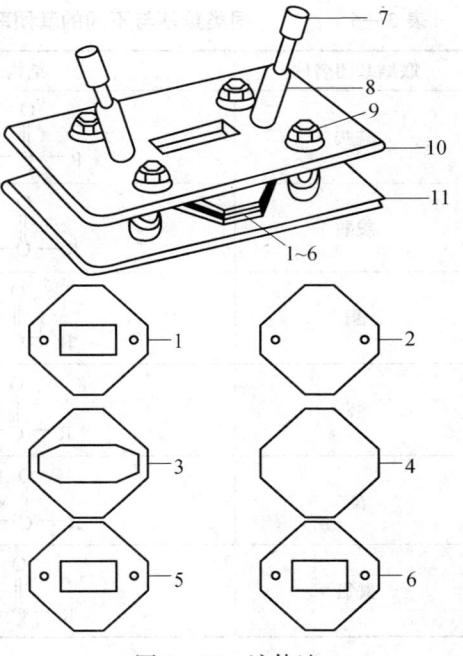

图 3—38　液体池
1、3、5—铅垫　2—前窗片　4—后窗片
6—橡皮垫　7—塞子　8—进样口
9—固定螺母　10—窗片框
11—窗片架座

三、定性

红外光谱的最大特点是具有特征性，即在复杂的分子被激发后，会产生分子振动和原子基团的振动，因此，红外光谱的特征性与化学键振动的特征性有关。在有机化合物中，同一类的化学键的振动频率是非常接近的，总是出现在某一范围内。

例如，$υ$（C=O）在（1 700±100）cm^{-1}，$υ$（C—H）在 3 000 cm^{-1} 左右，$υ$（C=C）在 1 600~1 400 cm^{-1}，$υ$（—OH）在 3 700~3 200 cm^{-1}，$δ$（—CH$_3$）在（1 370±10）cm^{-1}，$δ$（—CH$_2$）在 1 450 cm^{-1}（$υ$：表示伸缩振动产生的频率；$δ$：表示面内弯曲振动产生的频率；$γ$：表示面外弯曲振动产生的频率）。这些振动频率称为基团频率，又称基团特征吸收峰。但要注意，同类型的基团在不同的物质中，所处的环境不同，其特征吸收峰也有差别。如 $υ$（C=O）在 1 700 cm^{-1} 左右的羰基与不同的基团联结时，红外光谱的吸收峰峰位就有差别，见表 3—6。

表 3—6　　同类羰基与不同的基团联结后的红外光谱的吸收峰峰位的差别

联结基团名称	结构式	υ（C=O）的吸收峰位/cm^{-1}
酰胺	$R-\overset{O}{\underset{\|}{C}}-HN_2$	1 680
羧酸	$R-\overset{O}{\underset{\|}{C}}-OH$	1 710
酮	$R-\overset{O}{\underset{\|}{C}}-R'$	1 715
醛	$R-\overset{O}{\underset{\|}{C}}-H$	1 725
酯	$R-\overset{O}{\underset{\|}{C}}-OR'$	1 735
酰氯	$R-\overset{O}{\underset{\|}{C}}-Cl$	1 780

红外光谱还有其相关性，即一个基团有许多振动形式，产生不同的吸收峰，它们相互依存，相互论证。如—CH=CH$_2$ 双键基团存在，可观测到 υ（=CH）3 040 cm^{-1}，υ（C=C）1 680~1 620 cm^{-1}，γ（=CH）990 cm^{-1}，γ（=CH$_2$）910 cm^{-1}。习惯上把 4 000~1 350 cm^{-1} 区间称为特征区，1 350~400 cm^{-1} 区间称为指纹区。特征区的吸收峰稀疏，特征性强易辨认，可用于鉴别官能团的存在。指纹区的吸收峰稠密，差别细微，它的主要价值在于表示整个分子的特征，因此，它对鉴定化合物也是很有用的，可作为化合物含什么官能团的旁证。

1. 用已知物验证

该方法最为方便，只要选择合适的样品制备方法，测绘其谱图，与纯物质的标准图谱相对照，即可鉴别。该方法应注意制备样品与纯物质的谱图的物态相同、晶型相同、溶剂相同，且对图谱应仔细判别。

2. 萨特勒图谱的应用

在定性中若没有纯物质对照时，可应用萨特勒图谱（或标准红外图谱）进行对照鉴别。萨特勒图谱自1956年开始出版，有化合物名称检索索引、分子式检索索引和谱线检索索引。是计算机的应用大大方便了检索的过程，只要将标准红外图谱储存在计算机的数据库中，将被测物的图谱通过一定的计算机程序，将图谱与数据库中的图谱进行对比检索，自动解析，自动显示试样中待测的有机化合物。

3. 有机未知物的结构测定

红外光谱分析的一个重要用途是测定未知物的结构。对于简单的化合物可根据所提供的分子式,利用红外光谱图,就可以定出结构式;对于比较复杂的有机化合物,只用红外光谱图很难确定其结构式,往往需要和紫外光谱、质谱及核磁共振等分析方法配合,才能确定其结构式。

对红外光谱图进行解析:首先区分官能区(特征区)和指纹区,然后从官能团着手,推断未知物可能含有的基团,再根据指纹区的吸收峰进一步验证。例如,当在红外光谱 $1\ 740\ cm^{-1}$ 处(特征区)出现强吸收,表明未知物中含有羰基,在 $1\ 300 \sim 1\ 050\ cm^{-1}$ 处又发现 C—O 的伸缩振动峰,由此可以肯定未知物中含有酯羰基。

四、定量

1. 定量的基础

红外光谱分析定量的依据也是朗伯－比耳定律。因此,凡是在紫外－可见分光光度法中应用的定量的公式,在红外光谱分析法中也适用。

2. 吸光度的测定

(1) 一点法。当背景吸收可以不考虑时,即参比光路中插入的补偿槽正好补偿溶剂的吸收和槽窗的反射损失,溶液中又没有悬浮粒子造成的散射时,就可以用一点法测定。具体方法是将仪器固定在分析波数处,从光谱图的纵坐标上直接读出分析波数处的透过率 T,按 $A = -\log T$ 计算出该波数处的吸光度,如图 3—39a 所示。

(2) 基线法。在实际测定中,背景的吸收完全可以忽略的情况是很少的,且谱带形状往往是不对称的,这就要采用基线法。它是用画出的基线表示该分析峰不存在时的背景吸收线,用它来代替记录纸上的 100% 透过率线,如图 3—39b、c、d 所示。根据谱带形状,可选择其中的一种方式来作基线。

3. 简单样品的定量

定量的方法与紫外－可见分光光度分析法中的定量方法相同,可用标准(工作)曲线法、标准加入法、比例法、双波长法和差示(补偿)法等。这已在紫外－可见分光光度分析法等方法中做了详细介绍,所以不再重复。

五、仪器的保养和维护

1. 红外仪器实验室要求避强日光曝晒,温度适中,湿度不超过 60%,因此实验应装配空调和除湿机。

2. 仪器应放在防振的实验台上,或安装在振动极小的环境中。

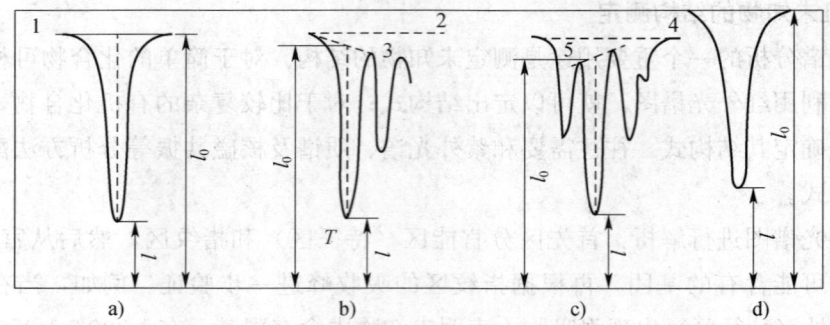

图 3—39 红外光谱吸收峰基线的画法
a) 一点法 b)、c)、d) 基线法

3. 仪器使用的电源要远离火花发射源和大功率电磁设备,采用电源稳压设备(不能用磁饱和稳压器),且接地良好。

4. 实验室应严格防尘、防腐蚀,对光学镜面特别要防止机械摩擦。

5. 光源使用温度要适宜,不得过高,否则将缩短其寿命。更换、安装光源要小心,且在冷态进行,以免光源受力折断。

6. 盐片窗不用时应放置在干燥器中,严防潮解。

7. 各运动部件要定期用润滑油润滑,使运转轻快。

8. 仪器长期不用,再用时要对其性能进行全面检查。

第 6 节 操作技能训练

一、用分光光度法测定未知液中锰和铬的含量

1. 准备工作

(1) 试剂

1) Mn^{2+} 标准溶液,0.500 mg/mL。

2) Cr^{3+} 标准溶液,5.00 mg/mL。

3) H_2SO_4 溶液,2 mol/L。

4) $AgNO_3$ 溶液,0.1 mol/L。

5) $(NH_4)_2S_2O_8$ 固体,AR。

(2) 仪器

1) 分光光度计（具有可见光波长，附 1 cm 吸收池 2 只），1 台。

2) 容量瓶，100 mL，2 只。

3) 容量瓶，50 mL，7 只。

4) 吸量管，10 mL，1 支。

2. 训练步骤

(1) 配制准确浓度的样品溶液

1) 配制 0.500 mg/mL Cr^{3+} 工作标准溶液。吸取 5.00 mg/mL Cr^{3+} 标准溶液 10.00 mL 放于 100 mL 容量瓶，用蒸馏水稀释至刻度。

2) 配制 0.050 0 mg/mL Mn^{2+} 工作标准溶液。吸取 0.500 mg/mL Mn^{2+} 标准溶液 10.00 mL 放于 100 mL 容量瓶，用蒸馏水稀释至刻度。

(2) 配制测定溶液

1) 各吸取 Cr^{3+} 工作标准溶液 10.00 mL 分别放于 2 只 100 mL 烧杯中，再各加 2 mol/L H_2SO_4 溶液 10 mL、0.1 mol/L $AgNO_3$ 溶液 1 mL 和 1 g 的 $(NH_4)_2S_2O_8$。加适量水溶解，于沸水浴上加热 3~5 min，冷却至室温后分别转移到 2 只 50 mL 容量瓶中，用蒸馏水稀释至刻度。

2) 各吸取 Mn^{2+} 工作标准溶液 10.00 mL 分别放于 2 只 100 mL 烧杯中，其他加入试剂溶液及步骤同 2.(2)1)。

3) 分别吸取未知样 10.00 mL 放于 2 只 100 mL 烧杯中，其他加入试剂溶液及步骤同 2.(2)1)。

4) 在 1 只 100 mL 烧杯中不加未知样，其他加入试剂溶液及步骤同 2.(2)1)。

(3) 吸光度的测定。用 1 cm 吸收池，用蒸馏水为参比溶液，分别在 440 和 545 nm 处分别测定 2.(2) 中各溶液的吸光度，并记录。

(4) 数据处理及结果计算

1) 计算出 Cr^{3+} 和 Mn^{2+} 在 440 nm 和 545 nm 处的吸光系数。

2) 计算出未知液中锰和铬的质量浓度（g/L）。

3) 计算出 Cr^{3+} 和 Mn^{2+} 测定的相对平均偏差。

3. 注意事项

(1) 使用吸收池需要进行成套性检验。

(2) 吸收池内的溶液不可有气泡。

(3) 在测定低吸光度时读数要准确。

(4) 为了减少误差，需要在 440 nm 下把每个溶液测定完成后再调换到 545 nm 测定。

波长调好后，要等一定时间后再测定，使仪器稳定。

（5）把各溶液的吸光度扣除空白溶液在相应波长的吸光度，得到纯吸光度进行计算。

（6）使用的蒸馏水不能含有氯离子。

二、火焰原子吸收分光光度法测定水样中钙、镁含量

1. 准备工作

（1）试剂

1）钙标准溶液，0.100 mg/mL。

2）镁标准溶液，0.005 0 mg/mL。

（2）仪器

1）原子吸收分光光度计，1台。

2）容量瓶，100 mL，12只。

3）吸量管，5 mL、10 mL，各1支。

2. 训练步骤

（1）水样中钙含量的测定（采用标准曲线法）

1）不同浓度钙标准工作溶液配制。用 5 mL 吸量管分别吸取 1.00 mL、2.00 mL、3.00 mL、4.00 mL、5.00 mL 的 0.100 mg/mL 钙的标准溶液于 5 只 100 mL 容量瓶中，用去离子水稀释至标线，摇匀。

2）水样的制备。用 5 mL 移液管分别移取水样 5.00 mL 于 2 只 100 mL 容量瓶中，用去离子水稀释至标线，摇匀。

3）测定。在原子吸收分光光度计上，于波长 422.7 nm 处以空气－乙炔火焰，用去离子水调零，从稀至浓逐个测量标准系列溶液的吸光度，最后测量水样的吸光度，并记录。

（2）水样中镁含量的测定（采用标准加入法）

1）不同浓度镁标准工作溶液配制。用 10 mL 移液管分别移取水样 10.00 mL 于 5 只 100 mL 容量瓶中，再用另一支 5 mL 吸量管分别吸取 0.00 mL、1.00 mL、2.00 mL、3.00 mL、4.00 mL 的 0.005 0 mg/mL 镁的标准溶液于上述 5 只 100 mL 容量瓶中，用去离子水稀释至标线，摇匀。

2）测定。在原子吸收分光光度计上，于波长 285.2 nm 处以空气－乙炔火焰，用去离子水调零，从稀至浓逐个测量各溶液的吸光度，最后测量水样的吸光度，并记录。

（3）数据处理及结果计算

1）绘制钙的工作曲线。由水样的测定结果，求出试样中钙的含量及相对平均偏差。

2）绘制镁的标准加入法曲线，求得试样中镁的含量。

3. 注意事项

(1) 先开启仪器通风用排风机，将废气排入室外，将排废液管进行液封，再开启乙炔气，并对乙炔气体气路进行检漏，无泄漏后，才能点火。

(2) 仪器及空心阴极灯必须预热，待仪器基线稳定后，才能测试样品。

(3) 在检测灵敏度足够的情况下，空心阴极灯的灯电流应越小越好。

(4) 注意燃烧器高度的调节和燃烧器狭缝宽度不能超过 8 mm，以防回火。

(5) 每测定一个试样浓度后，应吸喷去离子水等仪器回到基线，再测第二个试样，应从低浓度开始到高浓度依次测定。

(6) 每次分析工作结束时，都应用去离子水吸喷 5 min 清洗原子化器，然后关闭电源、乙炔气、空气压缩机等。

(7) 若碰到突然停电，或闻到有乙炔气味时，应立即关闭乙炔气，消除一切明火源，然后关闭仪器，进行检漏。

本章测试题

一、判断题（正确的打"√"，错误的打"×"）

1. 双光束分光光度计的双光是由两组不同的光强的光束组成的。（　　）
2. 凡是在紫外光区有 B 吸收谱带的有机化合物一定具有苯环结构。（　　）
3. 有色配合物的配位数可以用分光光度法来测定。（　　）
4. 有机化合物因结构发生变化而使其吸收带的最大吸收峰波长向长波长方向移动，这种现象称为蓝移。（　　）
5. 原子吸收分光光度计的单色器位置在原子化器之前。（　　）
6. 示差分光光度法为防止偏离光吸收定律，因此在选择吸收峰时，吸收峰必须较宽，且 ε 可不必很大。（　　）
7. 原子吸收分光光度计的空心阴极灯，在日常分析中应选用额定电流的 1/3～2/3。（　　）
8. 采用原子吸收分光光法中的标准曲线法，要求标准溶液与试液的基体相似，以消除电力干扰。（　　）
9. 当试样中共存物不明或基体复杂而又无法配制与试样组成相匹配的标准溶液时，使用标准曲线法进行分析是合适的。（　　）
10. 原子吸收分光光度法中，火焰出现锯齿状的原因可能是燃烧头缝隙有盐类结晶。（　　）

11. 不以光的波长为分析依据，仅通过测量光的折射、反射、干涉、衍射、偏振等某些基本性质的变化为分析依据的方法称为非光谱分析法。（　　）

12. 发射光谱法可以测定硫铁矿中硫的含量。（　　）

13. 全谱直读光谱仪尤其适合测定碱金属元素。（　　）

14. 在红外光谱定量分析中测定吸光度的方法是采用基线法。（　　）

15. 红外光谱仪测定低沸点的液体样品时，最常用的设备为封闭式液体池。（　　）

16. 红外光谱解析分子结构的主要参数是波数。（　　）

二、单项选择题（每题的选项中只有1个是正确的，将其代号填在横线空白处）

1. 双光束分光光度计比单光束分光光度计的主要优点是_____。
（A）测定时光源强度变化对测定无影响　　（B）测定时不需要参比吸收池
（C）结构简单　　（D）便于操作

2. 在分光光度法中，需要消除参比溶液和被测溶液之间的混浊度和组成上的差别，可采用_____分光光度计。
（A）单光束　　（B）双光束　　（C）双波长　　（D）单波长

3. 双波长分光光度计的优点之一是_____。
（A）无须控制吸光度范围　　（B）无须参比溶液
（C）无须显色剂　　（D）无须控制酸度

4. 示差分光光度测定法中适用于痕量物质测定的是_____。
（A）高吸光度法　　（B）低吸收光度法　　（C）中吸收光度法　　（D）微吸收光度法

5. 示差分光光度测定法中适用于高含量物质测定的是_____。
（A）高吸光度法　　（B）低吸收光度法　　（C）中吸收光度法　　（D）微吸收光度法

6. 双波长分光光度法的定量公式是_____。
（A）$A=kbc$　　（B）$\Delta A=kbc$　　（C）$\Delta A=\Delta kbc$　　（D）$\Delta A=kb\Delta c$

7. 双波长分光光度法中，λ_1、λ_2波长组合选用常用的方法有_____和系数倍率法。
（A）等波长法　　（B）系数修改法　　（C）等吸收点法　　（D）系数减小法

8. 红外光谱法测得的吸光度是由_____产生的。
（A）分子或离子团　　（B）原子　　（C）离子　　（D）分子

9. 红外光谱法定量的依据是_____。
（A）能斯特方程　　（B）朗伯—比耳定律　　（C）振动能级　　（D）转动能级

10. 下列物质中具有生色团的是_____。
（A）甲苯　　（B）甲烷　　（C）氢气　　（D）汞

11. 原子吸收分光光度法的吸收线一定是_____。

(A) 最强的共振发射线　　　　　　　(B) 最强的吸收分析线
(C) 最强的吸收分析线干扰最小　　　(D) 干扰最小的吸收分析线

12. 调节燃烧器高度是使入射光通过火焰中_____。
(A) 原子浓度最高区域　　　　　　　(B) 火焰温度最高区域
(C) 原子化最低区　　　　　　　　　(D) 干扰噪音最低区

13. 原子吸收光光度计中最常用的光源是_____。
(A) 钨丝灯　　　(B) 无极放电灯　　(C) 空心阴极灯　　(D) 氢灯

14. 原子吸收分光光度计的单色器安装位置在_____。
(A) 空心阴极灯之后　　　　　　　　(B) 原子化器之前
(C) 原子化器之后　　　　　　　　　(D) 光电倍增管之后

15. 原子吸收分光光度计的液层厚度为_____。
(A) 吸收池的宽度　　　　　　　　　(B) 光经火焰或石墨炉的宽度
(C) 单色器狭缝宽度　　　　　　　　(D) 平行光宽度

16. 原子吸收分光光度计中的检测器采用的是_____。
(A) 光电管　　　(B) 光电池　　　(C) 光电倍增管　　(D) 光敏电阻

17. 在分光光度法中采用的标准加入法最大的优点是_____。
(A) 不需要作工作曲线　　　　　　　(B) 可进行大量样品分析
(C) 消除样品基体干扰　　　　　　　(D) 不用严格控制操作条件

18. 发射光谱法中对试样进行定性最简便的方法为_____。
(A) 铁光谱比较法　(B) 标样比较法　(C) 波长测定法　(D) 看谱镜法

19. 选取标准工作曲线上接近的两点作为标准样的浓度，样品溶液浓度位于两点之间的定量方法的名称是_____。
(A) 工作曲线法　(B) 直接比较法　(C) 标准加入法　(D) 紧密内插法

20. 火焰原子化器在开启之前，应做好安全检查工作的是_____。
(A) 排液管的水封　　　　　　　　　(B) 乙炔气流量调节
(C) 空气流量调节　　　　　　　　　(D) 燃烧器高度的调节

三、多项选择题（每题的选项中至少有 2 个是正确的，请将其代号填在横线空白处）

1. 根据电子及分子轨道的种类，吸收带类型有_____。
(A) R　　　(B) K　　　(C) B　　　(D) E

2. 紫外—可见吸收分光光度计接通电源后，指示灯和光源灯都不亮，电流表无偏转的可能原因有_____。
(A) 电源开关接触不良或已坏　　　　(B) 电流表坏

(C) 保险丝断 (D) 电源变压器初级线圈已断

3. 紫外－可见吸收分光光度计测量过程中数据不稳定的可能原因有_____。
(A) 电压不稳定 (B) 参比选择错误
(C) 超出了可以测量的范围 (D) 吸收池污染

4. 有机显色剂的特点为_____。
(A) 大部分是环状螯合物、离解常数小 (B) 灵敏度高
(C) 吸光系数 ε 大于 10^4 (D) 选择性高
(E) 有鲜明的颜色 (F) 能被有机溶剂萃取

5. 能发生分子红外吸收的物质有_____。
(A) CO (B) N_2 (C) NO_2 (D) CH_4
(E) Cl_2 (F) CH_2CH_2

6. 非光谱分析法指_____。
(A) 原子吸收分光光度法 (B) 光散射法
(C) 发射光谱法 (D) 圆二色性法
(E) 荧光法 (F) 浊度法

7. 属于光散射类型的有_____。
(A) 丁达尔 (B) 反斯托克斯 (C) 瑞利 (D) 比耳
(E) 拉曼 (F) 斯托克斯

8. 使用乙炔钢瓶气体为原子吸收分光光度计燃烧气时的管路接头不能是_____。
(A) 铜接头 (B) 锌铜合金接头 (C) 不锈钢接头 (D) 银铜合金接头

9. 在原子吸收分光光度法中，_____是标准曲线线性差的可能原因。
(A) 光源灯老化或灯电流太高 (B) 浓度太高
(C) 燃烧器与外光路不平行 (D) 狭缝太宽

10. 在原子吸收分光光度法中，_____是测量灵敏度低的可能原因。
(A) 燃烧器高度选择不当 (B) 气源压力略低
(C) 燃烧器与外光路不平行 (D) 雾化效率低

11. 当受激物质受到_____从高能态回到低能态时，以光辐射的形式释放出多余的能量，这种现象称为发射。
(A) 光能 (B) 热能 (C) 蒸汽 (D) 电能
(E) 化学能 (F) 外界能量

12. 发射光谱法中定性的方法有_____法。
(A) 波长测定 (B) 吸收曲线图谱比较

(C) 吸收峰波长比较   (D) 铁光谱比较
(E) 摄谱比较法   (F) 标准样比较法

13. 可以作为发射光谱电极的材料有_____。
(A) 碳   (B) 石墨   (C) 玻璃   (D) 铁
(E) 铜   (F) 聚四氟乙烯

四、填空题

1. 在原子吸收分光光度法中，采用火焰原子化器时，其燃烧器的狭缝宽度不能大于_____，否则有发生回火的危险。

2. 判别元素灯（空心阴极灯）的好坏以背景低于特征共振辐射强度的_____为较好。

3. 凡是在紫外光区有 B 吸收谱带的有机化合物一定具有_____结构。

4. 示差分光光度法中采用高吸光度法时，对参比溶液的要求是参比溶液浓度要_____试样溶液浓度，但两溶液浓度应尽量_____。

5. 采用原子吸收分光光法中的标准曲线法，要求标准溶液与试液的基体相似，以消除_____。

6. 发射光谱法中定性的方法有_____。

7. 红外光谱法中测定固体试样时，常用_____作为压片时的填料。

8. 在红外光谱法中使用的气体样品槽内装有多次_____，目的是增加光程长度。

五、计算题

1. 在原子吸收分光光度计上，用紧密内插法测得：

	标样 1	标样 2	未知样
ρ /(mg/mL)	14.0	21.0	
A	0.240	0.330	0.280

计算未知样的含量（g/L）。

2. 用双波长分光光度法测定未知样中 Mn 和 Cr 的含量：吸取 10.00 mL 0.500 g/L Cr 标准浓度溶液、10.00 mL 0.050 0 g/L Mn 标准浓度溶液，5.00 mL 未知样显色后定容为 50 mL。用 1 cm 吸收池，用空白试剂为参比溶液，分别在 440 nm 和 545 nm 处测得吸光度如下。

	Cr 标准	Mn 标准	未知样
A（440 nm）	0.402	0.017	0.302
A（545 nm）	0.004	0.412	0.407

计算出未知样中 Cr 和 Mn 的含量（g/L）。

本章测试题答案

一、判断题

1. × 2. √ 3. √ 4. × 5. × 6. √ 7. √ 8. × 9. × 10. √ 11. √ 12. ×
13. × 14. √ 15. √ 16. √

二、单项选择题

1. A 2. C 3. B 4. B 5. A 6. C 7. C 8. D 9. B 10. A 11. D 12. A 13. C
14. C 15. B 16. C 17. C 18. A 19. D 20. A

三、多项选择题

1. ABCD 2. ACD 3. ACD 4. ABCDEF 5. ACDF 6. BDF 7. ABCEF
8. ABD 9. ABD 10. ACD 11. ABCDEF 12. ADF 13. ABDE

四、填空题

1. 0.8 mm 2. 1‰ 3. 苯环 4. 小于 接近 5. 基体效应

6. 铁光谱比较法和标样比较法 7. KBr（溴化钾） 8. 反射镜

五、计算题

1. 解：

设未知样的含量为 X g/L，则：$\dfrac{21.0-14.0}{0.330-0.240}=\dfrac{21.0-X}{0.330-0.280}$

$X=17.1$

答：未知样的含量为 17.1 g/L。

2. 解：

$\rho_{sCr}=0.500\times10.00/50.00=0.100$ g/L

$\rho_{sMn}=0.0500\times10.00/50.00=0.0100$ g/L

$A=\alpha b\rho$

$b=1 \quad \alpha=A/\rho$

λ_1：

$\alpha_{Cr1}=0.402/0.100=4.02$

$\alpha_{Mn1}=0.017/0.0100=1.7$

λ_2：

$\alpha_{Cr2}=0.004/0.100=0.04$

$\alpha_{Mn2}=0.412/0.0100=41.2$

由吸光度加和性原理得：$A = \alpha_1 b\rho_1 + \alpha_2 b\rho_2$

$b = 1 \quad A = \alpha_1 \rho_1 + \alpha_2 \rho_{Mn}$

$A_{\lambda 1} = \alpha_{Cr1} \rho_{Cr} + \alpha_{Mn1} \rho_{Mn}$

$A_{\lambda 2} = \alpha_{Cr2} \rho_{Cr} + \alpha_{Mn2} \rho_{Mn}$

$0.302 = 4.02 \rho_{Cr} + 1.7 \rho_{Mn}$

$0.407 = 0.04 \rho_{Cr} + 41.2 \rho_{Mn}$

解得：$\rho_{Cr} = 0.071\ 0$

$\rho_{Mn} = 0.009\ 81$

$\rho_{原Cr} = 0.071\ 0 \times 50.00/5.00 = 0.710$ （g/L）

$\rho_{原Mn} = 0.009\ 81 \times 50.00/5.0 = 0.098\ 1$ （g/L）

答：Cr 和 Mn 的含量分别为 0.710 g/L、0.098 1 g/L。

第 4 章

色谱分析法

第 1 节　色谱分析法的样品前处理　　　　　　　　　/168
第 2 节　样品前处理的原则与方法　　　　　　　　　/169
第 3 节　固相萃取　　　　　　　　　　　　　　　　/172
第 4 节　微萃取技术　　　　　　　　　　　　　　　/182
第 5 节　气相色谱　　　　　　　　　　　　　　　　/188
第 6 节　液相色谱　　　　　　　　　　　　　　　　/199
第 7 节　操作技能训练　　　　　　　　　　　　　　/219

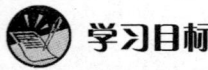
学习目标

1. 了解色谱分析法的样品前处理的重要性和处理原则。
2. 掌握样品前处理方法中的固相（微）萃取、液相微萃取的原理和方法。
3. 掌握气相色谱、液相色谱分离影响因素和操作条件的选择。
4. 了解液相色谱的分类及其原理，掌握高效液相色谱常用检测器的种类及操作注意事项。
5. 掌握色谱的定性和定量方法。
6. 掌握气相色谱仪器、液相色谱仪器常见故障的现象和排除方法。
7. 能够熟练操作气相色谱仪器进行样品的定性、定量的测定。
8. 能够操作液相色谱仪器进行样品的定性、定量的测定。

第 1 节 色谱分析法的样品前处理

在色谱分析测试中，采样取得的代表性样品，往往不能直接用于分析测试，如获得的固体样品，必须要转化为液体试样或气样后，才能进行色谱分析。因此，样品处理实际上是将样品通过一定方式，将其转变成可测试的对象，通常包括适宜的转化步骤和转化获得物的转移、保存等过程。

从一个样品分析的全过程看，主要包括三个步骤：样品的采集和处理、试样中各组分的分离测定、测定数据的处理与结果的表达。在这全过程中，样品前处理是最烦琐、最花时间的一步。根据气相－液相杂志对 1 000 多个实验室进行的调查统计显示，在色谱分析过程中，实际仪器分析所用的时间仅占全过程的 6%，样品前处理所用时间占全过程的 61%，图 4—1 给出了该项调查统计的结果。不难看出，即使使用了最先进、最高效的分析仪器，也很难提高整体分析工作的效率。

样品的前处理不仅涉及分析测试工作效率的问题，更主要的是涉及分析结果的可靠性问题。这是因为在整个分析测试过程中，由于样

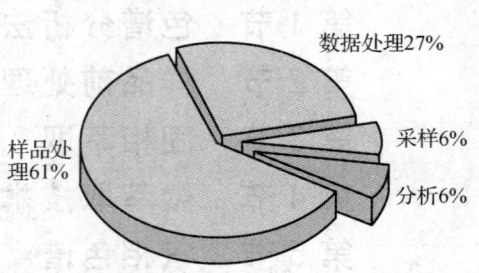

图 4—1 色谱分析过程中各步骤所用时间占全程时间的比例示意图

品的前处理所引起的测量误差往往是无法通过分析仪器或方法来消除或进行校正的，因此，样品的前处理更重要的是影响分析测试结果的精密度和准确度。对于一个给定样品，在整个色谱分析过程中，主要的误差来源于样品处理及操作。据统计，样品处理及操作这两项约占整个误差来源的一半，如图4—2所示。

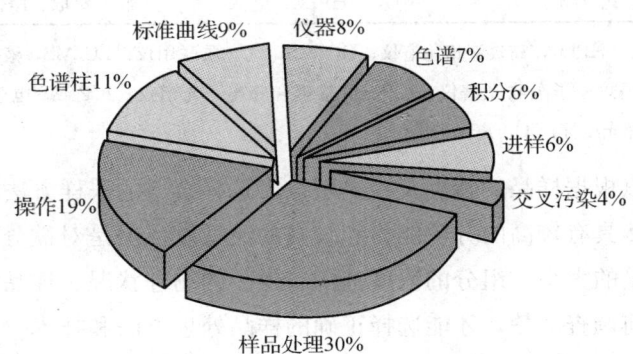

图4—2　色谱分析过程中各步骤中产生误差所占比例示意图

因此，在任何分析测试中，绝对不能忽视样品的前处理，其重要性体现在一是影响分析测定结果的准确性的主要原因，二是其在分析测试中所占的时间最长。应用任何分析方法测试样品，必须要从样品的采集和前处理入手。

第2节　样品前处理的原则与方法

由于样品的多样性、采用分析方法的不同，因此在样品的处理上都各不尽相同。Majors罗列了目前实验室使用的39种样品前处理方法。表4—1列出了常见仪器分析方法及必要的前处理方法。

表4—1　　　　　　常见仪器分析方法及必要的前处理方法

目标化合物	采用分析仪器	样品前处理方法
有机化合物	GC、HPLC、GC/MS、LC/MS	萃取、浓缩、净化、衍生化
挥发性有机化合物	GC、GC/MS	转化为蒸气态、浓缩
金属	AA、GFAA、ICP、ICP/MS	萃取、浓缩、形态（speciation）
金属	UV—VIS、IC	萃取、衍生化、浓缩、形态

续表

目标化合物	采用分析仪器	样品前处理方法
离子	UV－VIS、IC	萃取、浓缩、衍生化
DNA/RNA	电泳、荧光、UV－VIS	细胞裂解、萃取、PCR
氨基酸、脂肪、碳水化合物	GC、HPLC、电泳	萃取、净化

注：GC，气相色谱仪；HPLC，高效液相色谱仪；GC/MS，气－质联用仪；LC/MS，液－质联用仪；AA，原子吸收光谱仪；GFAA，石墨炉原子吸收光谱仪；ICP，电感耦合等离子光谱仪；ICP/MS 电感耦合等离子体质谱仪；UV－VIS，紫外/可见分光光度计；IC，离子色谱仪。

分析工作者可以根据样品的特性及检测手段，选择合适的采样方法和前处理方法。

现代色谱仪虽然具有较高的分辨能力和较高的灵敏度，但是对欲分析样品的要求也比较严格。例如进样量的大小、组分的浓度范围、样品的物理状况、样品中的基体干扰等问题都必须在进样之前调查清楚，才能选择正确的样品处理方法和技术，并处理成色谱仪能够直接进样测定的样品形式，获得正确的色谱分析测定结果。

一、样品采集之前应调查的问题

样品的采集过程涉及从整体中分离出具有代表性的部分。在采集样品之前，应对采样的环境和现场进行充分、细致的调查：

1. 允许采样量多少？样品状态及其存在的环境（如温度、压力）情况如何？
2. 样品中可能会存在的物质组成是什么？它们的浓度为何水平？
3. 样品中的主要组分是什么？可能存在的干扰组分是哪些？
4. 采集样品的地点和现场条件如何？
5. 应该采用非破坏性采样方法还是采用破坏性采样方法？
6. 采用何种采样器具？
7. 采样完成后如何运送、保存？

此外，采集的样品量与使用分析技术的灵敏度成反比。

二、关于采样地点和采样时间应当注意的问题

1. 确定采样的位置。
2. 确定采集样品的时机。
3. 确定采集样品的间隔时间。
4. 确定采样过程可以保证多长的有效时间。

在均匀体系中采集样品可能出现的问题较少，但是，当采集像气溶胶、微粒、泡沫、

乳剂、湿的淤渣、溶胶悬浮物、固废物等多相性样品时，常会遇到许多问题。当希望测定的物质及其浓度会随时间变化时，必须仔细研究现场状况以决定采集样品的时机和时间。

目前，有许多标准采样方法和技术可供选择，如美国推荐采用的 EPA、OSHA、SDWA、ASTM 等标准方法可应用于采集各种水体样品、气体样品、土壤（固体）样品、金属和非金属材料样品等。应当根据被采集样品体系的特性和分析测定的目的，选择合适的方法和技术。

三、选择样品采集和预处理的原则

无论使用的是哪个标准，所选择的样品采集和处理方法及其技术都必须遵循如下原则：

1. 采集的样品必须具有代表性。
2. 采样方法必须与分析目的保持一致，以保证采集到想要的样品。
3. 分析样品制备过程中尽可能防止和避免待测定组分发生化学变化或者损失。
4. 在样品处理过程中，如果将欲测定组分进行化学反应，例如将不能汽化的欲测定组分转化成可汽化物质的衍生化过程，或者将不适合测定的组分通过化学反应转化成适合测定的物质，那么这一反应必须是已知的，而且可以定量地完成。
5. 在分析样品制备过程中，要防止和避免欲测定组分被污染，尽可能减少无关化合物引入制备过程。
6. 样品的处理过程应当尽可能简单易行，所用样品处理装置的尺寸应当与处理的样品量相适应。

此外，在实际分析样品之前，某些样品可能会发生变化（如光化学变化、热化学变化、水解等），致使被测定物质的浓度和样品组成发生变化。因此，在采样之后应当尽可能快地进行样品的分析测定，或者使用合适的方法消除这些可能的变化和干扰。对于不能尽快进行分析的样品，在保存和运输过程中，必须采取适当的方法和技术保证样品的稳定性和代表性。

分析结果的质量与获得的样品代表性密切相关。获得的分析结果只有在样品与检测项目的目标相符时才会有意义。为了对分析结果进行令人满意的评价，应该说明采样点、采样技术、采样频率以及所采集的样品量等。在采样前和采样后，采样容器和分析样品之前的样品储存、运输过程中都必须采用质量保证措施以避免样品组分及其组成发生改变。在环境分析中，样品通常是非均质的，为了获得有意义的色谱测定结果，必须对大量样品进行分析。为了保证分析测定结果的可靠性，必须如实地记录采样过程及所采集样品的数量。

分析所需样品的总数与所希望得到的信息种类要求有关。若需要样品构成平均值，就必须随机地选择大量样品，将其进行混合、均匀化以获得一个混合样品，从中再取样分析；若需要的是样品组分分布图，就应当对有限的样品进行逐个和重复分析。

总之，应当根据分析测定的目的、分析测定的对象及其状况、所具备的分析测定条件，选择并制订最佳的、可实施的分析样品处理方法。

第3节　固相萃取

一、固相萃取分离模式

固相萃取就是利用固体吸附剂将液体样品中的被测组分吸附，与样品的基体和干扰物质分离，然后再用洗脱液洗脱或加热进行解吸，达到分离和富集目标组分的目的；或者通过固体吸附剂将干扰物质吸附，达到去除干扰组分的目的，如图4—3所示。

固相萃取包括固相（具有一定活性基团的吸附剂）和液相（样品及溶剂）或气相在正压、负压或重力的作用下，通过装有固体吸附剂的固相萃取装置来完成其萃取过程。

固相萃取主要用于复杂样品中微量或痕量目标化合物的分离和富集。例如，生物体液（如血液、尿等）中药物及其代谢产物的分析、食品中有效成分或有害成分的分析、环保水样中各种污染物（可挥发性有机物和半挥发性有机物）的分析，都可使用固相萃取将目标化合物分离出来，并加以富集，然后进行色谱分析。

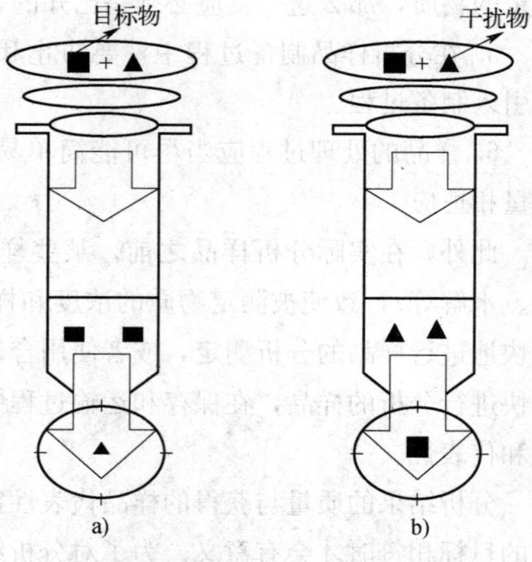

图4—3　固相萃取的两种分离模式
a) 将被测物分离出　b) 将干扰物分离出

二、固相萃取模式

（1）正相固相萃取。当吸附剂极性大于洗脱液极性时被称为正相固相萃取，所用的吸附剂都是极性的，用来萃取极性物质，可以从非极性溶剂样品中吸附极性化合物，它们的作用力为氢键、π—π键、偶极—偶极、偶极—诱导偶极以及其他极性—极性作用。

（2）反相固相萃取。当吸附剂极性小于洗脱液极性时被称为反相固相萃取，所用的吸附剂通常是非极性或弱极性的，用来萃取的目标化合物通常是中等极性到非极性化合物，它们的作用力是非极性-非极性的相互作用力，是范德华力或色散力。

（3）离子交换吸附。当采用离子交换树脂作为固相萃取剂，所用的吸附剂是带有电荷的离子交换树脂，所萃取的目标物是带有电荷的化合物，它们之间的作用力是静电吸引力。

三、固相萃取优点

与液-液萃取相比，固相萃取有很多优点。固相萃取不需要大量互不相溶的溶剂，处理过程中不会产生乳化现象，它采用高效、高选择性的吸附剂（固定相），能显著减少溶剂的用量，而且适于分析挥发性物质与非挥发性物质。固相萃取重现性好，萃取后可直接进色谱分析，集采样、萃取、浓缩、进样于一体，简化样品的处理过程，同时所需费用也有所减少。一般来说，固相萃取所需时间为液-液萃取的 $1/2$，而费用为液-液萃取的 $1/5$。

四、固相萃取缺点

与液-液萃取相比，固相萃取的缺点是目标化合物的回收率和精密度要低于液-液萃取。

五、固相萃取的模式及原理

固相萃取实质上是一种液相色谱分离，其主要分离模式也与液相色谱相同，可分为正相（吸附剂极性大于洗脱液极性）、反相（吸附剂极性小于洗脱液极性）、离子交换和吸附四种模式。

（1）正相固相萃取所用的吸附剂都是极性的，用来萃取（保留）极性物质。在正相固相萃取时，目标化合物保留在吸附剂上，萃取率取决于目标化合物的极性官能团与吸附剂表面的极性官能团之间的相互作用，这些作用力为氢键、π-π键相互作用、偶极-偶极相互作用和偶极-诱导偶极相互作用以及其他的极性-极性作用。正相固相萃取可以从非极性溶剂中吸附极性化合物。

（2）反相固相萃取所用的吸附剂通常是非极性的或极性较弱的，用来萃取（保留）非极性或弱极性物质。在反相固相萃取时，目标化合物与吸附剂间的作用是疏水性相互作用，主要是非极性-非极性相互作用，是范德华力或色散力。反相固相萃取可以从极性溶剂中吸附中等极性至非极性化合物。

(3) 离子交换固相萃取所用的吸附剂是带有电荷的离子交换树脂,用来萃取与离子交换固相相反电荷的物质,在离子交换固相萃取时,目标化合物与离子交换之间的相互作用力是静电吸引力。

六、固相萃取中吸附剂(固定相)的选择

固相萃取中吸附剂主要是根据目标化合物的性质和样品基体(即样品的溶剂)的性质来选择。目标化合物的极性与吸附剂的极性非常相似时,可以得到目标化合物的最佳保留(最佳吸附)。两者极性越相似保留越好(即吸附越好),所以要尽量选择与目标化合物极性相似的吸附剂。例如,萃取碳氢化合物(非极性)时,要采用反相固相萃取(此时是非极性吸附剂)。当目标化合物极性适中时,正、反相固相萃取都可使用。

吸附剂的选择还受样品溶剂的强度(即洗脱强度)的制约。样品溶剂的强度相对该吸附剂应该是较弱的,弱溶剂会增强目标化合物在吸附剂上的保留(吸附)。溶剂强度在正、反固相萃取中的顺序是不同的(见表4—2)。如果样品溶剂的强度太高,目标化合物将得不到保留(吸附)或保留很弱。例如,样品溶剂是正己烷时,用反相固相萃取就不合适,因为正己烷对反相固相萃取来说是强溶剂(见表4—2),目标化合物将不会吸附在吸附剂上;当样品溶剂是水时,就可以用反相固相萃取,因为水对反相固相萃取来说是弱溶剂,不会影响目标化合物在吸附剂上的吸附。

表4—2　　　　　　　　　固相萃取中常用溶剂的性质

极性	溶剂强度		溶剂	是否溶于水
非极性	强反相	弱正相	正己烷	不
↓	↓	↓	异辛烷	不
			四卤化碳	不
			三卤甲烷	不
			二卤甲烷	不
			四氢呋喃	是
			乙醚	不
			乙酸乙酯	差
			丙酮	是
极性	弱反相	强正相	乙腈	是
			异丙醇	是
			甲醇	是
			水	是
			乙酸	是

固相萃取选择分离模式和吸附剂时还要考虑以下 4 点：

①目标化合物在极性或非极性溶剂中的溶解度，这主要涉及洗脱液的选择。

②目标化合物有无可能离子化（可调节 pH 值来实现离子化），从而决定是否采用离子交换固相萃取。

③目标化合物有无可能与吸附剂形成共价键，如形成共价键，在洗脱时可能会遇到麻烦。

④非目标化合物与目标化合物在吸附剂上吸附点的竞争程度，这关系到目标化合物与干扰化合物能否很好分离。

七、固相萃取的常用吸附剂（固定相）

由于固相萃取实质上是一种液相色谱的分离，因此，可作为液相色谱柱填料的材料原则上都可作为固相萃取的吸附剂。因液相色谱的柱压较高，要求柱效较高，它对填料的粒度要求较严格，填料粒径在 $3\sim10~\mu m$，对粒径分布要求也很窄。固相萃取柱柱效要求一般不高，所加的压力一般都不大，只要把目标化合物与干扰化合物和基体分开即可，因此作为固相萃取吸附剂的填料一般都较粗，在 $40~\mu m$ 即可用，粒径分布要求也不严格，这样可以大大降低固相萃取柱的成本。常用于固相萃取的吸附剂类型及用途见表 4—3。

表 4—3　　　　　　　　　　固相萃取常用吸附剂

（一）硅胶填料（颗粒大小为 $40~\mu m$，孔径大小为 6.0 nm）

模式	类型	表面特性	应用
反相	LC—18	硅胶上接有十八烷基，键端处理过	反相萃取，适合于非极性到中等极性的化合物，如抗菌素、巴比妥酸盐、酞嗪、咖啡因、药物、染料、芳香油、脂溶性维生素、杀真菌剂、锄草剂、农药、碳水化合物、对羟基苯甲酸酯、苯酚、邻苯二甲酸酯、类固醇、表面活化剂、茶碱、水溶性维生素
反相	ENVI™—18	硅胶上接有十八烷基，键端处理过	相覆盖率和碳含量高于 LC—18，具有很强的耐酸碱性，对非极性化合物有较高的容量。反相萃取，适合于非极性到中等极性的化合物，比如抗菌素、咖啡因、药物、染料、芳香油、脂溶性维生素、杀真菌剂、锄草剂、农药、PNAs、碳水化合物、对羟基苯甲酸酯、苯酚、邻苯二甲酸酯、类固醇、表面活化剂、水溶性维生素。同时也有片状型号
反相	LC—8	硅胶上接有辛烷，键端处理过	反相萃取，适合于非极性到中等极性的化合物，比如抗菌素、巴比妥酸盐、酞嗪、咖啡因、药物、染料、芳香油、脂溶性维生素、杀真菌剂、锄草剂、农药、碳水化合物、对羟基苯甲酸酯、苯酚、邻苯二甲酸酯、类固醇、表面活化剂、水溶性维生素。同时也有片状型号

续表

模式	类型	表面特性	应用
反相	ENVl—8	硅胶上接有辛烷，键端处理过	相覆盖率和碳含量高于LC—8，具有很强的耐酸碱性，对非极性化合物有较高的容量。反相萃取，适合于非极性到中等极性的化合物，如巴比妥酸盐、酞嗪、咖啡因、药物、染料、芳香油、脂溶性维生素、杀真菌剂、锄草剂、农药、PNAs、碳水化合物、对羟基苯甲酸酯、苯酚、邻苯二甲酸酯、类固醇、表面活化剂、茶碱、水溶性维生素
	LC—4	硅胶上接有二甲基丁烷，键端处理过（孔径50.0 nm）	相对LC—8或LC—18，其疏水性弱一点，适合于多肽和蛋白质的萃取
	LC—Ph	硅胶上接有苯基，尤其是芳香族化合物	相对LC—8或LC—18，其保留时间稍短。反相萃取，适合于非极性到中等极性的化合物
	Hisep™	疏水性的表面上键合亲水性基团网络	反相萃取，生物样品中的蛋白质被排出，药物小分子被保留
正相	LC—CN	硅胶上接有丙氰基烷，键端处理过	反相萃取，适合于中等极性的化合物；正相萃取，适合于极性化合物，如黄曲霉毒素、抗菌素、染料、锄草剂、农药、苯酚、类固醇；弱阳离子交换萃取，适合于碳水化合物和阳离子化合物
	LC—Di01	硅胶上接有二醇基	正相萃取，适合于极性化合物
	LC—NH$_2$	硅胶上接丙氨基	正相萃取，适合于极性化合物；弱阴离子交换萃取，适合于碳水化合物、弱阴离子和有机酸化合物
离子交换	LC—SAX	硅胶上接卤化季铵盐	强阴离子交换萃取，适合于阴离子、有机酸、核酸、核苷酸、表面活化剂，容量为0.2 mmol/g
	LC—SCX	硅胶上接磺酸钠盐	强阳离子交换萃取，适合于阳离子、抗菌素、药物、有机碱、氨基酸、儿茶酚胺、锄草剂、核酸碱、核苷、表面活化剂。容量为0.2 mmol/g
	LC—WCX	硅胶上接碳酸钠盐	弱阳离子交换萃取，适合于阳离子、胺、抗菌素、药物、有机碱、氨基酸、儿茶酚胺、锄草剂、核酸碱、核苷、表面活化剂
吸附	LC—Si	无键合硅胶	极性化合物萃取，如乙醇、醛、胺、药物、染料、锄草剂、农药、酮、含氮类化合物、有机酸、苯酚、类固醇

（二）Al_2O_3填料（晶体状的，色谱纯的，不规则颗粒，60目/325目）

模式	类型	表面特性	应用
吸附	LC—Alumina—A	酸性，pH≈5	极性化合物离子交换和吸附萃取，如维生素
	LC—Alumina—B	碱性，pH≈8.5	吸附萃取和阳离子交换
	LC—Alumina—N	中性，pH≈6.5	极性化合物吸附萃取。调节pH值，阳离子和阴离子交换。适合于维生素、抗菌素、芳香油、酶、糖苷、激素

续表

模式	类型	表面特性	应用
（三）Florisil 填料硅酸镁（100 目/120 目）			
吸附	LC—Florisil		极性化合物的吸附萃取，如乙醇、醛、胺、药物、染料、锄草剂、农药、PCBs、酮、含氮类化合物、有机酸、苯酚、类固醇
吸附	ENVl—Florsil[①]		极性化合物的吸附萃取，如乙醇、醛、胺、药物、染料、锄草剂、农药、PCBs、酮、含氮类化合物、有机酸、苯酚、类固醇
（四）石墨碳填料（无键合碳）			
吸附	ENVI—Carb	无孔，表面积 100 m^2/g，120 目/400 目	极性和非极性化合物的吸附萃取
吸附	ENVI—Carb—C	无孔，表面积 10 m^2/g，80 目/100 目	极性和非极性化合物的吸附萃取
（五）树脂填料（80～160 μm 球形颗粒）			
吸附	ENVl—Chrorfl P[②]		极性芳香化合物的萃取，如从水溶液样品中萃取苯酚。也能用于非极性到中等极性芳香化合物的吸附萃取

注：①固相萃取管是用不锈钢材料或者 Teflon@ 片（Frits）填充的，是依据美国环境保护合同实验室制定的农药分析方法。
②高交联的、中性的、非常纯的苯乙烯二乙烯基苯树脂。很大的表面积，平均孔径大小为 11.0～15.0 nm。

八、固相萃取的装置及操作程序

最简单的固相萃取装置就是一根直径为数毫米的小柱（见图 4—4），小柱可以是玻璃的，也可以是聚丙烯、聚乙烯、聚四氟乙烯等塑料的，还可以是不锈钢制成的。小柱下端有一孔径为 20 μm 的烧结筛板，用以支撑吸附剂。若自制固相萃取小柱没有合适的烧结筛板时，也可以用填加玻璃棉来代替筛板，既能支撑固体吸附剂，又能让液体流过。在筛板上填装一定量的吸附剂（100～1 000 mg，视需要而定），然后在吸附剂上再加一块筛板（若没有筛板也可以用玻璃棉替代），以防止加样品时破坏柱床。目前已有各种规格的、装有各种吸附剂的固相萃取小柱出售，使用起来十分方便。

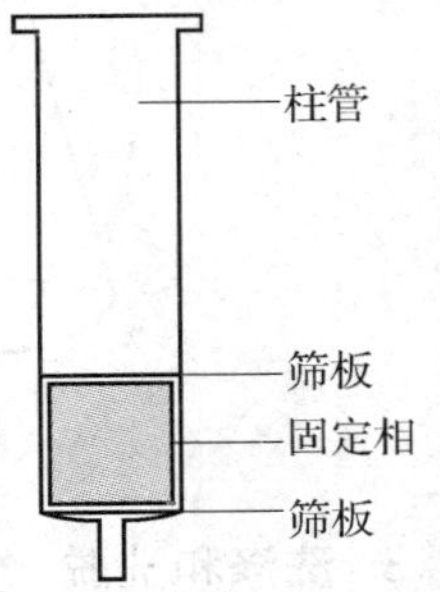

固相萃取的一般操作程序分为以下几步：

1. 活化吸附剂

在萃取样品之前要用适当的溶剂淋洗固相萃取小柱，以使吸附剂保持湿润，可以吸附

图 4—4 固相萃取小柱

目标化合物或干扰化合物。不同模式固相萃取小柱活化用溶剂不同。

（1）反相固相萃取所用的弱极性或非极性吸附剂，通常用水溶性有机溶剂，如甲醇淋洗，然后用水或缓冲溶液淋洗。也可以在用甲醇淋洗之前先用强溶剂（如正己烷）淋洗，以消除吸附剂上吸附的杂质及其对目标化合物的干扰。

（2）正相固相萃取所用的极性吸附剂，通常用目标化合物所在的有机溶剂（样品基体）进行淋洗。

（3）离子交换固相萃取所用的吸附剂，在用于非极性有机溶剂中的样品时，可用样品溶剂来淋洗；在用于极性溶剂中的样品时，可用水溶性有机溶剂淋洗后，再用适当 pH 值并含有一定有机溶剂和盐的水溶液进行淋洗。

为了使固相萃取小柱中的吸附剂在活化后到样品加入前能保持湿润，活化处理后应在吸附剂上面保持大约 1 mL 活化处理用的溶剂。

2. 上样

将液态或溶解后的固态样品倒入活化后的固相萃取小柱，然后利用抽真空（见图 4—5）、加压（见图 4—6）或离心（见图 4—7）的方法使样品进入吸附剂。

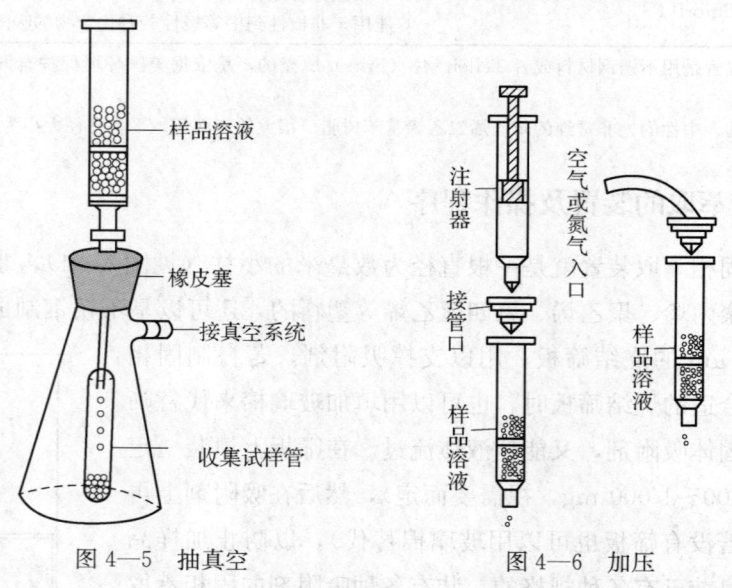

图 4—5 抽真空　　　　图 4—6 加压

3. 洗涤和洗脱

在样品进入吸附剂、目标化合物被吸附后，可先用较弱的溶剂将弱保留干扰化合物洗掉，再用较强的溶剂将目标化合物洗脱下来，加以收集。淋洗和洗脱同上所述，可采用抽真空、加压或离心的方法使淋洗液或洗脱液流过吸附剂。

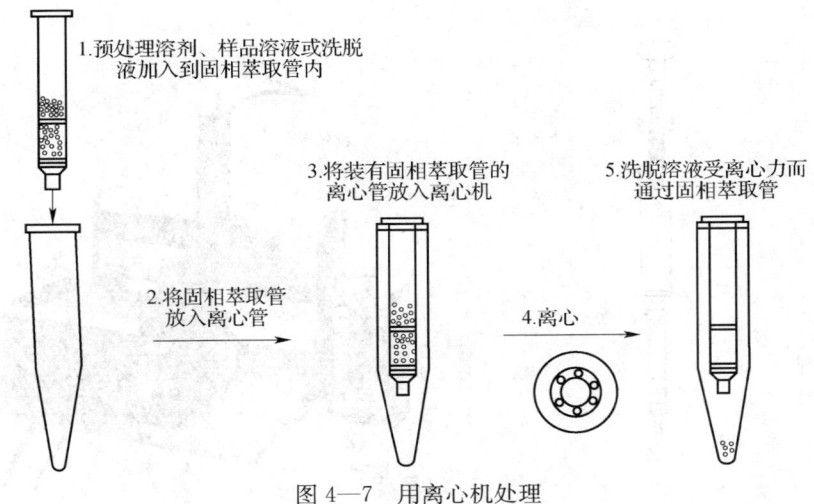

图 4—7　用离心机处理

如果选择对目标化合物吸附很弱或不吸附而对干扰化合物有较强吸附的吸附剂时,也可让目标化合物先淋洗下来加以收集,而使干扰化合物保留(吸附)在吸附剂上,两者得到分离。图 4—8 所示为固相萃取所采用的一般程序。

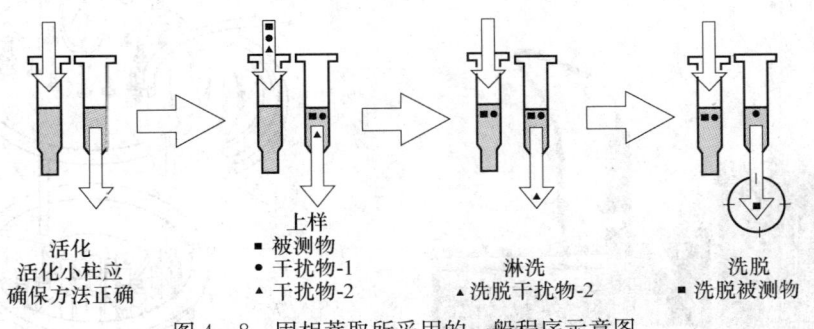

图 4—8　固相萃取所采用的一般程序示意图

为了方便固相萃取的使用,很多厂家除了生产各种规格和型号的固相萃取小柱之外,还研制开发了很多固相萃取的专用装置,使固相萃取更加方便、简单。如 Supelco 公司提供了给单个固相萃取小柱加压的单管处理塞,如图 4—9 所示,可方便地与固相萃取小柱配套使用。

目前,市场上已有各种品牌的自动固相萃取的设置,如吉尔森公司生产的 ASPEC 系列的 GX—271 ASPEC 全自动固相萃取仪(见图 4—10)、GX—274 ASPEC 四通道自动固相萃取仪(见图 4—11)。中国科学院大连化学物理研究所(国家色谱研究分析中心)也研制开发了真空固相萃取装置,如图 4—12 所示。图 4—13 所示为根据样品的基体(溶剂)、目标化合物和干扰化合物的性质来选择固相萃取模式的流程。

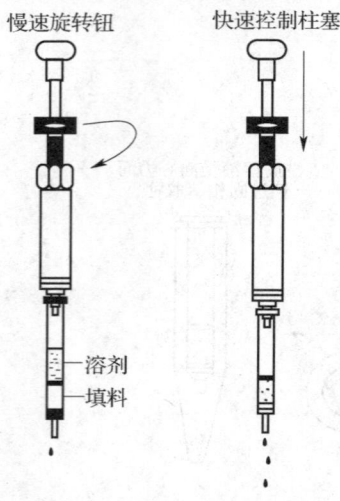

图4—9 单管处理塞

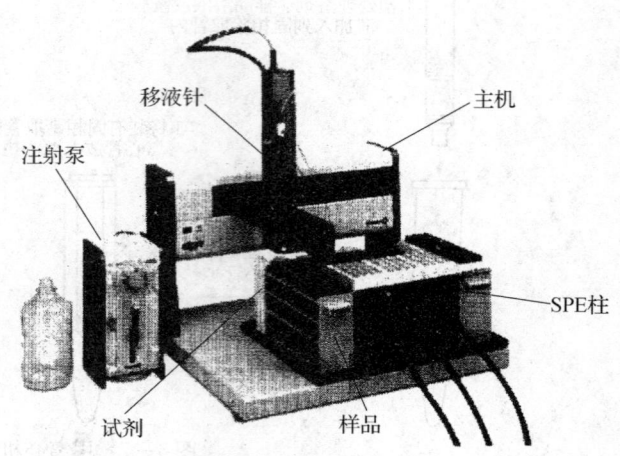

图4—10 全自动固相萃取仪

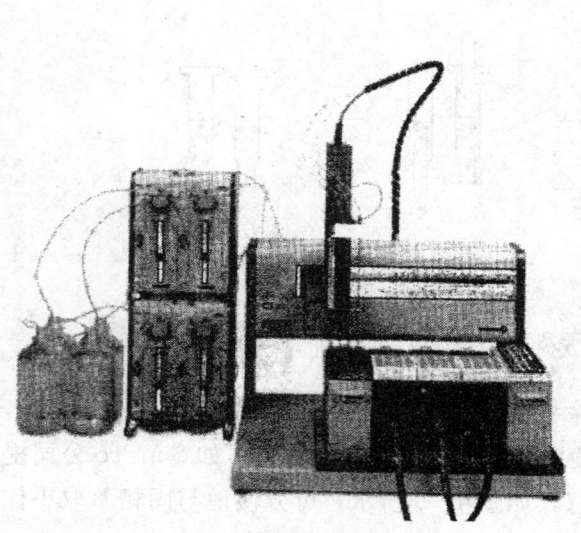

图4—11 四通道自动固相萃取仪

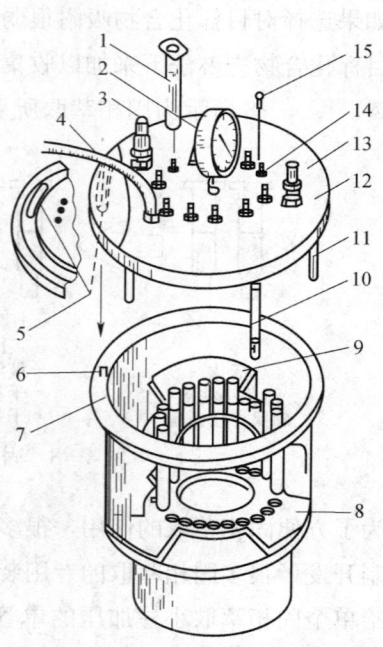

图4—12 固相萃取真空装置

1—固相萃取柱 2—真空表 3—安全阀
4—抽真空橡皮管 5—定位槽 6—定位轴
7—缸体 8—下支架 9—上支架 10—试管
(24支) 11—支脚 12—上盖 13—放空阀
14—插管头（12个） 15—封堵头（12个）

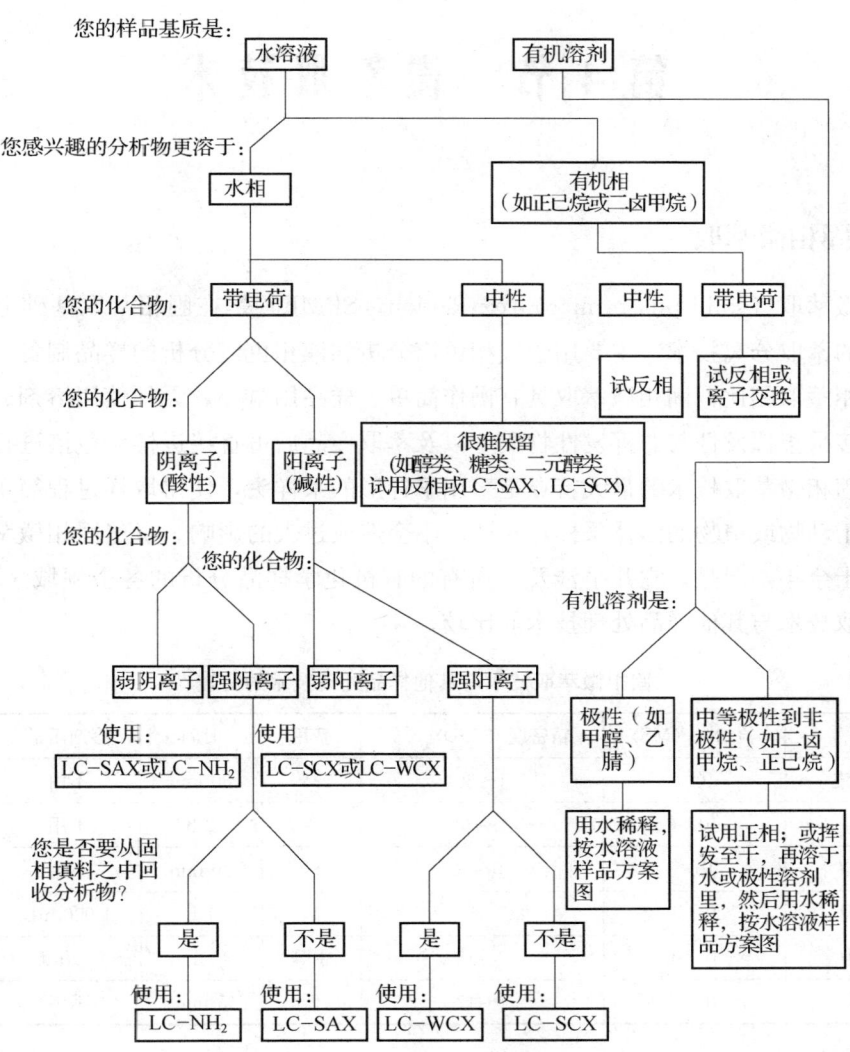

图 4—13 选择固相萃取模式的流程

第4节 微萃取技术

一、固相微萃取

固相微萃取（solid phase micro—extraction，SPME）是在固相萃取基础上发展起来的一种新的萃取分离技术，主要用于气相色谱分析和液相色谱分析的样品制备。与液—液萃取和固相萃取相比，固相微萃取具有操作简单、样品用量小、无须使用溶剂、适于在样品现场直接采集挥发性与非挥发性物质，以及萃取样品后可直接进样于色谱进行分析测定等优点。固相微萃取技术的最大特点是采用了针形的采样头，使得取样过程简单方便，并可直接用于动物或植物的活体采样，对活体不会造成过大的影响。虽然固相微萃取技术的应用只有十余年，但是，它几乎涉及了所有的有机化学样品分析的各个领域。表4—4为固相微萃取技术与其他样品处理技术的比较。

表4—4   固相微萃取技术与其他样品处理技术的比较

方法	检出限（MS）	精密度（RSD）/%	费用	时间	溶剂用量	操作情况
吹扫/捕集	10^{-9}	1～30	高	30 min	不用	复杂
汽提	10^{-12}	3～20	高	2 h	不用	复杂
静态顶空	10^{-6}	10～15	低	30 min	不用	简单
液液萃取	10^{-12}	5～50	高	1 h	1 000 mL	简单
固相萃取	10^{-12}	7～15	中等	30 min	100 mL	简单
SPME	10^{-12}	1～12	低	5 min	不用	简单

固相微萃取装置的外形如同一只微量进样器，主要由手柄和针状萃取头两部分构成。萃取头是一根长10 mm、涂有不同吸附材料的熔融纤维，接在不锈钢丝上，外套管为细不锈钢管（保护针状萃取头不被折断），萃取头在钢管内可伸缩进出，细不锈钢管可穿透橡胶或塑料垫片进行取样或进样。手柄用于安装或固定萃取头，可根据样品特性选择不同涂层材料的萃取头。固相微萃取装置与微量进样器操作类似，可以重复使用，如图4—14所示。

固相微萃取的关键在于选择石英纤维上的涂层（吸附剂），使目标化合物能吸附在涂层上，而干扰化合物和溶剂不被吸附。选择吸附剂的一般原则是当目标化合物为非极性时，选择非极性涂层；当目标化合物为极性时，选择极性涂层。用于气相色谱的涂层，可采用涂敷的方法在石英纤维上形成吸附剂的涂层，目前多采用原位反应的方法在石英纤维表面上直接生成一层吸附剂，但这样的涂层不能长时间地泡在溶剂中，否则容易使涂层脱落，影响使用寿命，因此只能用于顶空萃取和气相色谱进样。用于液相色谱的涂层，必须使吸附剂键合在石英纤维表面，这样的涂层能长时间地泡在溶剂中而不脱落，才能用于溶液萃取和液相色谱进样。

固相微萃取的采样方法是将固相微萃取针管（不锈钢套管）穿过样品瓶密封垫，插入样品瓶中，然后推出萃取头，将萃取头浸入样品（浸入方式）或置于样品上部空间（顶空方式），进行萃取。萃取时间以达到目标化合物吸附平衡为准。最后缩回萃取头，将针管拔出，如图4—15所示。

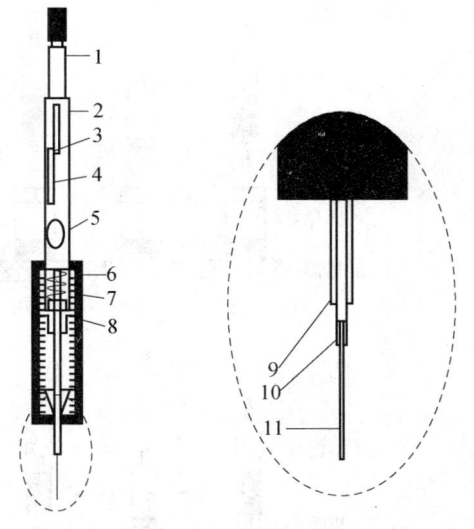

图4—14 固相微萃取装置示意图

1—活塞 2—外套 3—活塞固定螺杆 4—Z—沟槽
5—连接器观察窗口 6—可调节针头导轨/深度标记
7—压簧卡槽 8—密封垫 9—隔垫穿孔针头（不锈钢管）
10—纤维固定管（不锈钢丝） 11—弹性硅纤维涂层

固相微萃取技术可用于气相色谱（GC）和液相色谱（LC）分析测定。用于GC时，是将固相微萃取针管（不锈钢套管）插入GC进样口，推手柄杆，伸出萃取头，使用进样口的高温热解吸目标化合物，解吸后被载气带入色谱柱。用于高效液相色谱（HPLC）时，是将固相微萃取针管（不锈钢套管）插入高压液相色谱仪的解吸池接口，推手柄杆，伸出萃取头，利用HPLC的流动相通过解吸池洗脱目标化合物，并将目标化合物带入色谱柱。图4—16所示为用固相微萃取作HPLC分析时所用固相微萃取与高压液相色谱接口的详细结构。

固相微萃取与液相色谱仪的接口主要由一个六通阀和一个溶剂解吸池所组成，取代了LC六通阀进样系统中的进样定量管。在使用时，将萃取头收回到保护管内，用保护管穿透密封垫片，进入解吸池，再将萃取头推出，使萃取头与LC的流动相接触。密封垫片要保证在35 MPa的压力下流动相不泄漏。在解吸池中，被萃取头萃取的化合物可以被LC的流动相流过时解吸下来（动态解吸），同时被流动相通过六通阀带入LC柱，进行分离和分析。当被固相微萃取的化合物在萃取头上吸附较强时，LC的流动相流过时不易解吸下来，可采用将萃取头浸泡在LC流动相中（静态解吸），待被萃取的化合物解吸平衡后

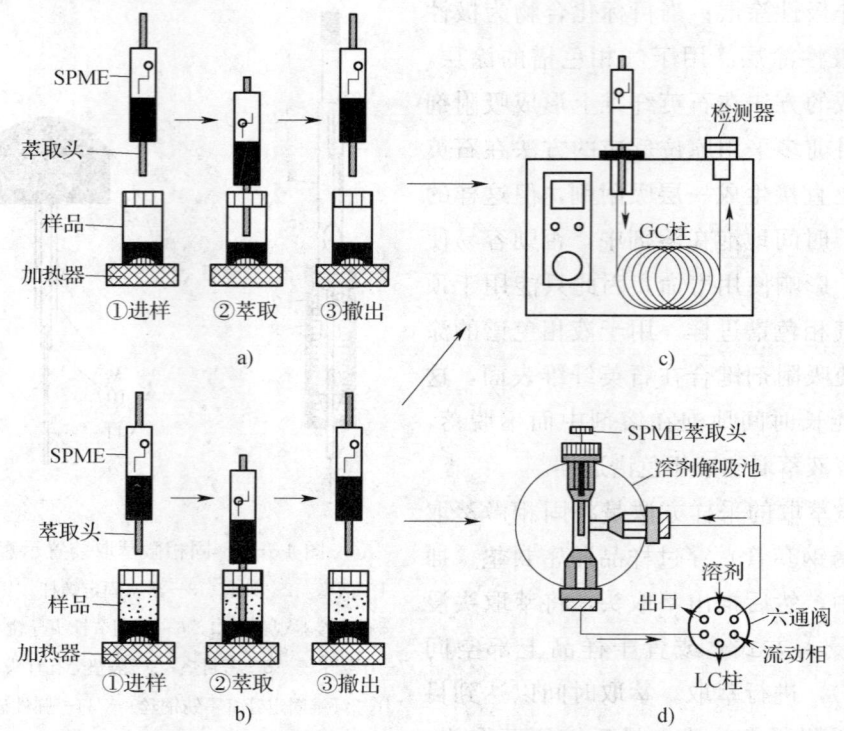

图4—15 固相微萃取的采样和进样 GC 或 LC 示意图
a) 顶空－SPME 萃取操作步骤 b) SPME 直接萃取操作步骤
c) GC 注入口内热解吸 d) 溶剂解吸：SPME 接口装置

（由实验得出解吸平衡时间），再进样分析。

在使用固相微萃技术时，应注意以下 5 个问题：

①选择萃取头时应使萃取头涂层的极性与被萃取化合物的极性尽可能接近。

②萃取头涂层厚度要选择合适。既要考虑被测物的吸附量能达到较好的检测，又要考虑其解吸的速度（时间），防止解吸不完全影响下次使用。

③搅动样品可以提高萃取效率，减少萃取时间，特别是对分子量大、扩散系数较小的化合物更加有效。但每次搅动不均匀会降低分析结果的精度。最好使用超声波搅动样品，可提高萃取效率，还可加热样品，有利于被萃取化合物的汽化，有利于顶空萃取。

④样品中盐和酸碱的存在将影响被萃取化合物的蒸气压，而影响其萃取效率，可采用方法：一是增加样品溶液的离子强度，如在萃取前，每 100 mL 样品中加入 25～30 g 氯化钠，可降低某些被萃取化合物的溶解度，特别是对极性化合物和可挥发性化合物可极大提高其萃取率；二是用酸或碱改变样品的 pH 值时，也会影响被萃取化合物的结构（特别是

被萃取化合物是酸或碱时)、溶解度和蒸气压,最终将影响它们的萃取效率。

⑤顶空萃取要比浸入式萃取达到平衡的时间快一些,这是因为分子在空气中运动比在水中快。使用标准工作曲线定量时,所使用样品(包括欲测定样品)的体积要保持相同。如果采用浸入式萃取,样品瓶上的顶空应尽可能减小。

二、液相微萃取

液相微萃取(liquid phase microextraction)是近几年来发展迅速的色谱分析样品处理技术之一。它与固相微萃取的模式类似,经常采用顶空方式采集和萃取液体样品或者固体样品中的有机物,也被称为顶空液相微萃取。液相微萃取分为液—液微萃取、单滴微萃取、溶剂微萃取等。

液相微萃取实际上就是液相萃取,只是使用的液相溶剂的体积很小,被萃取的样品体积也比较小。较早的液相微萃取采用 8 μL 溶剂萃取样品中的有机物,再将萃取后溶剂的一部分注入色谱仪中进行分析测定。现在的液相微萃取多采用

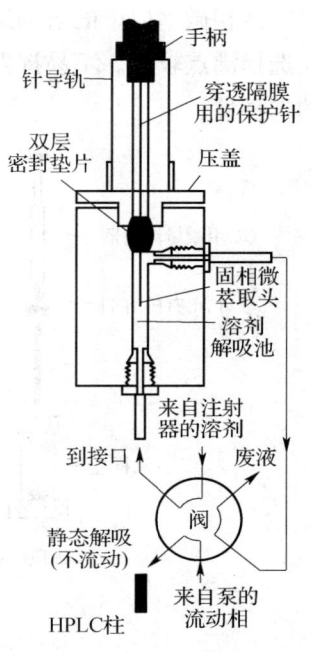

图 4—16　HPLC 与 SPME 接口的详细结构

1 μL 溶剂萃取样品中的有机物,再将萃取液全部注入色谱仪中进行分析测定。与液相萃取技术相比,液相微萃取减少了有机溶剂的使用量,简化了溶剂萃取过程,缩短了样品的萃取时间,提高了萃取样品后的利用率。如应用顶空方式采样,则可以消除样品基体的干扰,应用于许多复杂样品中有机物的分离浓缩。因此,顶空液相微萃取改进了溶剂萃取技术中的许多缺点。例如,减少了过多的溶剂用量对环境和操作人员的危害,降低了有机废溶剂的处理费用,改善了冗长的手工操作过程等。

液相微萃取是应用 10 μL 的微量注射器抽取 1 μL 有机溶剂,直接将微量注射器针头插入到密封的装有样品的玻璃瓶中。再将微量注射器活塞推压至底部,使注射器内的有机溶剂形成一个液滴悬浮在针头的顶部,悬浮的有机溶剂液滴在样品顶空中进行萃取。经过一段时间的顶空萃取后,将针头的液滴抽回到微量注射器内,再从样品瓶中拔出微量注射器并直接进行气相色谱测定,如图 4—17 所示。

液相微萃取与固相微萃取的样品处理方式基本一样,只是将固相微萃取中的纤维薄膜改为有机溶剂液滴。液相微萃取是集采样、萃取、浓缩和进样于一体的技术,处理样品的装置结构简单,操作程序方便。影响液相微萃取效率的主要参数有溶剂特性、溶剂体积、萃取时间、萃取条件(升高温度或者搅拌等)、样品体积、顶空体积等。

液相微萃取中的溶剂选择应考虑溶剂的沸点、蒸气压、纯度和毒性等物理性质。除了应选择沸点较高、不易挥发和毒性较小的纯溶剂之外，还应考虑溶剂萃取对样品中目标物的选择性。

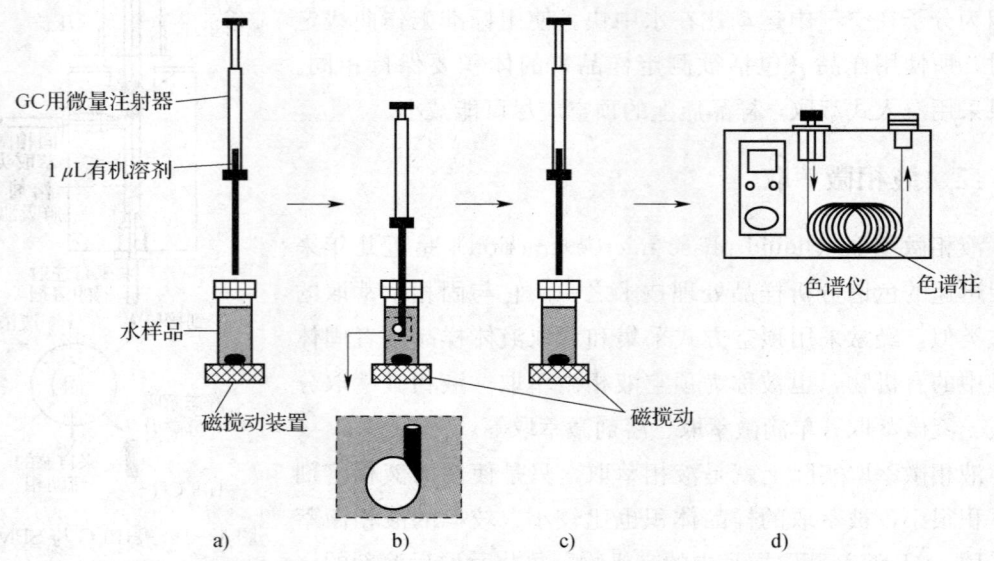

图4—17 应用液相微萃取技术处理样品的整体过程示意图
a）准备萃取 b）针头顶端的溶剂滴萃取（局部放大） c）萃取完成 d）进行色谱测定

为了最大限度地利用有机溶剂的测定效率，减少溶剂的消耗，目前大多使用 1~2 μL 的溶剂萃取各种样品，这样就可以将萃取后的溶剂全部引进到色谱仪或质谱仪中进行测定。

液相微萃取是平衡萃取，在固定的条件下萃取目标物质的量有一个最大值，可以通过实验结果比较获得，即在固定的条件下比较不同时间间隔萃取目标物质的峰面积大小。

在利用液相微萃取技术处理样品时，改变样品的萃取温度或者搅动液体样品可能会增大样品中目标物质的萃取效率。此外，在液相微萃取体系中，样品体积和样品上方顶空部分的体积也会对目标物质的萃取效率产生影响。

目前，液相微萃取应用在各类液体和固体样品中挥发性、半挥发性和不挥发性有机物的分离和浓缩，可用于环境分析、材料测定、药物分析、法庭分析、化学武器测定等许多领域。

三、毛细管固相微萃取

毛细管固相微萃取（capillary solid phase micro-extraction，CSPME）也称柱内固相

微萃取（in-tube-SPME，ITSPME），是将气体或液体样品通过内壁键合了萃取剂的石英毛细管，使欲分析组分被萃取剂萃取，然后用加热或洗脱液洗脱的方法将欲分析组分从萃取剂中解吸下来，进行分析的一种萃取方式。

毛细管固相微萃取可以通过增加键合在石英毛细管内壁的萃取剂的厚度，或增加石英毛细管的长度和内径，与固相微萃取相比可大大提高萃取的富集倍数。另外，毛细管内的萃取剂有更大的比表面，可以加快萃取平衡。萃取剂键合在毛细管内壁，也使得毛细管固相微萃取的使用寿命更长，更耐溶剂的浸泡，更耐高温的处理，可比 SPME 萃取头的使用寿命长 10 倍以上。毛细管固相微萃取可采用现有的商品毛细管柱，由于现有毛细管柱内键合的固定相（即萃取剂）种类很多，有非极性、弱极性、中等极性和强极性，可从欲分析组分的性质来选择毛细管柱，大大提高毛细管固相微萃取的选择性。

从毛细管固相微萃取的技术特点来看，毛细管固相微萃取只有与各种分析仪器联用，才能显示其优点。最早实现联用的是毛细管固相微萃取与高效液相色谱的联用，即 1997 年 Pawliszyn 等推出的毛细管固相微萃取与高效液相色谱联用的设计，现已有商品化产品。中国科学院大连化学物理研究所的关亚风教授等成功地实现了毛细管固相微萃取与高分辨毛细管气相色谱的在线联用，如图 4—18 所示，并进行了水样中烷烃类的测定，与固相微采取进行了对比试验，如图 4—19 所示。显示了毛细管固相微萃取的萃取体积大、萃取效率高等优点。

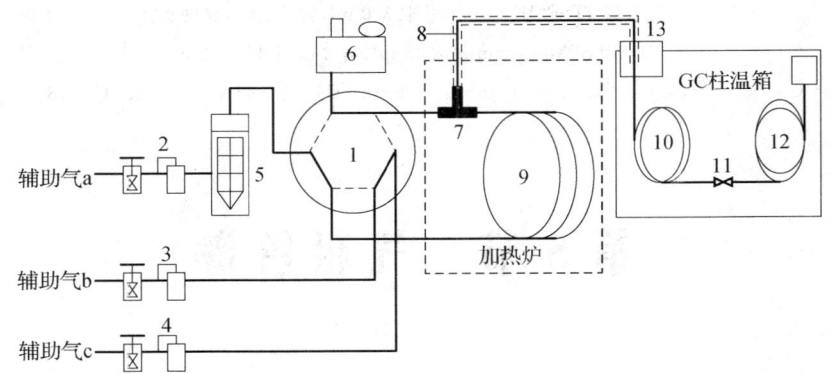

图 4—18　毛细管固相微萃取器与高分辨毛细管气相色谱在线联用流程示意图
1—六通阀　2—进样流量控制器　3—解吸气流量控制器　4—吹扫气流量控制器　5—样品瓶
6—小型水循环真空泵　7—微型三通　8—传输毛细管　9—毛细管萃取器　10—GC 预柱
11—压力组件或微连接件　12—GC 分析柱　13—GC 进样口

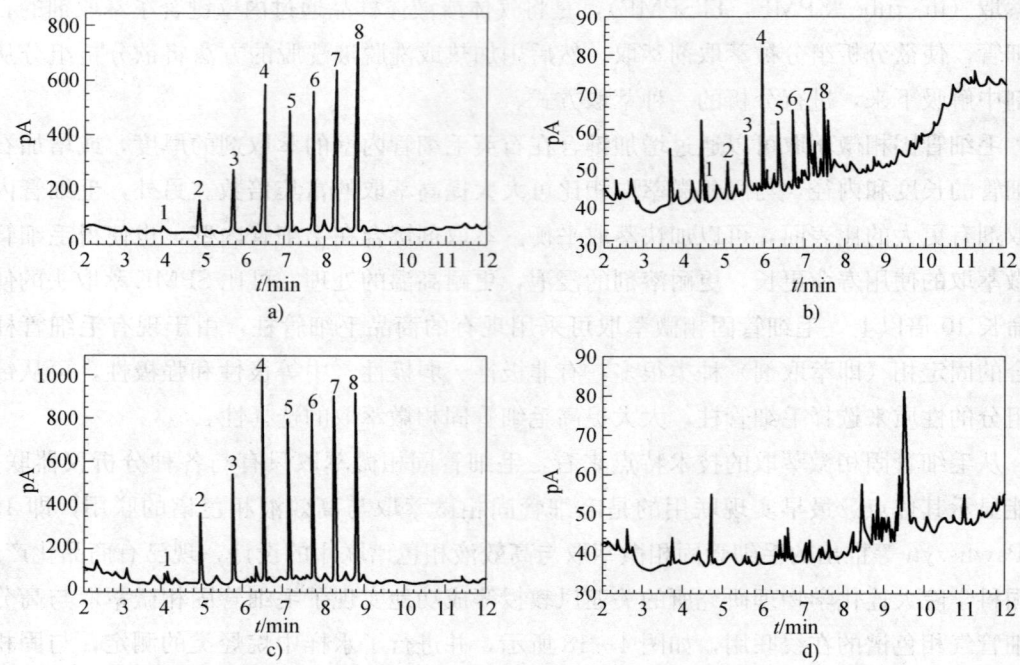

图 4—19 用在线 ITSPME 和 SPME 分析水中烷烃的比较
a) 用在线 ITSPME 2.5 min 萃取 15 mL 水样　b) 用 SPME 35 min 萃取 15 mL 水样
c) 用在线 ITSPME 40 min 萃取 300 mL 含 2 μg/L 碱的水样
d) 用 SPME 3 min 萃取 15 mL 含 2 μg/L 碱的水样

1—n—C_{12}　2—n—C_{13}　3—n—C_{14}　4—n—C_{15}　5—n—C_{16}　6—n—C_{17}　7—n—C_{18}　8—n—C_{19}

第 5 节　气相色谱

一、速率理论

塔板理论是半经验的理论，它以分配平衡为依据，解释了流出曲线的形状、保留值，可计算出塔板数，评价柱效的高低。但是对色谱峰变宽（扩张）的原因不能解释。这是因为塔板理论是建立在不完全符合实际的几点解释之上，例如分配系数与浓度无关，纵向扩散可以忽略，把连续的色谱过程分割成为许多塔板来处理，认为色谱过程仅是分配问题。

因此塔板理论有很大的局限性，它不能解释色谱峰的扩张，也不能解释载气流速不同，所得塔板也不同这一事实。为了克服塔板理论的缺陷，范第姆特（Van Deemter）等在 Martin 等人工作的基础上，比较完整地解释了速率理论。速率理论充分考虑了溶质在两相间的扩散和传质过程，更接近溶质在两相间的实际分配过程。解释了影响塔板高度 H 的各种因素和色谱峰扩张的原因。

1. 范第姆特（Van Deemter）方程

荷兰人范弟姆特等认为引起色谱峰扩张的主要因素有涡流扩散、分子扩散和两相中传质阻力，因而导出了速率方程，也称范第姆特方程式。

$$H = A + \frac{B}{u} + Cu \qquad (4\text{—}1)$$

式中　H——塔板高度；

u——载气的线速度，即一定时间里载气在柱中流动的距离，cm/s；

A——涡流扩散项；

B——分子扩散项；

C——传质阻力项。

2. 影响柱效能的因素

（1）涡流扩散项。A 项称为涡流扩散项，是固定相填充不均匀时引起的峰扩张。当溶质随流动相流向色谱柱进口时，溶质和流动相受到填料颗粒的阻力，不断改变流动方向，致使同一溶质的不同分子在通过填料的过程中所走的路径不一样，所取路径最长和最短的溶质分子（离子）流出色谱柱的时间相差越大，则峰扩张越严重。溶质分子在前进过程中形成的这种紊乱类似于涡流的流动，所以称为涡流扩散。图 4—20 表示了涡流扩散引起的色谱峰扩张。

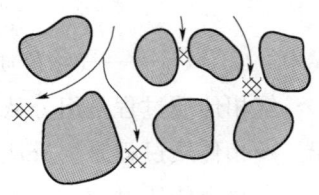

图 4—20　涡流扩散

涡流扩散引起的峰扩张的大小由式（4—2）决定：

$$A = 2\lambda d_P L \qquad (4\text{—}2)$$

式中　λ——填充不规则因子，它由填料颗粒直径 d_p、粒度范围和柱填充状况决定；

　　　L——柱长；

　　　d_P——填料颗粒直径。

由式（4—2）可知，采用颗粒细且粒径分布窄的球形填料，并仔细填充避免颗粒破碎，就可以减小涡流扩散引起的峰扩张。但是，颗粒过细又会使柱压升高。

（2）分子扩散项。B/u 称为分子扩散项，也称纵向扩散项，它是溶质分子在移动方向上向前和向后的扩散，即 X 轴方向的扩散。分子扩散项是由浓度梯度所引起。样品从柱入口加入,样品带像一个塞子随流动相向前推进,由于存在浓度梯度,塞子必然会自发地向前和向后扩散,引起峰的扩张。纵向扩散引起的峰扩张的大小由式(4—3)决定:

$$B = 2\gamma D_g \tag{4—3}$$

式中 γ ——弯曲因子;

D_g ——组分在气相中的扩散系数。

γ 是弯曲因子,它反映了固定相对分子扩散的阻碍程度。填充柱的 $\gamma<1$,空心柱 $\gamma=1$。D_g 为组分在气相中的扩散系数,随载气和组分的性质、温度、压力而变化,它与组分分子和载气分子摩尔质量成反比,摩尔质量大,D_g 小。纵向扩散与组分的保留时间成正比。保留时间越长,由纵向扩散引起的色谱峰扩张也越大。因此,采用较高的载气流速(保留时间相应变短)和摩尔质量较大的载气,可使 B/u 项减小。图4—21是纵向扩散引起峰展宽的示意图。随着样品带在固定相中的移动,因纵向扩散使样品带宽逐渐增加,相应地,得到的色谱峰就越来越宽而矮。

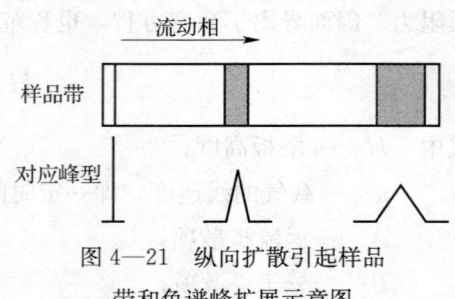

图4—21 纵向扩散引起样品带和色谱峰扩展示意图

(3) 传质阻力项。Cu 项为传质阻力项,它包括气相传质阻力项 $C_g u$ 和液相传质阻力项 $C_L u$ 两项。

$$Cu = (C_g + C_L)u \tag{4—4}$$

式中 C_g、C_L——气相传质阻力系数和液相传质阻力系数。

气相传质过程是组分从气相移动到气液界面的过程,在此过程中组分在两相间进行分配。液相传质过程是组分从气液界面向液相内部移动分配,然后返向界面的传质过程。

在整个传质过程中,传质阻力越大,分配达到平衡需要的时间就越长,引起的色谱峰扩张就越严重。

$$C_g = \frac{0.01k^2}{(1+k)^2} \cdot \frac{d_p^2}{D_g}$$

采用粒度小的填充物和摩尔质量小的气体作为载气可使 C_g 减小。

$$C_L = \frac{2k}{3(1+k)^2} \cdot \frac{d_f^2}{D_L}$$

固定液的液膜厚度 d_f 薄,组分在液相的扩散系数 D_L 大,C_L 就小。

范弟姆特方程式变为:

$$H = 2\lambda d_p + \frac{2\gamma D_g}{u} + \left[\frac{0.01k^2}{(1+k)^2} \cdot \frac{d_p^2}{D_g} + \frac{2k}{3(1+k)^2} \cdot \frac{d_f^2}{D_L}\right]u$$

它表明了填充均匀程度、担体粒度、载气种类、载气流速、柱温、固定相液膜厚度等对柱效能的影响。

综上所述，要使 H 小，柱效高，在操作应用上应注意以下几点：

①选择颗粒细且粒径分布窄的球形填料。

②在不使固定液黏度增大太多的前提下，应选择较低柱温。

③选用低液担比（5%～15%）。

④按实际情况选择载气，如果主要防止分子扩散和峰扩张，则可选用相对摩尔质量较大的气体作为载气（如 N_2、Ar）。

二、操作条件选择

固定相选择是影响色谱柱分离效能的主要因素，但若分离操作条件选择不当，也不能得到理想的分离效果。

1. 色谱柱、固定液、担体选择

（1）色谱柱的选择。色谱柱的柱形、柱长、柱内径均对柱效能产生影响。一般直形管柱效能高些；V形、螺旋形及盘形管柱效能要低些。柱长增加对分离有利，但会延长分析时间。因此，在能达到一定分离效率 R 的条件下应使用尽可能短的柱子。一般填充柱柱长在1～5 m。

柱的内径大小要合适，若内径太大，柱的分离效果不好；若内径太小，容易造成填充困难和柱压增大，给操作带来麻烦，所以内径一般选用3～4 mm。

（2）固定液含量的选择。在中级工教材中已讲过，固定液的性质对分离是起决定作用的，对于选定的固定液，一般来说，担体的表面积越大，固定液用量可以越高，但为了降低液相传质阻力，宜使液膜薄一些，即固定液用量低些。

固定液的配比，即固定液与担体的质量比，一般用 5∶100～35∶100。

（3）担体的选择。选择表面积大、表面和孔径分布均匀的担体。对其粒度要求均匀、细，但也不能太细，一般对于3～4 mm 内径的色谱柱，使用60～80目的担体较为合适。

2. 温度选择与调节

柱温是一个重要的操作参数，直接影响色谱柱的使用寿命、分离效能和分析速度。

在选择柱温时，首先要考虑柱温不能高于固定液的最高使用温度，从而避免固定液的挥发流失。提高柱温，各组分的挥发增大，即在流动相中浓度增大，不利于分离。但柱温太低又使组分在两相中的扩散速率大为降低，分配不能迅速达到平衡，峰形变宽，柱效下降，且分析时间延长。选择柱温的原则是在使最难分离的组分有尽可能好的分离的前提下，尽可能采用较低的柱温，但以保留时间适宜、峰形不拖尾为好。具体的操作条件应根据实验分离情况而定。

3. 载气及其流速的选择

(1) 载气的选择。在气相色谱中，最常用的载气是 H_2、N_2、Ar、He。选择何种气体作为载气，首先要考虑使用何种检测器。如果使用热导池检测器，选用 H_2 或 He 作载气，能提高灵敏度，H_2 载气还能延长热敏元件钨丝的寿命；用氢火焰离子化检测器，选用 H_2 或 N_2 都可以；电子捕获检测器常用 N_2（纯度大于 99.99%）作载气；火焰光度检测器常用 H_2 或 N_2 作为载气。

(2) 流速的选择。从速率方程可知，B 项与 C 项是互相矛盾的，B 项要求流速大，C 项要求流速小。在不同的流速下测 H，作 $H-u$ 曲线，如图 4—22 所示。

在 P 点，H 最小，此时柱效能最高，P 点处的流速即为最佳流速。$u_{最佳}$ 及 $H_{最小}$ 由速率方程微分求得：

$$\frac{dH}{du} = -\frac{B}{u^2} + C = 0$$

$$u_{最佳} = \sqrt{\frac{B}{C}}$$

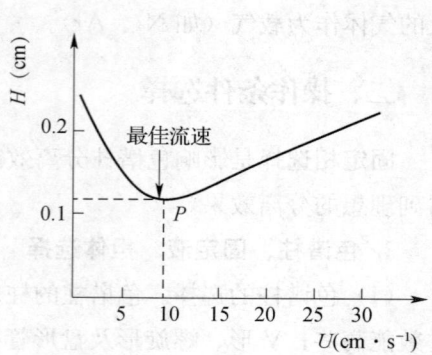

图 4—22 塔板高度与载气流速关系

代入速率方程得：

$$H_{最小} = A + \frac{B}{\sqrt{\frac{B}{C}}} + C \cdot \sqrt{\frac{B}{C}}$$

整理上式得

$$H_{最小} = A + 2\sqrt{BC} \qquad (4-5)$$

在实际工作中，为了缩短分析时间，流速往往高于 $u_{最佳}$。由速率方程可知，当 u 较小时，B 项是引起色谱峰扩张的主要因素，此时应采用分子量较大的载气（N_2、Ar），使组分在载气中有较小的扩散系数。当 u 较大时，C 项成为控制因素，此时宜用低分子量载气（H_2、He），使组分在载气中有较大的扩散系数，可减少气相传质阻力。对于填充柱，N_2 的最佳实用线速为 10～15 cm/s，H_2 为 15～20 cm/s。

4. 进样条件的选择

进样条件包括进样量、进样时间、汽化温度三方面。

(1) 进样量。在进行气相色谱分析时，进样量要适当。一般进样量比较少，液体试样一般进样 0.1~5 μL，气体试样 0.1~10 mL。

(2) 进样时间。进样时间都在 1 s 内，进样时要求操作稳当、连贯、迅速，进针位置及速度、针尖停留和拔出速度都会影响进样的重现性。一般进样相对误差为 2%~5%。

为保证好的分离结果，使分析结果有较好的重现性，在直接进样时要注意以下操作要点：

1) 使用微量注射器取样时，应先用丙酮或乙醚抽洗 5~6 次后，再用被测试液抽洗 5~6 次，然后缓缓抽取一定量试液（稍多于需要量），此时若有空气带入微量注射器内，应先排除气泡后，再排去过量的试液，并用滤纸或擦镜纸吸去针杆处所溢出的试液（千万勿吸去针头内的试液）。

2) 取样后就立即进样，进样时要求微量注射器垂直于进样口，左手扶着针头防弯曲，右手拿注射器（见图 4—23），迅速刺穿硅橡胶垫，平稳、敏捷地推进针筒（针头尖尽可能刺深一些，且深度一定，针头不能碰着汽化室内壁），用右手食指平稳、轻巧、迅速地将样品注入，完成后立即拔出。

(3) 汽化温度。汽化温度是对液体试样而言的，汽化温度应足以迅速汽化样品，又不至于引起样品的热解或重排。一般汽化温度比柱温高 30~70℃ 或比样品组分中最高的沸点高 30~50℃，以保证进入的液体样品瞬间汽化。

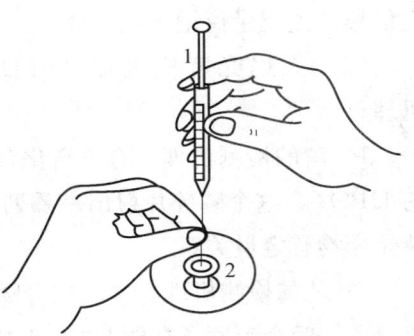

图 4—23　微量注射器进样
1—微量注射器　2—液体进样口

三、检测器

1. 火焰光度检测器（FPD）

火焰光度检测器是最近 30 年才发展起来的一种高选择性和高灵敏度的新型检测器，它对含硫、含磷化合物的检测灵敏度很高。目前主要用于环境污染检测和生物化学等领域中，它可检测含磷、含硫有机化合物（农药），以及气体硫化物，如甲基对硫磷、CH_3SH、CH_3SCH_3、SO_2、H_2S 等，稍加改变还可以测有机汞、有机卤化物、氯化物、硼烷以及一些金属螯合物等。

(1) 火焰光度检测器（FPD）的结构

火焰光度检测器由氢焰和光度部分构成。氢焰包括火焰喷嘴、遮光槽、点火器及用做氢焰检测器的收集电极等。光度部分包括石英窗、滤光片和光电倍增管，如图 4—24 所示。

含硫或磷的化合物由载气携带,先与空气(或纯氧)混合后由检测器下部进入喷嘴,在喷嘴周围有四个小孔,供给过量的燃气 H_2,点燃后产生光亮、稳定的富氢火焰。喷嘴上面的遮光槽可以将火焰本身及烃类物质发出的光遮住,这样可以使火焰更稳定,减少噪声。硫、磷燃烧产生的特征光通过石英窗口、滤光片(S 用 394 nm 滤光片,P 用 526 nm 滤光片),然后经光电倍增管转换为电信号,由记录仪记录色谱峰。

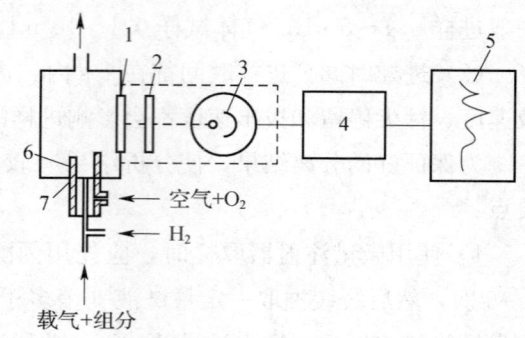

图 4—24 火焰光度检测器
1—石英窗 2—滤光片 3—光电倍增管
4—放大器 5—记录仪 6—遮风槽 7—喷嘴

(2)火焰光度检测器(FPD)的检测机理

1)磷的检测机理。有机磷化合物首先氧化生成磷的氧化物,然后被富氢中的 H 还原为 HPO*,这个磷碎片射出一系列特征波长的光,其中心波长为 526 nm,其强度与有机磷化合物有定量关系。

2)硫的检测机理。含硫化合物在富氢焰中燃烧,首先氧化为 SO_2,然后被 H 还原成硫原子,两个硫原子在约 390℃形成激发态的 S_2^* 分子,能发射 350~430 nm 特征分子光谱,最大强度波长为 384 nm,借助 384 nm 干涉滤光片,测量其发射光强度,可测得含硫化合物含量。

(3)操作条件

1)各种气体流速。火焰光度检测器使用的是富氢火焰,因此当载气(N_2)使用的是最佳流速时,氢气的流量要比较大。氢气流量大,火焰温度高,反之则火焰温度低。空气(或纯氧气)的流量的变化对信号响应影响很大,应通过实验选择一个最佳流量。

2)检测器温度。检测器温度应大于 100℃,防止氢气燃烧生成的水蒸气冷凝在检测器中而增大噪声。

3)暗电流。光电倍增管暗电流对检测器灵敏度影响很大,因而要求所用的光电倍增管暗电流要小。

2. 电子捕获检测器(ECD)

电子捕获检测器是一种选择性检测器,仅对具有电负性的物质(如含有卤素、硫、磷、氧的物质)有响应,电负性愈强,灵敏度愈高,能测出 10^{-14} g/mL 的强电负性物质。ECD 采用具有 β 射线的放射性物质,使载气中某些成分在具有极化电压的电极间离子化,当含有电负性较强的物质通过检测器时,它们就俘获一部分电子使两极间的电流减小。

ECD 的灵敏度与 FID（氢焰检测器）相当，但其动态范围有限，其最大的应用是在含卤化合物的分析。

（1）检测器的结构。电子捕获检测器的结构如图 4—25 所示。它的主体是电离室，目前广泛采用的是圆筒状同轴电极结构。阳极为外径约 2 mm 的铜管或不锈钢管，金属池体为阴极。离子室内壁装有 β 射线放射源，常用的放射源是 ^{63}Ni。在阴极和阳极间施加一直流或脉冲极化电压。载气用 N_2 或 Ar。

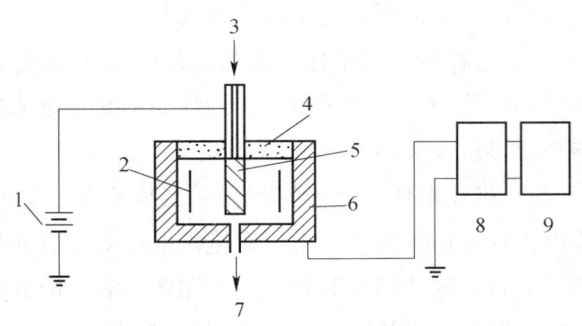

图 4—25　电子捕获检测器结构示意图
1—脉冲电源　2—放射源　3—载气入口　4—绝缘体
5—阳极　6—阴极　7—载气出口
8—微电流放大器　9—记录仪

（2）检测原理。当载气（N_2）从色谱柱出来进入检测器时，放射源放射出的 β 射线，使载气电离，产生正离子及低能量电子。

$$N_2 \xrightarrow{\beta \text{射线}} N_2^+ + e$$

这些带电粒子在外电场作用下向两电极定向流动，形成了约为 10^{-8} A 的离子流，即为检测器基流。

当电负性物质 AB 进入离子室时，因为 AB 有较强的电负性，可以捕获低能量电子，而形成负离子，并释放出能量。

$$AB + e \longrightarrow AB^- + E$$

反应式中，E 为反应释放的能量。生成的负离子 AB^- 质量比电子大 10^4 倍，其移动速度比电子慢 $10^5 \sim 10^8$ 倍，极易与载气的正离子 N_2^+ 复合（比电子与正离子 N_2^+ 的复合机率大 $10^5 \sim 10^8$），生成中性分子。

$$AB^- + N_2^+ \longrightarrow N_2 + AB$$

由于电子捕获和正负离子的复合，使电极间电子数和离子数目减少，致使基电流降低，产生了样品的检测信号。由于被测样品捕获电子后降低了基流，所以产生的电信号是负峰，负峰的大小与样品的浓度成正比。

（3）操作条件。该检测器为具有高灵敏度的选择性检测器，对操作条件的要求比较苛刻。

1）载气纯度及流速。电子捕获检测器要求使用高纯度载气（纯度达 99.99%），若载气中含微量 O_2 和 H_2O 等电负性物质，对检测器的灵敏度影响很大。因此一般都采用 5 A

分子筛除去 H_2O，用活性炭除去 O_2。电子捕获检测器在载气流速较大（一般 50～100 mL/min）时，有较高的基流，而要使柱分离效率高，则流速要低。因此，为了保证高的基流，常需要在色谱柱后通入补加气。

2）进样量。电子捕获检测器是依据基流减小获得检测信号，为了获得高分离度，进样量必须适当，通常希望产生的峰高不超过基流的30%。因此当样品浓度过大时，应适当稀释后再进样。

3）极化电压及电极间距离。当脉冲直流供电时，电子捕获检测器中正、负电极间距离以 4～10 mm 为宜。对于直流供电和脉冲直流供电，其极化电压为 5～60 V。当脉冲直流供电时，脉冲周期对基流大小和峰高响应影响很大，当脉冲周期增大时，基流减小，峰高响应增大；当脉冲周期减少时，基流增大，峰高响应减小，此时会扩大测量的线性范围。因此在测定中脉冲周期应仔细选择。

4）检测器的使用温度。检测器的使用温度受所用的放射源的最高使用温度限制，对常用的镍源使用温度应低于 400℃，但要高于柱温。

5）安全保障。^{63}Ni 是放射源，必须严格执行放射源使用、存放管理条例。拆卸、清洗应由专业人员进行。尾气必须排放到室外，严禁检测器超温。

四、定量方法——标准加入法

标准加入法实质上是一种特殊的内标法，是在选择不到合适的内标物时，以被测组分的纯物质为内标物，加入到待测样品中，然后在相同的色谱条件下，测定加入被测组分纯物质前后被测组分的峰面积（或峰高），从而计算被测组分或其他组分在样品中的含量的方法。

标准加入法具体步骤如下：首先将试样进行色谱分析，得样品的色谱图，如图 4—26 所示，测定其中被测组分 1 的峰面积 A_1（或峰高 h_1）；然后称取一定量试样，其质量为 m (g)，在该试样中准确加入定量被测组分纯物质 m_s (g)，在完全相同的色谱条件下，进样分析，得样品的色谱图，如图 4—27 所示，测定被测组分 1 的峰面积 A_1'（或峰高 h_1'）。此时被测组分的含量：

$$w = \frac{a \times m_s}{a' \times m} \times 100\% \tag{4—6}$$

式（4—6）中：$a = \dfrac{A_1 \times A_2'}{A_2}$ $a' = A_1' - a$

A_1——加追加物前的被测组分的峰面积；

A_1'——加追加物后的被测组分的峰面积；

A_2——加追加物前的另一组分峰面积；

A_2'——加追加物后的另一组分的峰面积；

m——称取样品质量，g；

m_s——加入的追加物的质量，g。

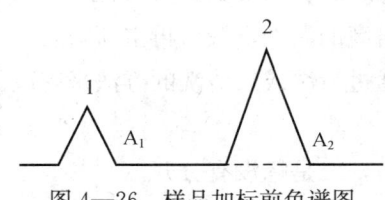

图 4—26　样品加标前色谱图

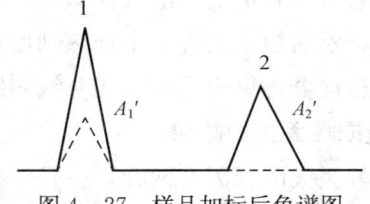

图 4—27　样品加标后色谱图

标准加入法的优点是不需要另外的标准物质作内标物，只需被测定组分的纯物质，操作简单。标准加入法的缺点是要求加入被测组分前后两次色谱测定的色谱条件完全相同，以保证两次测定时的校正因子完全相等，否则将引起分析测定的误差。

五、仪器常见故障及排除方法

气相色谱仪作为一种分析检测的仪器，在石油、化工、生物化学、医药卫生、食品工业、环保等领域有很广泛的应用。但由于仪器结构复杂、条件设置多、开机稳定时间长等原因，在使用过程中经常会出现各种异常情况。如果不及时针对这些故障进行排除和修理，一方面会造成使用中的困难，另一方面也会对色谱仪产生损坏。下面将对气相色谱仪的常见故障及故障的解决方法做一些列举。

1. 进样后不出色谱峰的故障

气相色谱仪在进样后检测信号没有变化，不出峰，输出仍为直线。遇到这种情况时，应按从样品进样针、仪器进样口到检测器的顺序逐一检查。

（1）首先检查注射器是否堵塞。

（2）再检查进样口和检测器的石墨垫圈是否紧固，有无漏气情况。

（3）然后检查色谱柱是否有断裂、漏气情况。

（4）最后观察检测器出口是否畅通。

2. 基线问题

气相色谱基线波动、飘移都是基线问题，基线问题可使测量误差增大，有时甚至会导致仪器无法正常使用。

（1）遇到基线问题时应先检查仪器条件是否有改变，近期是否新换气瓶及设备配件。

（2）如果有更换或条件有改变，则要先检查基线问题是不是由这些改变造成的，一般来说，这种变化往往是产生基线问题的原因。

（3）当排除了以上可能造成基线问题的原因后，则应检查进样垫是否老化，应养成定期更换进样垫的习惯。

（4）石英棉是否需要更换。

（5）衬管是否清洁。清洗衬管时可先用实验最后定容的溶剂充分浸泡，再用超声波清洗几分钟，然后放入高温炉中加热到比工作温度略高的温度，最后再重新安装。

（6）检测器污染也可能造成基线问题，可以通过清洗或热清洗的方法来解决。

3. 造成峰丢失的故障

造成峰丢失的原因有两种，一是气路中有污染，二是峰没有分开。

如果气路中有污染，可通过多次空运行和清洗气路（进样口、检测器等）来解决。

为了减少对气路的污染，可采用以下的措施：

（1）程序升温的最后阶段应有一个高温清洗过程。

（2）注入进样口的样品应当清洁。

（3）减少高沸点的油类物质的使用。

（4）使用尽量高的进样口温度、柱温和检测器温度。

如果峰没有分开，除了以上原因外，也可能是因系统污染造成的柱效下降造成的，或者是由于柱的固定液流失导致的，但柱的固定液流失所造成的峰丢失是渐进的、缓慢的。

假峰一般是由于系统污染和漏气造成的，其解决方法也是通过检查漏气和去除污染来解决。在平时的工作中应记录正常时基线的情况，以便在维护时做参考。

这里介绍的只是工作中三种常遇到的气相色谱故障和解除的方法。气相色谱仪的故障点比较多，因此进行设备维护时的关键在于对原因的正确分析。每检查一个部件，便要将前后的分析结果进行比较，做到不将问题扩大化，通过反复尝试，解决问题。

六、仪器联用

当采用一种分析技术不能解决复杂分析问题时，可将多种分析方法组合进行联用，其中特别是将一种分离技术和一种鉴定方法组合成联用技术，已愈来愈受到广泛的重视，下面重点介绍气相色谱－质谱联用技术。

色谱法是有机物的有效分离分析方法，特别适用于进行有机物的定量分析，但定性分析比较困难。红外光谱法和质谱法擅长定性分析，但对复杂的有机混合物分析则无能为力。如果把二者结合起来，则能发挥两种仪器各自的优点。因此，目前多数的质谱仪都与气相色谱相连，组成气相色谱－质谱联用（GC—MS）系统。

20世纪60年代就开始了气相色谱－质谱联用技术的研究，并出现了早期的气相色谱－质谱联用仪。GC－MS 主要由三部分组成：色谱部分、质谱部分和数据处理系统。色谱部分和一般的色谱仪基本相同，包括柱箱、汽化室和载气系统，也带有分流/不分流进样系统，程序升温系统、压力、流量自动控制系统等，一般不再有色谱检测器，而是利用质谱仪作为色谱的检测器。在色谱部分，混合样品在合适的色谱条件下被分离成单个组分，然后进入质谱仪进行鉴定。色谱仪是在常压下工作，而质谱仪是在高真空下工作，因此，必须有一个连接装置，将色谱流出的载气去掉，使压力降低，样品气进入离子源。这个连接装置称为分子分离器。目前一般使用喷射式分子分离器，样品气和载气（He）一起由色谱柱流出进入分子分离器。由于载气分子量小，扩散快，经过喷嘴后，很快扩散开并被抽走；样品气分子量大，扩散慢，依靠惯性进入质谱仪。这样，经过分子分离器后，压力由常压降到 10^{-2} Pa，载气被抽除，实现了载气和样品气的分离。如果色谱仪使用毛细管柱，由于毛细管柱流量很小，不必经过分子分离器而直接进入离子源。这样，混合物样品由色谱仪一个一个分开，由质谱仪一个一个鉴定，并且根据需要由数据系统进行数据处理，快速地得到各种信息。GC－MS 系统已成为有机物分析的重要工具。

第6节 液相色谱

一、操作条件选择

1. 柱及柱温选择

现代液相色谱（HPLC）柱按内径大小可大致分为常规分析柱、制备或半制备柱、小内径或微径柱、毛细管柱四种类型，后两者之间没有公认的界限。

（1）柱材料。最常用的柱材料为不锈钢管，为了获得高的柱效，必须进行内壁抛光，并用氯仿、甲醇、水依次清洗，再用 HNO_3 溶液（1+1）对柱内壁作钝化处理。此外，也有用厚壁玻璃管，但只能耐 4 MPa 以下压力。

（2）柱规格。95%以上的柱长度为 10~30 cm，柱子通常为直形，欲增加长度可将两根或多根柱子连接在一起。分析柱内径为 2~6 mm，固定相的粒度为 5 μm 或 10 μm。现在应用最多的分析柱是长 25 cm，内径为 4.6 mm，填料粒径 5 μm，柱效达 (4~6)×10^4 块/m 理论塔板数。

（3）柱连接方式。色谱柱管进、出口柱头装有不锈钢烧结材料的微孔过滤片，过滤片孔径小于填料粒径，使流动相能通过，而流动相中微小的机械杂质不能通过，以保护柱。

柱进、出口的连接管死体积越小越好，常用细内径（0.13 mm）、厚壁（1.5~2 mm）的不锈钢管连接，所用柱接头、连接柱螺帽、密封圈均为不锈钢材料，如图4—28所示。

(4) 柱内填充物—固定相

1) 吸附色谱，即液固色谱，是茨维特发明色谱法时首先采用的色谱方法。固定相可分为极性和非极性两大类。极性固定相主要为硅胶（酸性）、氧化铝、氧化锆、氧化镁、硅酸镁分子筛（碱性）等；非极性固定相为高强度多孔微粒活性炭、多孔石墨化炭黑（如TDX）及高交联度的苯乙烯—二乙烯基苯的共聚多孔微球等。液固色谱一般较少考虑吸附剂的类型，只有改变溶剂组成无法满足分离选择性要求时，才选用其他吸附剂。目前使用最为广泛的是全多孔球形或无定形的硅胶微粒固定相，它适用于大多数试样，可对样品实现高效、快速分离，且对样品的负载量可达 mg/g。硅胶一般可以耐受酸性介质的侵蚀，但不耐碱，适用流动相 pH=1~8。

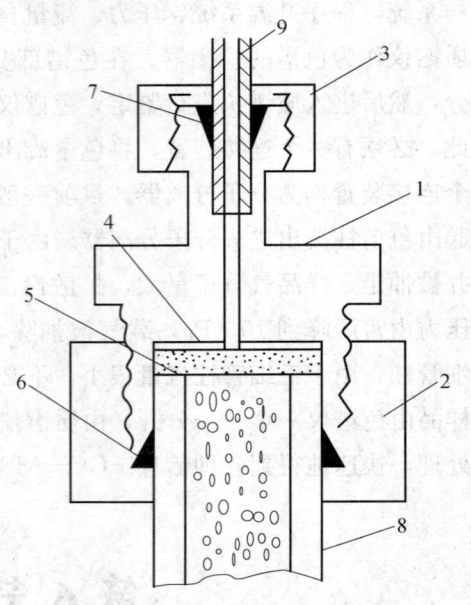

图4—28 色谱柱接头
1—柱接头 2—连接柱螺帽 3—连接管螺帽
4—孔径 0.45 μm 的纤维素滤膜 5—多孔
不锈钢烧结片 6、7—密封圈
8—色谱柱管 9—连接管

吸附色谱适用于相对分子质量小于5 000，溶于非极性溶剂，而较难溶于水溶性溶剂的非极性化合物。然而，吸附色谱和分配色谱适用领域有部分重叠，且互相补充。液固色谱能按官能团分离不同类型化合物，对化合物类型、异构体，包括顺反异构体具有高分离选择性，而对同系物分离选择性很低，这是由于烷基链对吸附能影响很小。

2) 分配色谱，是研究最多、应用最广泛的高效液相色谱类型，分为液液分配色谱和化学键合相色谱。目前化学键合固定相色谱已成为占绝对优势的分配色谱类型，它是以多孔或薄壳型硅胶为基体，将固定液经化学反应与硅胶表面的硅羟基反应，形成单分子层的键合相，键合的官能团可以有烷基、苯基、醚基、酚基、二醇基、芳硝基、腈基、胺基类等不同极性的固定相，它们的类型及应用范围见表4—5。

改变非极性键合相烃基链长和键合量，链长增加导致溶质保留值升高，但长链之间 k 和 α 差别较小，相同表面覆盖率的 C_{18} 柱保留值略大于 C_8 柱，因此十八烷基键合硅胶（ODS或 C_{18}）应用最广。硅胶键合固定相热和化学稳定性好、耐溶剂、不吸水，可在 pH=2~8 水溶液流动相中长期工作。

表 4—5　　　　　　　　　化学键合固定相的类型及应用范围

类型	键合官能团	极性	色谱分离方式	应用范围
烷基 —C_8、—C_{18}	—$(CH_2)_7$—CH_3	非极性	反相、离子对	中等极性化合物，溶于水的高极性化合物，如小肽、蛋白质、甾族化合物、核碱、核苷、核苷酸、极性合成药物等
苯基—C_6H_5	—$(CH_2)_3$—C_6H_5	非极性	反相、离子对	非极性和中等极性化合物，如脂肪酸、甘油酸、多核芳烃、酯类、脂溶性维生素、甾族化合物、PTH 衍生化氨基酸
醚基 —CH—CH_2 | | O	—$(CH_2)_3$—O—CH_2—CH—CH_2 | | O	弱极性	反相或正相	由于醚基有斥电子基团，适用于分离酚类、芳硝基化合物，它的保留行为比 C_{18} 强
酚基 —C_6H_5OH	—$(CH_2)_3$—C_6H_5OH	弱极性	反相	中等极性化合物，保留特性相似于 C_8 固定相，对多环芳烃、极性芳香族化合物、脂肪酸等具有不同选择性
二醇基 —CH—CH_2 | | OH OH	—$(CH_2)_3$—O—CH_2—CH—CH_2 | | OH OH	弱极性	正相或反相	其比未改性的硅胶的极性更弱，易用水润湿，适合分离有机酸等，还可作为分离肽、蛋白质的凝胶过滤色谱固定相
芳硝基 —C_6H_5—NO_2	—$(CH_2)_3$—C_6H_5—NO_2	弱极性	正相或反相	适用于分离含有双键的化合物，如芳香族化合物、多环芳烃等化合物
腈基 —CN	—$(CH_2)_3$—CN	极性	正相（反相）	正相法与硅胶吸附剂相似，为氢键接受体，适于分析极性物质，溶质保留值低于硅胶柱；反相法可提供与 C_8、C_{18}、苯基柱不同的选择性
胺基 —NH_2	—$(CH_2)_3$—NH_2	极性	正相（反相）、阴离子交换	正相法适用于极性化合物分离，如芳胺取代物、脂类、甾族化合物、氯代农药；反相法适用于糖类等碳水化合物；阴离子交换法适用于分离酚、有机羧酸、核苷酸等化合物
乙二胺基 —NH(CH_2)$_2$$NH_2$	—$(CH_2)_3$—NH—$(CH_2)_2$—NH_2	极性	正相、阴离子交换	正相法相似于胺基柱的分离性能；阴离子交换法可分离有机碱
二甲胺基 —N(CH_3)$_2$	—$(CH_2)_3$—N$(CH_3)_2$	极性	正相、阴离子交换	正相法相似于胺基柱的分离性能；阴离子交换法可分离弱有机碱

改变色谱固定相或色谱柱通常不如改变流动相溶剂类型和组成有效，只有在改变流动相不成功时，才尝试改变柱类型提高分离选择性以实现需要的分离。

3) 离子交换色谱。现在广泛应用的离子交换固定相主要有三类。

①苯乙烯和二乙烯基苯交联聚合物离子交换树脂。在20世纪30年代已有生产，用于水的软化、去离子和溶液纯化。阳离子交换树脂最普通的活性点是强酸型磺酸基（—$SO_3^-H^+$）、弱酸型羧酸基（—COO^-H^+）。阴离子交换树脂含季胺基 [—$N(CH_3)_3^+OH^-$] 或伯胺基（—$NH_3^+OH^-$），前者是强碱，后者是弱碱。聚合物离子交换树脂有适用pH范围广（0～14）、使用寿命长的优点，但不是满意的固定相，因为聚合物基质微孔中传质速度慢，导致柱效低及基质可被溶胀、压缩。为了改善其效能，通常需要在较高的温度（60～80℃）下使用。

②表面薄壳型无机—有机复合型交换剂。在无孔玻璃珠或聚合物内核表面涂覆薄层聚合物离子交换树脂或微粒硅胶，具有较大粒径（10～40 μm）。柱效及载样量小，但机械强度高。

③硅胶化学键合相离子交换剂。粒径（5～10）μm，通过键合化学反应引入离子交换基团，具有机械强度高、柱效高、载样量大的优点，但适用pH范围窄（2～8）。pH＞9时，硅胶容易溶解。

4) 空间排阻色谱。空间排阻色谱的固定相是具有一定孔径范围的多孔性凝胶（粒径通常为5～10 μm）。所谓凝胶是含有大量液体（通常是水）的柔软而富有弹性的物质，是一种经过交联而具有立体网状结构的多聚体。它能分离相对分子质量100～8×10^5的任何类型化合物，主要用于分离合成和天然高分子产物，例如从氨基酸和多肽中分离蛋白质。它不适用于分子体积相似的异构体分离。

空间排阻色谱法使用的固定相，按原料来源可分为有机、无机凝胶；按制备方法可分为均匀、半均匀、非均匀凝胶；按机械强度可分为软质、半硬质和硬质凝胶；按对溶剂适用范围可分为亲水性、亲油性和两性凝胶。

硬质凝胶是现代空间排阻色谱中主要使用的固定相，有大于40％高交联度的苯乙烯—二乙烯基苯共聚微球、多孔球形硅胶和羟基化聚醚多孔微球。高交联度苯乙烯—二乙烯基苯的共聚物类凝胶主要用于各种聚合物的凝胶渗透色谱；表面经疏水性基团改性的多孔硅胶类凝胶可用于蛋白质、核酸、多糖类的凝胶过滤色谱，也可用于凝胶渗透色谱；羟基化聚醚类凝胶主要用于聚乙二醇类的线性聚合物和球蛋白的凝胶过滤色谱。

常用的凝胶固定相见表4—6。

柱的选择也就是固定相的选择，可根据选用的液相色谱的分离方式和分析测试的样品及固定相适用的范围，通过实验选择适合的分离柱。

2. 流动相的选择

依据分离原理的不同，高效液相色谱法可分为吸附色谱法、分配色谱法、离子色谱法和空间排阻色谱法等类型。表4—7列出了它们的分离原理的比较。

表4—6　　　　　　　　　　常用凝胶固定相

凝胶名称	牌号	产地	性状
交联葡聚糖	交联葡聚糖凝胶	中国，上海东风生化制品厂	均匀、软质、亲水性、有机凝胶
	Sephadex	瑞典，Pharmacia	
羟丙基化交联葡聚糖	交联葡聚糖凝胶 LH—20	中国，上海东风生化制品厂	均匀、软质、两性、有机凝胶
	Sephadex LH—20	瑞典，Pharmacia	
交联聚丙烯酰胺	Bio—Gel P	美国，Bio—Rad	均匀、软质、亲水性、有机凝胶
琼脂糖凝胶	珠状琼脂糖	中国，上海东风生化制品厂	均匀、软质、亲水性、有机凝胶
	Sepharose	瑞典，Pharmacia	
	Bio—Gel A	美国，Bio—Rad	
交联聚乙酸乙烯酯	Merckogel—OR	西德，E. Merck	均匀、半均匀、软质、半硬质、亲油性有机凝胶
交联聚苯乙烯	NGX	中国，天津化学试剂二厂	均匀、半均匀、非均匀、软质、半硬质、亲油性、有机凝胶
	JD	中国，吉林大学化工厂	非均匀、半硬质、亲油性、有机凝胶
	μ—Styragel	美国，Waters	半均匀、非均匀、半硬质、亲油性、有机凝胶
	Paragel	美国，Waters	均匀、软质、亲油性、有机凝胶
	Bi—Beads	美国，Bio—Rad	
多孔硅胶	NDG	中国，天津化学试剂二厂	非均匀、硬质、亲油性、亲水性、无机凝胶
	Porasil	美国，Waters	
	Spherosil	法国，Pechiney—St. Gobain	
多孔玻璃	CPG	美国，Electro—Nucleoni	非均匀、硬质、亲油性、无机凝胶
	Bio—Glass	美国，Bio—Rad	

表 4—7　　　　　　　　各种液相色谱法的分离原理比较

方法\项目	固定相	流动相	分离原理	平衡常数
吸附色谱法	全多孔固体吸附剂	不同极性有机溶剂	吸附⇌解吸	吸附系数 K_A
分配色谱法	固定液载带在担体上	不同极性有机溶剂和水	溶解⇌挥发	分配系数 K_P
离子色谱法	高效微粒离子交换树脂	不同 pH 值的缓冲溶液	可逆性的离子交换	选择性系数 K_S
空间排阻色谱法	具有不同孔径的多孔性凝胶	有机溶剂或一定 pH 值的缓冲溶液	多孔凝胶的渗透或过滤	分布系数 K_D

液相色谱流动相通常是各种低沸点溶剂和水溶液。与气相色谱相比较，液相色谱流动相不仅可选择范围比较大，而且它是影响分离的一个非常重要的可调节因素。在实际工作中，流动相的选择和优化是确定 HPLC 分析条件的主要工作。

（1）流动相选择的一般方法

1）流动相的一般要求。选择流动相，首先要考虑溶剂的理化性质，应满足以下要求：

①对样品有一定的溶解度，否则，在柱头易产生部分沉淀。

②溶剂应与检测器匹配，不影响检测器正常工作。如对 UV 检测器，不能用对紫外线有吸收的溶剂。

③化学惰性好。溶剂要有一定的化学稳定性，不与固定相和样品组分起反应。例如分配色谱中流动相不能与固定相互溶，否则会造成固定相流失；吸附色谱中，硅胶吸附剂不能用碱性溶剂（如胺类）；氧化铝吸附剂不能用酸性溶剂。

④低黏度。黏度太大会降低样品组分的扩散系数，造成传质减慢，柱效下降，同时也会引起柱压升高。

⑤纯度高。一般宜采用专门的色谱纯试剂。如果纯度低，会引起检测器噪声增加，基线出现较多杂质小峰，干扰定性和定量。

⑥使用安全、毒性低，对环境友好。

2）流动相对分离度的影响。分离度的影响因素可用以下色谱分离基本方程式加以说明：

$$R = \frac{\sqrt{n}}{4} \left[\frac{\alpha - 1}{\alpha} \right] \left[\frac{k}{k+1} \right]$$

式中　R——分离度；

　　　n——理论塔板数；

　　　α——选择性因子；

k——容量因子。

其中 $\frac{\sqrt{n}}{4}$ 为柱效项,影响色谱峰的宽度,主要由色谱柱的性能所决定;$\frac{\alpha-1}{\alpha}$ 为柱选择性项,影响色谱峰间的距离;$\frac{k}{k+1}$ 为容量因子项,影响组分的保留时间。

一般样品组分的 k 在 1~10 范围内,以 2~5 最佳。对复杂混合物,k 值可扩展至 0.5~20。k 值过大,不但分析时间延长,而且使峰形平坦,影响分离度和检测灵敏度。

提高分离度有效的途径是在高效色谱柱上,通过改变 α 和 k 值来改善 R 值。流动相的种类和配比、pH 值及添加剂均影响溶质的 k 和 α 值。不同种类的溶剂,分子间的作用力不同,有可能使被分离的两个组分的分配系数不等,即 $\alpha \neq 1$。改变流动相中各种溶剂的配比,能改变其洗脱能力,组分的 k 也改变。增加流动相中强溶剂的比例,其洗脱能力增强,使 k 变小。

3)液相色谱流动相溶剂的选择步骤

①选择具有合适物理性质的溶剂,如沸点、黏度、紫外截止波长等。

②选择合适洗脱强度的溶剂:简单样品,$2 \leqslant k \leqslant 5$;复杂样品,$0.5 \leqslant k \leqslant 20$。

③改变溶剂的选择性,使被分离组分具有较高的 α 值。

(2)吸附色谱流动相。在吸附色谱法中常采用溶剂强度参数 ε° 来表示流动相溶剂强度,即其洗脱能力。溶剂强度参数 ε° 定义为溶剂分子在单位吸附剂表面积上的吸附自由能,表征溶剂分子对吸附剂的亲和力大小。它是由 Snyder 提出的,规定为戊烷在氧化铝吸附剂上的 ε°(Al_2O_3)=0。表 4—8 中的 ε° 是在氧化铝吸附剂上测定的,在硅胶吸附剂上的 ε° 约为在氧化铝上的 0.77 倍。

表 4—8 常用溶剂的极性参数 p' 和溶剂强度参数 ε°

溶剂	紫外透过波长下限	p'	选择性分组	ε°	溶剂	紫外透过波长下限	p'	选择性分组	ε°
正戊烷	195	0.0		0	四氢呋喃	212	4.0	Ⅲ	0.57
正己烷	190	0.1		0.01	二氧六环	215	4.8		0.56
环己烷	200	−0.2		0.04	吡啶	305	5.3		0.71
1—氯丁烷		1.0	Ⅵ		氯仿	245	4.1	Ⅷ	0.40
四氯化碳	265	1.6		0.18	乙醇	210	4.3	Ⅱ	0.88
甲苯		2.4	Ⅶ		乙酰乙酯		4.4	Ⅵ	
苯		2.7	Ⅶ		甲乙酮		4.7	Ⅵ	
异丙醚		2.4	Ⅰ		丙酮	330	5.1	Ⅳ	0.50

续表

溶剂	紫外透过波长下限	p'	选择性分组	$\varepsilon°$	溶剂	紫外透过波长下限	p'	选择性分组	$\varepsilon°$
乙醚	218	2.8	I	0.38	甲醇	205	5.1	II	0.95
二氯甲烷	233	3.1	V	0.42	乙腈	190	5.8	VI	0.65
异丙醇		3.9	II		乙酸		6.0	IV	
正丙醇	205	4.0	II	0.82	甲酰胺		9.6	IV	
正丁醇	210	3.9		0.7	水		10.2	VIII	

$\varepsilon°$ 数值越大，表明溶剂的亲和能力越强，对溶质的洗脱能力越强，亦即越容易将被吸附在固定相上的溶质洗脱下来。根据各种溶剂 $\varepsilon°$ 数值大小可判别其洗脱能力的差别，从而可得出流动相溶剂的洗脱顺序。如果选用的初始溶剂太强，使样品组分 k 值过小，则可由表中选 $\varepsilon°$ 值较小的溶剂来替代；反之，若样品组分 k 值太大，则选 $\varepsilon°$ 值大的溶剂。

要注意的是当使用二元混合溶剂时，混合溶剂的 $\varepsilon°$ 值与强溶剂的体积百分比不成线性变化，而是百分比越大，$\varepsilon°$ 值增加越缓慢。另外，由于非极性与极性溶剂不能以任意比例混合，而发生分层现象时，则需要加入分别能与这两种溶剂混溶的具有中等极性的第三种溶剂，构成三元混合溶剂系统，且可使用梯度洗脱操作。因此在液固色谱中，若使用硅胶、氧化铝等极性固定相时，应采用正己烷等非极性溶剂作流动相主体，再加入适当的卤代烃、醇等弱极性溶剂作改性剂来调节流动相的洗脱强度。若使用苯乙烯—二乙烯基苯共聚微球等非极性固定相，应采用水、醇、乙腈等极性溶剂为流动相。

使用混合溶剂的优点是能获得最佳的分离选择性和可使流动相保持低的黏度。尤其是使用具有氢键效应的溶剂，如丙胺、三乙胺、甲醇等作改性剂时，可显著改善色谱分离的选择性。

因吸附色谱分离机制和薄层色谱相同，可用薄层色谱作先导实验来确定液固色谱的最优分离条件，这是一个简便、快速的优化途径。

吸附剂含水量是控制吸附剂活性，影响溶质保留的重要因素。在硅胶或流动相中加入一定量的水，利用物理吸附水可降低吸附剂活性，这样可抑制色谱峰拖尾，提高柱效。但流动相中水的饱和度应小于25%，若含水量太高，大量水吸附在硅胶上会使液固色谱转变为液液色谱过程，影响分离效果。

（3）分配色谱流动相。液液分配色谱中样品组分的 k 值主要受溶剂极性的影响。在保持溶剂极性不变的条件下，可通过采用具有不同选择性的流动相种类改变 α 值达到最佳分离。

溶剂极性的表述方法很多，最常用的是溶剂的极性参数 P'，它表示每种溶剂与乙醇、二氧六环和硝基甲烷三种极性物质相互作用力的度量，类似于气相色谱固定液的 Rohr-schneider 常数；反映溶剂接受质子、给出质子和偶极相互作用能力及选择性差异，也作为表征溶剂洗脱强度的指标。正相色谱中，溶剂 P' 值越大，其洗脱能力越大，溶质保留值越小；反相色谱中，溶剂 P' 值越大，洗脱能力越小，溶质保留值越大。

混合溶剂的极性参数可由下式计算：

$$P'_{AB} = \varphi_A P'_A + \varphi_B P'_B$$

式中 φ_A、φ_B——分别为混合溶剂中 A、B 的体积分数；

P'_A、P'_B——分别为纯溶剂 A、B 的极性参数。

溶剂的选择性按 Snyder 定义为一个溶剂系统分离没有明显极性差异的两种化合物的能力，α 值通常作为溶剂选择性的定量尺度。Snyder 将 81 种溶剂按具有相似选择性原则分为 8 组，同一组溶剂在分离中具有相似的选择性，不同组别的溶剂，其选择性差别较大。采用不同组别的溶剂，可显著改变溶剂的选择性。一些溶剂的 P' 值和选择性分组见表 4—8，其中水的极性最大。

调节溶剂极性可使样品组分的 k 值在适宜范围。对正相色谱，二元溶剂的极性参数和组分 k 值有如下关系：

$$\frac{k_2}{k_1} = 10^{(P'_1 - P'_2)/2}$$

对反相色谱则：

$$\frac{k_2}{k_1} = 10^{(P'_2 - P'_1)/2}$$

式中 P'_1、P'_2——分别为初始和调整后二元溶剂极性参数；

k_1、k_2——分别为组分相应的容量因子。

例 在一反相色谱柱上，当流动相为 30% 甲醇和 70% 水（体积比）时，某组分的保留时间为 25.6 min，死时间为 0.35 min。如何调整溶剂配比使组分容量因子为 5？

解： 初始值 $k_1 = \dfrac{25.6 - 0.35}{0.35} = 72.1$

$P'_1 = 0.30 \times 5.1 + 0.70 \times 10.2 = 8.7$

则：$\dfrac{5}{72.1} 10^{(P'_2 - 8.7)/2}$；

$P'_2 = 6.38$

$6.38 = \varphi \times 5.1 + (1 + \varphi) \times 10.2$

解得：$\varphi = 0.75$

即调整溶剂比例为 75% 甲醇和 25% 水（体积比）时，组分容量因子为 5。

对于正相液—液分配色谱，固定相是极性的，因此增加溶剂的 P' 值，可增加洗脱能力，使组分 k 值下降。选择合适 P' 值的溶剂，使样品 k 值在 1~10 范围内。通常主体用饱和烷烃如正己烷、正庚烷，加入极性改性剂，如异丙醚、二氯甲烷、三氯甲烷、四氢呋喃、甲醇、乙腈等，调节极性溶剂的比例达到理想的 k 值。若分离选择性不好，则改用其他组别的溶剂来改善选择性，若二元溶剂不行，可考虑采用三元或四元溶剂体系。

对于反相液液分配色谱，固定相是非极性的，因此增加溶剂的极性，不仅增加洗脱能力，而且使组分 k 值增加。通常主体以水和甲醇或乙腈组成二元溶剂，可满足多数分离要求。有时也可加入适当的酸碱来控制流动相的 pH 值（即离子抑制法），以防止出现不对称峰。优化反相液液分配色谱流动相类型和组成，通常首先试用高含量有机溶剂（≥80%）或纯有机溶剂，以确保试样中所有组分在较短时间被洗出；然后逐步增加水含量或改换有机溶剂类型，调节 k 值和提高 α 值。在优化溶剂组成时，除甲醇、乙腈、四氢呋喃外，有时也使用二氧六环、丙醇、二甲亚砜、2—甲氧乙醇等。

（4）离子色谱法。离子色谱法应用的流动相是含离子水溶液，常是缓冲溶液，有时加入适量的有机溶剂如甲醇、乙腈等，以增加某些组分的溶解度。溶剂强度和选择性决定于加入流动相成分类型和浓度，与盐的类型、浓度、pH 值以及加入的有机溶剂的种类和浓度有关。

1）盐的类型。由于流动相离子与离子交换树脂相互作用力的不同，盐的类型对样品组分的保留值有显著的影响。在阴离子交换中，各种阴离子的滞留次序为柠檬酸根离子＞SO_4^{2-}＞草酸根离子＞I^-＞NO_3^-＞CrO_4^{2-}＞Br^-＞SCN^-＞Cl^-＞$HCOO^-$＞CH_3COO^-＞OH^-＞F^-，即离子交换树脂与柠檬酸根离子结合很强，而与氟离子结合很弱，所以样品组分用柠檬酸根离子洗脱要比用氟离子洗脱快得多；而在阳离子交换中，阳离子的滞留次序为 Ba^{2+}＞Pb^{2+}＞Ca^{2+}＞Ni^{2+}＞Cd^{2+}＞Co^{2+}＞Zn^{2+}＞Mg^{2+}＞Ag^+＞Cs^+＞Rb^+＞K^+＞NH_4^+＞Na^+＞H^+＞Li^+，但差别较小，因此样品组分随不同阳离子洗脱而引起的变化较小。

2）流动相的离子强度。增加流动相中盐的浓度，即增加其离子强度会增加溶剂强度，降低组分的保留值和 k 值。当流动相的浓度提高时，所有被测离子的保留时间均缩短。当被测离子的电荷数相同，则其选择性（被测物洗脱顺序）不变；当被测离子的电荷数不相同，则选择性有明显的改变。例如，当流动相浓度增加一倍时，则一价离子的保留时间缩短得多，而三价离子的保留时间缩短得少，从而使分离度明显得到改善。

3）流动相的 pH 值。组分保留值也可以通过改变流动相的 pH 值加以控制。阴离子交换中，流动相的 pH 值增大，使样品保留值增大；而在阳离子交换中，保留值随 pH 值的增大而减小。pH 值在分离中所起的主要作用是影响样品组分的电离情况和改变离子交换基上可离解的阴离子或阳离子的数目。流动相的pH值变化也能改变分离的选择性,但其变化较难预测。

当流动相的pH值变化时,将影响多价离子的离子价态,从而影响多价的洗脱顺序。如流动相的pH值大于11时洗脱顺序为NO_2^-、NO_3^-、SO_4^{2-}、PO_4^{3-};当流动相的pH值降低至6时,磷酸则以$H_2PO_4^-$形式存在,洗脱顺序为NO_2^-、$H_2PO_4^-$、NO_3^-、SO_4^{2-}。

4) 有机溶剂。为了缩短疏水性离子的保留时间和改善峰形的不对称,往往在流动相中加入改进剂,一般为非离子型物质,如甲醇、乙腈、对氰酚等,改进剂主要影响疏水离子对离子交换剂的亲和能力、弱酸、弱碱溶质的离子化程度及功能基的离子化程度,但不影响离子交换。一般情况下,样品的保留值随所加入的有机溶剂的增加而减小。

单柱离子色谱法用一根分离柱,因此,流动相直接从分离柱流到检测器,所以采用低浓度、低电导的有机弱酸或有机弱碱作为流动相,常用的有苯甲酸钠、邻苯二甲酸盐、葡萄糖酸钾等。

双柱离子色谱法是在分离柱和电导检测器之间加一抑制柱,抑制柱中填充的离子交换树脂所带的电荷与分离柱相反。它可以除去流动相中的离子,达到降低流动相本身的电导,提高被测离子的检测灵敏度。缺点是抑制柱必须再生,且使色谱峰变宽分离效率下降。用于双柱离子色谱法的流动相必须具备两个条件:一是能从分离柱树脂上置换被测离子,即淋洗离子和被测离子对分离柱树脂的亲和力相近或稍大;二是能发生抑制柱反应,反应的产物应为电导很低的弱电解质或水。常见阴离子流动相见表4—9,常见阳离子流动相见表4—10。

表4—9 常见阴离子流动相

流动相	淋洗离子	淋洗离子强度	抑制产物
$Na_2B_4O_7$	$B_4O_7^{2-}$	非常弱	H_3BO_3
NaOH	OH^-	弱	H_2O
$NaHCO_3$	HCO_3^-	弱	CO_2+H_2O
$NaHCO_3/Na_2CO_3$	HCO_3^-/CO_3^{2-}	中	CO_2+H_2O
Na_2CO_3	CO_3^{2-}	强	CO_2+H_2O

(5) 空间排阻色谱法。它依据凝胶的孔径分布与样品分子量大小分布相互匹配来实现样品中不同组分的分离,因此与流动相之间的相互作用无关,不采用改变流动相组成的方法来改善分离度。所以,流动相的选择主要考虑以下几点:

1) 流动相应对样品有较好的溶解能力,黏度低。
2) 流动相应与固定相相匹配,减少样品和固定相之间的相互作用(除排阻色谱保留作用之外),如固定相吸附作用、离子交换作用等。可采用控制流动相的 pH 值和离子强度来解决。

表 4—10　　　　　　　　　常见阳离子流动相

流动相	色谱柱固定相	淋洗离子
HCl 加入 2、2—二氨基丙酸	磺酸性离子交换树脂	Ca^{2+}、Mg^{2+}、Ba^{2+}、Sr^{2+}
H_2SO_4 或甲基磺酸	羧酸功能基阳离子交换树脂如 IonPac CS12	Na^+、K^+、Li^+、NH_4^+、Ca^{2+}、Mg^{2+}、Ba^{2+}、Sr^{2+}
$H_2C_2O_4$(同时作配位剂)	具有阴、阳离子交换功能基的交换树脂	Pb^{2+}、Cu^{2+}、Cd^{2+}、Co^{2+}、Zn^{2+}、Ni^{2+}

3)流动相与检测器相匹配,无腐蚀作用。

凝胶过滤色谱使用的是亲水性填料,流动相是采用以水作基体具有不同 pH 值的各种缓冲溶液,为了消除吸附作用及基体的疏水作用,可加入少量的无机盐,如 NaCl 等。当需要洗脱蛋白质时,可向流动相中加入 6 mol/L 的盐酸胍等。特别注意的是当用硅胶键合固定相时,要防止破坏键合固定相,流动相的 pH 值应控制在 4~8。

凝胶渗透色谱采用的是疏水性填料,流动相采用非极性溶剂,最常用的是四氢呋喃,其次是 N,N—二甲基甲酰胺、卤代烃等,见表 4—11。

表 4—11　　　　　　　　　凝胶渗透色谱常用的流动相

溶剂名称	物理性质				使用温度/℃	可分析测定样品范围
	沸点/℃	动力黏度/(mPa·s)	折射率	无紫外吸收下限/nm		
四氢呋喃	66	0.55	1.407 0	220	室温~45	聚苯乙烯,聚氯乙烯,聚异戊二烯,聚丁二烯,聚乙酸乙烯酯,聚氨酯,聚甲基丙烯酸酯,聚碳酸酯,ABS、AS、BS 树脂,苯氧基树脂,环氧树脂
N,N—二甲基甲酰胺(5 mol/L LiBr)	153	0.90	1.428 0	295	室温~85	聚苯乙烯,聚氯乙烯,聚氟乙烯,聚氨酯,聚酯,聚亚胺酸酯,脲醛树脂,聚丙烯腈,聚苯并咪唑,多酚水溶液
邻二氯苯	180	1.26	1.551 5	294	室温~100	聚乙烯,聚丙烯
1,2,3—三氯苯	213	1.89 (25℃)	1.571 7	307	130~160	聚乙烯,聚丙烯

续表

溶剂名称	物理性质				使用温度/℃	可分析测定样品范围
	沸点/℃	动力黏度/(mPa·s)	折射率	无紫外吸收下限/nm		
氯仿	61.7	0.58	1.446 0	245	室温	丙烯酸树脂，环氧树脂，聚羧酸树脂，聚苯乙烯，硅聚酯，纤维素，N-乙烯吡咯烷酮聚合物
甲苯	110.8	0.59	1.496 9	285	室温～70	聚丁二烯，聚硅酮，橡胶
间甲酚（氯仿）	102.8	20.8	1.544 0	302	30～135	尼龙，聚酯，聚对苯二甲酸乙酯，聚亚胺酯，聚酰胺
六氟异丙醇	58.2	1.02	1.275 2	190	室温～40	聚酯，聚酰胺
三氟乙醇	73.6	1.20	1.291 0	190	室温～40	聚酰胺
邻氯代苯酚	175.6	4.11	1.547 3 (40℃)		室温～100	尼龙，聚酯
二氧六环	101.3	1.44	1.422 1	215	室温～60	环氧树脂

上面所介绍的流动相的选择、改性的一般规律或方法，以及一些具体的实例供参考，对特定的样品和固定相来说，流动相还应通过实验来选择。

3. 检测器的选择

检测器是高效液相色谱仪的关键部件之一，它检测经色谱柱分离后组分浓度的变化，将浓度信号转变为电信号，并由记录装置绘制出色谱图来进行定性、定量分析。

一个理想的液相色谱检测器应具备以下条件：高的灵敏度和宽的线性范围；对所有的溶质应有快速响应，而对流动相的流量和温度变化不敏感；不引起柱外谱带的扩展（无死体积）；应用范围广。目前还没有一种检测器全部具备上述条件。目前常用的检测器有紫外检测器、示差折射率检测器（见图4—29）、电导检测器（见图4—30）、荧光检测器（见图4—31）、蒸发激光散射检测器（见图4—32）等。

紫外检测器属于选择型、浓度型和非破坏型检测器，是液相色谱中使用最广泛的一种检测器，它的灵敏度高，最小检测量可达ng级，适用于吸收紫外-可见光的物质，对流动相基本无响应，受操作条件变化和外界影响很小，对流速和温度不太敏感，适用于梯度洗脱，可用于制备色谱，也能与其他检测器串联使用。光极管阵列式紫外检测器可绘制出具有三维空间的立体色谱图，用于定性、定量测定，全部检测过程由计算机控制完成。紫外检测器的缺点是不适用于对紫外-可见光无吸收的样品，流动相选择有限制（流动相的截止波长必须小于检测波长）。

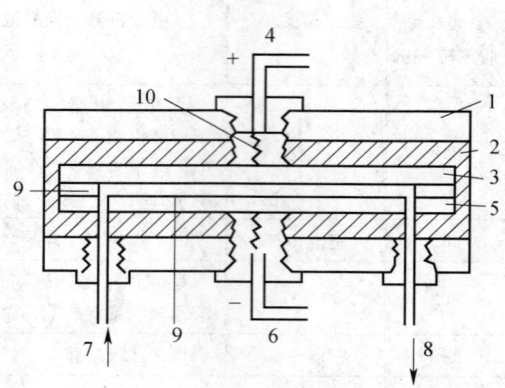

图 4—29 示差折射率检测器

1—不锈钢压板 2—聚四氟乙烯绝缘层 3—玻璃碳正极
4—正极导线接头 5—玻璃碳负极 6—负极导线接头
7—流动相入口 8—流动相出口 9—条形孔槽
（可通过流动相的 0.5 mm 厚聚四氟乙烯薄膜）
10—弹簧

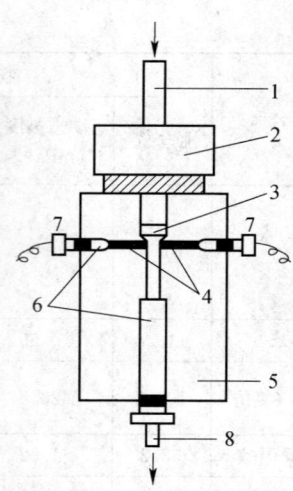

图 4—30 固定式电导检测器

1—溶液入口 2—连接螺母
3、6—密封 4—铂电极
5—有机玻璃 7—电极导线
8—溶液出口

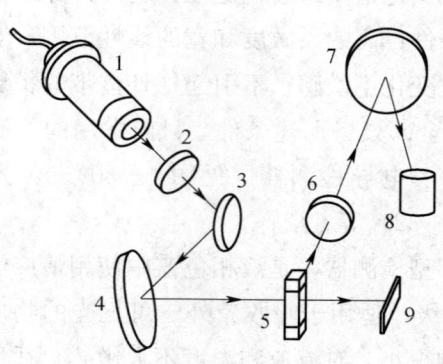

图 4—31 HP1100 型荧光检测器光路

1—氙灯 2,6—透镜 3—反射镜
4—激发单色器 5—样品流通池
7—发射单色器 8—光电倍增管
9—光二极管（紫外检测）

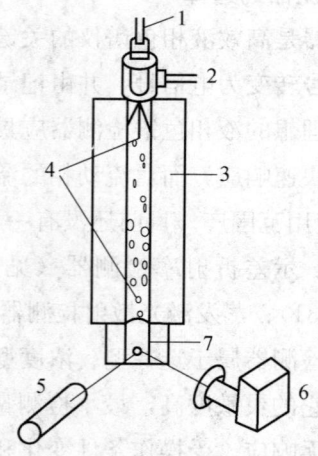

图 4—32 蒸发激光散射检测器

1—色谱柱 2—喷雾用气体入口
3—蒸发漂移管 4—样品液滴
5—激光光源 6—光二极管检测器
7—散射室

示差折射率检测器属于通用型、浓度型和非破坏性检测器,在适当的条件下对所有的溶质都有响应,应用范围宽,但对温度和流速极敏感,因此检测池要恒温。灵敏度较低,不适用于梯度洗脱,不宜用于痕量分析。

电导检测器主要用于离子色谱,它是一种选择性、非破坏性检测器,只能检测带正、负电荷的阴、阳离子,但由于流动相电导率对温度和流速敏感,因此不适用于梯度洗脱。

荧光检测器是一种高灵敏度、高选择性和非破坏性的检测器。它是现有 HPLC 检测器中灵敏度最高的,比紫外检测器高两个数量级,可用于梯度洗脱,但不能使用可吸收、抑制、熄灭荧光的溶剂作流动相。荧光检测器已被广泛应用于生物化工、临床医学检验、食品检验和环境监测等领域中。

蒸发激光散射检测器是通用型非破坏性检测器,它的灵敏度比示差折射率检测器高,检测限可达 10^{-10} g,适用于梯度洗脱,宜用于痕量分析。其检测原理是柱后流出物被高速载气(N_2)喷成极细小的雾滴,在具有一定温度的漂移管中蒸发,而溶质形成不挥发的微小颗粒后在散射室中颗粒对光进行散射,测量散射光的强度。在某固定色谱条件下,散射光的强度与溶质的浓度成正比。与示差折射率检测器、紫外检测器比较,它消除了溶剂的干扰和因温度变化而引起的基线漂移。

检测器的选择应根据被测试样的性质、特点、检测浓度范围及检测器的性质等因素来考虑。如被测物质能产生荧光的,对紫外光也有吸收,被测物为 0.1 ng 时,最好用荧光检测器,因为紫外检测器的检测限在 1 ng,而荧光检测器的灵敏度要比紫外检测器高 100 倍。不能选用示差折射率检测器,因为它不适于痕量分析。

4. 柱温的选择

在高效液相色谱分析中,由于有高效率的分离柱和流动相的多样性,使分离复杂试样与气相色谱相比变得容易,所以液相色谱的柱温对分离的影响没有对气相色谱分离那么大,往往容易被忽略。甚至在简易的液相色谱仪中无柱温控制装置。但随着样品的复杂性和多样性的不断出现,以及对分析结果的准确度和精密度的要求不断提高,柱温的控制日益受到分析工作者的重视。

柱温会影响保留时间,如在等度洗脱时一般温度每升高 1℃ 保留时间会缩短 1% ~ 3%。此外,柱温还可以影响选择性,因此可以将柱温作为一个调整选择性的有力工具。此外,温度的不平衡会导致峰扭曲变形。因此,严格控制柱温,可获得重现性更高的保留值和分离更好的色谱图。大部分现代高效液相色谱仪装备了色谱柱恒温箱,可控制温度一般为室温到 100℃。在以下情况下必须要精确控制柱温。

(1) 必须通过柱温改变来提高分离效率。

(2) 对一些具有生物活性的生物分子样品,要求分析时的柱温必须低于室温。

(3) 对黏度大或高分子化合物的样品,要求分析时柱温必须高于室温时。

(4) 对于某些复杂组分的样品,需要使用二维色谱技术,利用柱切换,且使用两根不同柱温下操作的色谱柱。

(5) 在一些法定标准分析方法中,要求其保留值具有再现性。

对于一个具体的液相色谱分析方法,其柱温的选择首先考虑固定相和样品的要求,再通过实验根据分离情况来确定。

二、仪器操作注意事项

1. 仪器操作注意事项

(1) 使用流动相储液罐应密闭,防止溶剂蒸发,造成流动相组成的变化,并防止空气中氧气、二氧化碳等气体重新溶解于已脱气的流动相中,更主要的是防止有毒有害的有机溶剂(如甲醇、乙腈等)挥发,污染室内空气,对操作人员引起慢性毒害等。

(2) 溶剂应使用 HPLC 级的试剂,在放入储液罐前应经过 0.45 μm 或更细的滤膜过滤,除去溶剂中的机械杂质,以防止输液管道或进样阀产生阻塞。在流动相的入口处应装有溶剂过滤器,该过滤器的滤芯应用不锈钢烧结材料制成,孔径为 2~3 μm,能耐有机溶剂的侵蚀,保证输液泵不受损坏,如图 4—33 所示。

(3) 流动相在使用前应进行脱气处理,以除去溶解的气体,防止在洗脱过程中当流动相由色谱柱流到检测器时,因压力降低而产生气泡,甚至增加基线噪声,严重时造成分析灵敏度下降。气泡会使压力不稳,重现性差,所以在使用过程中要尽量避免产生气泡。若用微量注射器进样时,要注意微量注射器内不应有气泡。

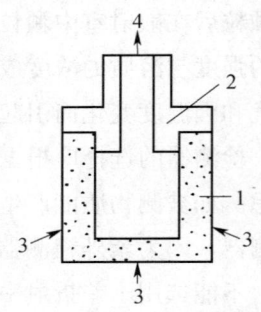

图 4—33 溶剂过滤器
1—芯 2—连接管接头
3—溶剂进口面 4—溶剂出口

(4) 更换流动相时应该先将吸滤头部分放入烧杯中边振动边清洗,然后插入新的流动相中。更换无互溶性的流动相时要用异丙醇过渡一下。

(5) 如使用柱温控制装置时,应注意在通入流动相后才能升温。

(6) 在完成分析工作之后,应该用溶解样品的溶剂清洗进样器,并对色谱分析系统进行冲洗 0.5 h 以上,以除去色谱柱内的杂质。例如 ODS 柱先用 5%甲醇水溶液冲洗,再用甲醇冲洗至基线平衡。

(7) 如果使用的流动相中含有缓冲盐,应注意用纯水过渡。每天分析开始前应先用纯水冲洗 30 min 以上再用缓冲盐流动相平衡;分析结束后先用纯水冲洗 30 min 以上除去缓冲盐,之后再用甲醇冲洗 30 min 保护柱子。禁止将缓冲溶液留在柱内静置过夜或更长时间。当流动相是缓冲液系统时,不要直接切换到强溶剂。如果突然转换到高浓度有机溶剂可能会使 HPLC 流动体系中的缓冲液沉淀,导致如柱头堵塞、管道堵塞、泵泄漏、活塞损伤或进样阀转轴失灵等重大故障。应该先用无缓冲流动相(即把缓冲液换成水),冲洗 5~10 个柱体积以后才更换强溶剂。

2. 色谱柱使用的注意事项

(1) 除特殊情况外,一般都应使用保护柱。保护柱应经常更换,当出现压力升高时,是需要更换预柱的信号。

(2) 柱子在装卸、更换时,动作要轻,接头拧紧要适度。必须防止较强的机械振动,以免柱床产生空隙。

(3) 避免压力和温度的急剧变化及任何机械振动。温度的突然变化或者使色谱柱从高处掉下都会影响柱内的填充状况;柱压的突然升高或降低也会冲动柱内填料,因此在开、关泵及使用中调节流速时应该缓慢进行,一般应以 0.1~1 mL/min 的调节速度逐步进行。另外在阀进样时,阀的转动应快速,中途不允许停顿。

(4) 应逐渐改变溶剂的组成,特别是反相色谱中,不应直接从有机溶剂改变为纯水,反之亦然。

(5) 流动相的 pH 值应不超过色谱柱允许的范围。大多数反相色谱柱的 pH 值允许范围为 2~7.5。

(6) 一般来说,色谱柱不能反冲(除非厂家指明该柱可以反冲),反冲会迅速降低柱效。

(7) 使用适宜的流动相,以避免固定相被破坏。

(8) 避免将基质复杂的样品尤其是生物样品直接注入柱内。

(9) 经常用强溶剂冲洗色谱柱,清除保留在柱内的杂质。在进行清洗时,对流路系统中流动相的置换应以相混溶的溶剂逐渐过渡,每种流动相的体积应是柱体积的 20 倍左右,通常需要 50~75 mL。例如反相柱以水、甲醇、乙腈、一氯甲烷(或氯仿)依次冲洗,再以相反顺序依次冲洗。

(10) 长时间不用的仪器应取下色谱柱,并立即将两端封口。保存色谱柱时应将柱内充满乙腈或甲醇,柱接头要拧紧,防止溶剂挥发干燥。

三、仪器常见故障及排除方法

1. 高压泵常见故障分析和排除方法见表 4—12。

表 4—12　　　　　　　　　高压泵常见故障分析和排除

故障现象	故障原因	排除方法
泵运行，但无溶剂输出	1. 泵腔内有气泡 2. 溶剂储液瓶已空 3. 泵头中有空气 4. 单向阀的阀球阀座粘连或损坏	1. 用注射器通过放空阀抽气泡 2. 用溶剂灌满储液瓶 3. 开放空阀，高流速下运行泵，排除气泡 4. 清洗或更换单向阀
柱压上升过高	1. 管路阻塞 2. 管路内径太小 3. 在线过滤器阻塞 4. 色谱柱，保护柱堵塞 5. 检测池或检测器的入口管部分堵塞	1. 找出阻塞部分并处理 2. 换上合适内径管路 3. 清洗或更换在线过滤器的不锈钢筛板 4. 清洗或更换柱入口过滤片，或更换色谱柱 5. 拆卸并清洗检测池和管路
开泵后有柱压，但没有流动相从检测器中流出	1. 系统中严重漏液 2. 流路堵塞 3. 柱入口端被微粒堵塞	1. 修理漏液处的管路和紧固件 2. 清除流路之间的连接毛细管的堵塞处 3. 清洗或更换柱入口过滤片，未解决另换柱
压力升不高	1. 放空阀未关紧 2. 管路漏液 3. 连接管路漏 4. 泵头有气泡	1. 旋紧放空阀 2. 上紧漏液处 3. 用扳手上紧接头或更换密封圈 4. 打开放空阀，高流速运行泵，排除气泡
运行中停泵	压力超过高压限定	重设最高限压，或更换柱，或更换内径管路
泵流速变小	1. 泵内气泡聚集 2. 溶剂过滤器阻塞 3. 泵中两溶液不互溶 4. 单向阀堵塞	1. 开放空阀，高流速下运行泵，排除气泡 2. 清洗或更换过滤器 3. 选用能溶解两互不溶解的溶剂的溶剂 4. 排除堵塞

2. 色谱图常见异常原因分析及其排除方法见表 4—13。

表 4—13　　　　　　　　　高压泵常见故障分析和排除

故障现象	故障原因	排除方法
基线噪声	1. 检测池窗口污染 2. 样品池中有气泡 3. 数据采集系统等接地不良 4. 检测器光源故障 5. 液体泄漏 6. 很小的气泡通过检测池 7. 有微粒通过检测池 8. 记录仪与检测器信号输出接触不良 9. 电压不稳 10. 泵中有气泡，泵压不稳 11. 溶剂纯度不高，背景吸收强 12. 若用 RI 检测时，环境温度变化太大	1. 清洗或更换检测池窗口石英片 2. 突然加大流量赶出气泡 3. 重新连接地线 4. 更换氘灯或钨灯 5. 拧紧或更换连接件 6. 流动相仔细脱气 7. 洗检测池，查柱出口筛板 8. 检查并接好信号线 9. 采取稳压措施 10. 开放空阀，高流速运行泵 11. 提纯溶剂或选纯度高、透光性好的溶剂作为流动相 12. 采用温度变化不大环境

续表

故障现象	故障原因	排除方法
基线噪声	13. 泵冲程引起的规则脉冲 14. 进样装置部分堵塞	13. 使用无脉冲泵 14. 检修进样器并清洗
基线漂移	1. 检测池窗口污染 2. 色谱柱污染或固定相流失 3. 色谱柱固定相流失 4. 使用 RI 时环境温度变化大 5. 检测器光源故障 6. 原来流动相没有完全除去 7. 溶剂储存瓶污染 8. 泵密封不好 9. 管路漏 10. 由微粒造成进样阀、柱入口的部分堵塞 11. 溶剂纯度差或两溶剂互溶性不好 12. 泵输出的缓慢改变 13. 色谱系统未达平衡 14. 溶剂直接吸收了空气中的水分，使 RI 检测器不稳定	1. 同"基线噪声"中 1 2. 用大流量强溶剂冲洗柱子 3. 再生或更换色谱柱 4. 采取恒温措施 5. 更换氘灯或钨灯 6. 用新流动相彻底冲洗系统 7. 置换溶剂，或清洗储存瓶 8. 检修泵密封或更换密封圈 9. 检查管路，并消除泄露处 10. 清洗进样系统和柱入口过滤片 11. 更换合适溶剂，使两溶剂能很好地互溶 12. 检查流量，如果泵的输出随温度变化，应控制温度 13. 延长流动相平衡时间 14. 阻止溶剂与潮湿空气接触或用干燥剂干燥溶剂
基线上出现大的尖峰	1. 检测池内有大量气泡通过 2. 记录仪或检测器接地不良 3. 实验室内其他电气装置（例如烘箱、其他色谱仪等）的影响	1. 溶剂脱气并彻底冲洗系统，检查连接系统是否漏液 2. 确定良好接地 3. 消除噪声来源
进样后不出峰或者峰高不正常	1. 检测方式选择不当 2. 试样溶液浓度太低，而检测灵敏度不高 3. 检测器到记录仪之间的输入信号线连接不好或断开 4. 记录仪的信号线接错 5. 进样用注射器堵塞或泄露 6. 定量环堵塞	1. 应正确选择检测器 2. 应适当提高样品浓度和进样量，并提高检测灵敏度 3. 修理接好信号线，将灵敏度调到适宜的位置 4. 检查接线，并正确连接 5. 修理或更换新注射器 6. 设法打通或者更换
峰形拖尾	1. 定量环与阀连接有死体积 2. 进样器内有污染或不干净 3. 试样与固定相间有作用 4. 进样技术差 5. 样品在流动相中溶解度小 6. 进样量太大 7. 色谱柱与阀的连接管连接处出现死区	1. 更换新管消除死体积 2. 清洗进样器 3. 更换色谱柱 4. 提高进样技术 5. 选用溶解度大的流动相 6. 减少进样量 7. 重新装柱或更换
分离度变差	1. 柱端固定相结块 2. 柱端填料塌陷 3. 柱子寿命已到	1. 挖掉修补，重填固定相 2. 修补柱端 3. 更换新柱

续表

故障现象	故障原因	排除方法
分离度变差	4. 进样量过大 5. 试样溶解不完全 6. 试样黏度大 7. 色谱柱污染	4. 减少进样量 5. 换溶剂使其完全溶解 6. 减少进样量 7. 以极性溶剂冲洗或更换柱子
保留时间不重复	1. 更换流动相时旧流动相未完全被顶替掉 2. 正相柱中流动相脱水未净 3. 柱温变化 4. 缓冲溶液容量不够 5. 柱内条件变化 6. 柱塌陷	1. 延长平衡时间 2. 重新脱水 3. 柱恒温 4. 用较浓的缓冲溶液 5. 稳定进样条件 6. 更换色谱柱
出负峰	1. 记录仪或检测器极性接反 2. 用 RI 检测时，样品的折射率小于流动相溶剂的折射率 3. 使用的流动相不纯净 4. 样品池与参比池接反 5. 进样故障 6. 用 UV 检测器时，溶解样品所用的溶剂与流动相溶剂不能互溶	1. 纠正极性连接错误 2. 若要得到正峰，可改变检测器或记录仪的极性 3. 使用纯净的流动相 4. 调换 5. 确认在进样期间定量环中没有气泡 6. 尽量采用能与流动相溶剂互溶的溶剂来溶解样品，最好用流动相作为样品溶剂
有假峰（无名峰）	1. 不同批号不同处理条件的溶剂分别用来溶样或作流动相时，易出假峰 2. 流动相溶剂中有杂质或气泡 3. 样品溶剂与流动相不同 4. 柱未平衡（尤其是离子对色谱） 5. 进样阀残余峰	1. 使用同一批，同一条件下处理过的溶剂，作为流动相或溶样 2. 应对流动相溶剂用 $0.45\ \mu m$ 过滤膜过滤和脱气后再用 3. 用流动相溶解样品 4. 重新平衡柱，用流动相作样品溶剂 5. 每次用后用强溶剂清洗阀
基线不能回零	1. 样品黏度大 2. 进样量太大，柱超载 3. 溶解样品的溶剂与流动相溶剂不互溶 4. 柱效低，柱内有空隙 5. 进样装置部分堵塞	1. 应适当减小样品浓度和采用低黏度流动相为溶剂 2. 减少进样量 3. 尽量采用能互溶的溶剂来溶解试样 4. 更换色谱柱 5. 检修、清洗进样装置
峰重现性差	1. 注射器针头太长 2. 进样技术欠佳 3. 管路有漏处 4. 仪器没有充分稳定 5. 实验条件发生变化 6. 注射器有泄漏或堵塞现象 7. 流动相流速发生改变 8. 进样阀失灵或只能开部分 9. 样品溶解度小，进样后有少量在流动相中析出	1. 选用合适的针头 2. 认真掌握注射器进样技术 3. 检查修复 4. 再次预热稳定，冲洗平衡 5. 保持实验条件尽可能一致 6. 修复或更换注射器 7. 定期检查流动相流速 8. 维修检查进样阀开关 9. 用选对试样有好的溶解能力且能与流动相互溶的溶剂

续表

故障现象	故障原因	排除方法
峰分裂（一个组分有两个峰）	1. 样品中可能有异构体 2. 样品不稳定，有部分分解 3. 过样量大，柱超载 4. 柱子中有空隙	1. 按异构体选择分离条件 2. 采取措施，防止试样分解 3. 减少进样量 4. 更换柱子
峰展宽	1. 过样体积过大 2. 柱外体积过大 3. 流动相黏度过高 4. 保留时间过长	1. 稀释样品或减少进样体积 2. 减小管路连接死体积 3. 增加柱温用低黏度流动相 4. 等度洗脱时增加强溶剂浓度，或采用梯度洗脱

第 7 节　操作技能训练

一、气相色谱热导池为检测器，采用内标法测定未知样中乙酸乙酯、正丁醇、乙酸丁酯、乙酸异戊酯等组分含量

1. 准备工作

（1）试剂和材料

1）聚二乙二醇己二酸酯。

2）101 白色硅烷化担体，60～80 目。

3）乙酸乙酯，分析纯。

4）正丁醇，分析纯。

5）乙酸丁酯，分析纯。

6）乙酸异戊酯，分析纯。

7）氯仿，分析纯。

8）氢气，一等品。

9）定性滤纸。

（2）仪器

1）102－G 气相色谱仪（附 TCD）。

2）微量进样器，10 μL。

3）有盖锥形瓶，50 mL。

(3) 分离柱制备

1) 固定液，聚二乙二醇己二酸酯。

2) 担体，101 白色硅烷化担体，60～80 目。

3) 液担比，固定液：担体＝10：100。

4) 将烘干后的固定相装入不锈钢柱，内径 3～2 mm，长 2 m。

5) 进行柱的老化。

2. **训练步骤**

（1）操作条件的选择。根据乙酸乙酯、正丁醇、乙酸丁酯、乙酸异戊酯四组分中沸点最高组分，以及各组分分离情况来选择柱温、汽化温度、载气流速及适当的桥电流，得出各组分能很好分离的操作条件。

（2）定性。用保留时间方法对体系中各组分进行定性。

（3）相对校正因子测定。用称量法配制各组分的混合样，混匀后进样，进行平行测定，测得各组分峰高、半峰宽，计算峰面积。确定其中一个组分为标准物，按下式计算相对校正因子：

$$f'_{is} = \frac{m_i/A_i}{m_s/A_s} = \frac{m_i \times A_s}{m_s \times A_i}$$

式中　m_i——某组分的纯物质质量，g；

　　　m_s——标准物质的纯物质质量，g；

　　　A_i——某组分的峰面积，mm^2；

　　　A_s——标准物质的峰面积，mm^2。

（4）未知样品的测定。称取未知样及加入内标物的量（在上述规定的四个组分中可任选一个组分为内标物，其余作为未知样组成）测定未知样中各组分的含量及测定的相对平均偏差。

$$w_i = f'_{is} \frac{m_s \cdot A_i}{m_{试样} \cdot A_s} \times 100\%$$

式中　f'_{is}——相对校正因子；

　　　m_s——加入内标物纯物质的质量，g；

　　　$m_{试样}$——称取的样品质量，g；

　　　A_i——被测物质的色谱峰峰面积，mm^2；

　　　A_s——内标物的色谱峰峰面积，mm^2。

（5）测定要求

1) 求相对校正因子、未知样含量时，需进两针，分别计算出相对校正因子、未知样含量后，再求得平均值。

2) 未知样中各组分的测定值与标准值的绝对差在1%之内（未知样各组分含量在20%～30%情况下）。

3. 注意事项

（1）开启仪器之前，必须检查载气系统是否漏气，在载气系统无漏气时才能开启仪器总电源，并将载气的放空管放至室外。色谱仪器室严禁明火。

（2）调节温度和载气流速，必须缓慢进行，防止过高。稳压阀不工作时，应放松旋钮；针形阀不工作时，则应将阀门处于开的状态。

（3）进样硅橡胶密封垫片应注意及时更换。更换进样硅橡胶密封垫片时，一定要先关热导池检测器电源，以防烧断热导钨丝。

（4）使用热导检测器，载气至少通入半小时，保证将气路中的空气赶走后，方可通TCD的桥电流，以防热丝元件氧化。未通载气严禁加载桥电流。

（5）热导池高温分析结束时，应先切断桥电流，等检测器温度、柱温接近室温时，再关闭气源，这样可以防止钨丝氧化，延长热丝元件的使用寿命。

（6）取样时，注意微量进样器中有否气泡。

二、高效液相色谱法测定饮料中咖啡因

1. 准备工作

（1）试剂和材料

1) 咖啡因标准品，分析纯。

2) 甲醇，色谱纯。

3) 二次蒸馏水。

4) 试样，饮料试液。

5) 滤膜，水相，0.45 μm。

（2）仪器

1) 高效液相色谱仪，附紫外－可见光检测器和工作站，1台。

2) 色谱柱，正十八烷烷基键合色谱柱（5 μm，φ4.6 mm×150 mm），1根。

3) 流动相过滤器。

4) 平头微量注射器，10 μL 或 25 μL，1支。

5) 超声波清洗器。

6) 无油真空泵。

7) 冰箱。

8) 分析实验室常用玻璃器皿。

2. 训练步骤

(1) 流动相的预处理。配制流动相，甲醇：水（V/V）为 20：80，并进行处理。

(2) 标准溶液配制

1) 配制咖啡因标准储备液。用天平称取咖啡因标准品 25 mg，用流动相溶解，转移至 100 mL 容量瓶中，用流动相稀释至刻度，摇匀。

2) 配制系列标准溶液。用上述储备液配制质量浓度分别为 25、50、75、100、125 μg/mL 的系列标准溶液。

(3) 试样的预处理。市售饮料用 0.45 μm 水相滤膜减压过滤后，至于冰箱中冷藏保存。

(4) 色谱柱的安装和流动相的更换。将正十八烷色谱柱安装在色谱仪上，将流动相更换成甲醇：水＝20：80 的溶液。

(5) 高效液相色谱开机。按仪器说明书中开机程序的步骤进行开机，将仪器调试到正常工作状态，流动相流速设置为 1.2 mL/min，检测器波长 254 nm，打开工作站。打开输液泵旁路开关，排出流路中的气泡，启动输液泵。待基线稳定后即可进样。

(6) 标样的分析。用平头微量注射器分别吸取每个系列标准溶液 20 μL 进样，记录色谱图和分析结果。每个标准溶液平行测定 3 次。

(7) 饮料试样的分析。用平头微量注射器吸取饮料试样 20 μL 进样，记录色谱图和分析结果，平行测定 3 次。

(8) 关机。所有样品分析完毕后，按仪器说明书中关机程序的步骤进行关机。

(9) 结果处理。

1) 各测定数据记录如下表

序号	标样浓度 (μg/mL)	保留时间 t_R				色谱峰面积 A				色谱峰高度 h			
		1	2	3	$\bar{t}_R$	1	2	3	$\bar{A}$	1	2	3	$\bar{h}$
1	25												
2	50												
3	75												
4	100												
5	125												
6	饮料试样咖啡因												

2) 计算饮料试样中咖啡因的含量，以 mg/L 表示。

3. **注意事项**

（1）不同品牌的饮料咖啡因含量不大相同，称取的样品量可酌量增减。

（2）为获得良好结果，标准和样品的进样量要严格保持一致。

（3）如果样品中咖啡因的色谱峰面积超出曲线范围，可用流动相适当稀释饮料样品。

（4）在完成分析工作之后，应该用溶解样品的溶剂清洗进样器，并对色谱分析系统进行冲洗 0.5 h 以上，以除去色谱柱内的杂质。

本章测试题

一、判断题（下列判断正确的请打"√"，错误的打"×"）

1. 购买的高效液相色谱仪用的溶剂可以直接作为流动相使用，无须处理。（   ）
2. 固相微萃取方法适用于任何一种试样的应用。（   ）
3. 液相微萃取技术一般应用于顶空取样富集。（   ）
4. 固相（液相）微萃取处理试样的技术可与气相或液相色谱仪联用。（   ）
5. 高效液相色谱法不能分析高分子化合物、热稳定性差的化合物。（   ）
6. 电子捕获检测器是具有高灵敏度的选择性检测器，仅对含硫、含磷有机化合物产生检测信号。（   ）
7. 要求高效液相色谱的流动相容易精制、纯化、毒性小，不易着火、价廉。（   ）
8. 目前，正相键合相色谱法应用范围比反相键合相色谱法更广泛。（   ）
9. 离子色谱是分析阴离子和阳离子的一种液相色谱方法。（   ）
10. 液相色谱实际分析过程中，常用的离线脱气方法之一是超声波脱气。（   ）
11. 色谱分析中样品前处理的原则是不破坏样品的代表性。（   ）
12. 在气相色谱分析中，检测器温度可以低于柱温度。（   ）
13. 在液相色谱分析中选择流动相比选择柱温更重要。（   ）
14. 在 GC 分析中应用热导池为检测器，当柱温在下降时，会造成仪器基单向漂移。（   ）
15. 示差折光检测器是通过连续测定色谱柱流出液黏度的变化来检测样品浓度的。（   ）
16. 色谱分析中的样品前理引进的误差是可以用高灵敏的仪器消除的。（   ）

二、单项选择题（下列每题的选项中，只有1个是正确的，请将其代号填在横线空白处）

1. 固相萃取中的正相萃取模式是_____。
（A）吸附剂极性等于洗脱液极性　　　（B）吸附剂极性小于洗脱液极性
（C）吸附剂极性大于洗脱液极性　　　（D）均不对

2. 液相微萃取最常用的方式是_____富集采样。
（A）浸入液体样品中　　　　　　　　（B）在试样的顶空
（C）在动物体内　　　　　　　　　　（D）在植物体内

3. 高效液相色谱固定相按孔隙深度分类可分为_____固定相两类。
（A）表面多孔型和全多孔型　　　　　（B）表面多孔型和内部多孔型
（C）部分多孔型和全多孔型　　　　　（D）部分多孔型和内部多孔型

4. 在液相色谱分析中，一般是不采用_____作为流动相的溶剂。
（A）乙腈　　　（B）甲醇　　　（C）二硫化碳　　　（D）水

5. 在液相色谱分析中，不影响分离效果的因素为_____。
（A）流动相的种类　（B）固定相的种类　（C）流动相的流速　（D）检测器的种类

6. 化学键合相是利用化学反应将固定液的官能团键合在载体表面，一般都采用_____为基体。
（A）分子筛　　　（B）硅胶　　　（C）活性炭　　　（D）氧化铝

7. 一般在空间排阻色谱法中先流出色谱柱的是_____分子。
（A）小　　　（B）大　　　（C）强极性　　　（D）弱极性

8. 典型的高效液相色谱仪的5个基本构成部件不包括_____系统。
（A）检测　　　（B）色谱数据处理　　　（C）分离　　　（D）采样

9. 高效液相色谱的流动相过滤器采用的微孔滤膜分水相和_____两类。
（A）有机相　　　（B）甲醇　　　（C）乙腈相　　　（D）无机相

10. HPLC中常用脱气装置中效果最差的是_____。
（A）抽真空脱气　（B）超声波脱气　（C）自动脱气机脱气　（D）吹氦脱气

11. HPLC对高压输液泵的要求不包括_____。
（A）能在高压下连续工作　　　　　　（B）输出流量范围宽
（C）密封性好　　　　　　　　　　　（D）输出流量有脉冲

12. HPLC的常见进样方式不包括_____。
（A）隔膜式注射进样器进样　　　　　（B）高压进样阀进样
（C）自动进样装置　　　　　　　　　（D）流动注射进样

13. 在气相色谱分析中测定 A、B 两物质，已知 A、B 在样品中含量为 12.654 g 和 13.783 g，测得峰面积为 59.66 cm² 和 71.06 cm²，若以 B 物质为标准，则 A 和 B 的相对校正因子为_____。

  (A) 1.090、1.003   (B) 1.093、1.000

  (C) 1.000、1.093   (D) 1.003、1.090

14. HPLC 的保护柱对色谱峰峰宽的影响是_____。

  (A) 引起谱带展宽   (B) 引起色谱峰更加尖锐

  (C) 没有影响   (D) 不确定

15. 在液相色谱分析中，_____是由色谱分离系统引起的。

  (A) 样品的不均匀性   (B) 分离不完全或色谱峰拖尾

  (C) 溶解样品的溶剂与流动相不能互溶   (D) 进样不出峰

16. 以下关于示差折光检测器的特点描述中，错误的是_____。

  (A) 灵敏度比紫外检测器高   (B) 通用性强

  (C) 操作简便   (D) 对温度变化敏感

17. 影响氢火焰离子化检测器灵敏度的主要因素是_____。

  (A) 检测器温度   (B) 载气流速   (C) 三种气体的配比

18. 气相色谱分析中，出现色谱峰的峰形不正常时，是由_____原因造成的。

  (A) 进样器被污染   (B) 检测器温度太低   (C) 载气流速太慢

三、多项选择题（下列每题的选项中，至少有 2 个是正确的，请将其代号填在横线空白处）

1. 在液相色谱分析中，影响分离效果的因素有_____。

  (A) 流动相的种类 (B) 流动相的配比 (C) 流动相的流速 (D) 固定相的种类

  (E) 检测器的种类

2. 液相色谱仪中可选用_____检测器。

  (A) 紫外   (B) 热导池   (C) 示差折光   (D) 荧光

  (E) 电导

3. 固相萃取的模式分为_____。

  (A) 正相   (B) 吸附被测物   (C) 反相   (D) 离子交换

  (E) 吸附基体   (F) 吸附

4. 液相微萃取优点有_____。

  (A) 采样   (B) 富集   (C) 浓缩   (D) 消除干扰

  (E) 进样   (F) 与色谱仪联用

5. 在气相色谱中，_____是属于用已知物对照定性方法。
（A）色质联用　　　　　　　　　　（B）追加法
（C）利用科瓦特保留指数　　　　　　（D）利用保留值

四、填充题

1. 高效液相色谱的流动相过滤器采用_____ μm 以下微孔滤膜。
2. 可作为_____填料的材料都可作固相萃取用的吸附剂。
3. 在色谱分析中，柱温对高效液相色谱分离的影响_____对气相色谱分离的影响。
4. 固相微萃取装置的外形如同一只_____。
5. 在色谱分析过程中，_____所用时间占全过程约大于60%。
6. 选择何种气体作为气相色谱仪的载气，首先要考虑的是_____。
7. 现代高效液相色谱仪的数据处理系统一般使用_____。
8. 离子色谱目前常用的固定相中的薄膜型离子交换树脂通常以_____为载体。

五、计算题

1. 液相色谱用内加法测定 B 组分，取未知样 $1\ \mu L$ 进样，得 A 组分峰面积为 $1.000\ cm^2$，B 组分峰面积为 $2.000\ cm^2$；取未知样 $1.000\ g$，标准样纯 B 组分 $0.100\ 0\ g$，仍取 $1\ \mu L$ 进样，得 A 组分峰面积为 $0.900\ 0\ cm^2$，B 组分峰面积为 $2.700\ cm^2$，求未知样中 B 组分的百分含量。

2. 在气相色谱分析中，乙酸正丁酯、正庚烷和正辛烷的调整保留值为 310.0 mm、174.0 mm 和 373.4 mm，则乙酸正丁酯的科瓦特指数为多少？

本章测试题答案

一、判断题

1. ×　2. ×　3. √　4. √　5. ×　6. ×　7. √　8. ×　9. √　10. √　11. √　12. ×
13. √　14. √　15. ×　16. ×

二、单项选择题

1. C　2. B　3. A　4. C　5. D　6. B　7. B　8. D　9. A　10. B　11. D　12. D　13. B
14. A　15. B　16. A　17. C　18. A

三、多项选择题

1. ABCD　2. ACDE　3. ACDF　4. ABCDEF　5. BD

四、填充题

1. 0.45　2. 液相色谱柱　3. 小于　4. 微量进样器　5. 样品前处理

6. 使用何种检测器　7. 色谱工作站　8. 玻璃微球

五、计算题

1. 解：$a = \dfrac{A_1 \times A_2'}{A_2} = \dfrac{2.000 \times 0.900\,0}{1.000} = 1.800$

$$a' = A_1' - a = 2.700 - 1.800 = 0.900$$

$$w = \dfrac{a \times m_s}{a' \times m} = \dfrac{1.800 \times 0.100\,0}{0.900 \times 1.000} \times 100\% = 20.00\%$$

答：B组分的百分含量为 20.00%。

2. 解：正庚烷调整保留时间 $t_{R7}' = 174.0$ mm　　lg 174.0 = 2.240 6

乙酸正丁酯调整保留时间 $t_{Ri}' = 310.0$ mm　　lg 310.0 = 2.491 4

正辛烷调整保留时间 $t_{R8}' = 373.4$ mm　　lg 373.4 = 2.571 7

$$I = 100 \times \left[\dfrac{2.491\,4 - 2.240\,5}{2.572\,2 - 2.240\,5} + 7 \right] = 775.8$$

答：乙酸正丁酯的科瓦特指数为 775.8。

第 5 章

电化学分析法

第 1 节　电位滴定法　　　　　　/230
第 2 节　库仑分析法　　　　　　/235
第 3 节　伏安分析法　　　　　　/248
第 4 节　操作技能训练　　　　　/261

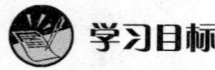 学习目标

1. 了解电化学分析法的分类、基本原理。
2. 了解电位滴定法的种类、原理、定量的方法与计算及影响因素。
3. 了解库仑分析法的种类、原理、定量的方法与计算及影响因素。
4. 了解伏安分析法的种类、原理、定量的方法与计算及影响因素。
5. 熟悉上述三种电化学分析法所用的各种仪器部件、作用及操作注意事项。
6. 能够熟练掌握库仑滴定法测定物质浓度的操作方法。
7. 能够熟练掌握阳极溶出伏安法测定元素含量的操作方法。

第1节 电位滴定法

电位滴定法是根据滴定过程中指示电极电位的突跃来确定滴定终点的一种滴定分析方法。电位滴定法与化学分析法中的滴定方法相似，都是根据滴定剂的浓度和消耗体积来计算被测物的含量，不同之处是判断滴定终点的方法不同。普通的化学滴定法是利用指示剂颜色的变化来指示滴定终点，而电位滴定是利用电池电动势的突跃来指示终点。以指示剂变色来判定容量分析的滴定终点，虽然简便，但有一定限制。如有的滴定分析找不到合适指示剂；对于浑浊、有色或具有荧光的溶液无法分析。电位滴定法除能弥补以上的缺陷外，还可以连续滴定和自动滴定。另外，电位滴定法化学计量点和终点选在重合位置，不存在终点误差。

一、基本原理

进行电位滴定时，在待测溶液中插入一支指示电极和一支参比电极，组成工作电池。随着滴定剂的加入，由于被测离子与滴定剂之间发生化学反应，待测离子浓度不断变化，因而指示电极电位也相应发生变化。在化学计量点附近，被测离子活度发生突跃，引起指示电极电位发生突跃。因此，测量电池电动势的变化可以确定滴定终点，然后根据滴定剂的浓度和终点时滴定剂消耗的体积计算试液中被测组分的含量。

电位滴定法的准确度和精密度都高于直接电位法。直接电位法需要准确测量电池电动势，而电位滴定法只需要测量随滴定剂加入后电池电动势的改变值。因此在直接电位法中影响测定的一些因素，如不对称电位、液接电位等在电位滴定中没有影响或影响很小。

二、双组分的测定

在化学分析的滴定法中,只要满足一定条件,可以进行多组分连续滴定。电位滴定法同样可以进行多组分连续滴定。

1. 酸碱滴定

以强碱滴定酸为例:

(1) 混合弱酸。HA(解离常数 K_{a1},浓度 c_1)和 HB(解离常数 K_{a2},浓度 c_2),其中 $K_{a1} > K_{a2}$,则分步滴定的条件是只有当 $c_1 K_{a1} \geqslant 10^{-8}$, $c_1 K_{a1}/c_2 K_{a2} > 10^5$,才能准确滴定第一种弱酸 HA;只有 $c_2 K_{a2} \geqslant 10^{-8}$,才能继续滴定得到准确的第二种弱酸 HB 的含量。

(2) 若其中的 HA 为强酸,HB 为弱酸,则当 HB 的解离常数足够小时(一般要求 $K_a < 10^{-4}$),两酸才可分步滴定,或在滴定 HA 时 HB 不影响。

2. 配位滴定

设溶液中有 M、N 两种金属离子,且配位化合物的稳定常数符合 $K'_{MY} > K'_{NY}$,它们浓度分别为 c_M^{sp}、c_N^{sp}。分步滴定的条件是只有当 $\lg(K'_{MY} c_M^{sp}) \geqslant 5$,且 $\lg(K'_{MY} c_M^{sp}) - \lg(K'_{NY} c_N^{sp}) \geqslant 5$,才能准确滴定 M 离子,而 N 离子不干扰;只有 $\lg(K'_{NY} c_N^{sp}) \geqslant 5$,才能继续滴定得到准确的 N 离子的含量。

3. 沉淀滴定

利用溶度积大小不同进行分步沉淀,先达到溶度积的先沉淀,后达到溶度积的后沉淀。一般情况下,在沉淀滴定时,剩余离子浓度与初始浓度相比相差 3 个数量级以上,可以认为沉淀完全。若要分步滴定试液中两种离子时,为了保证准确度,要求第二种离子沉淀时,第一种离子应沉淀完全。

例如:硝酸银滴定浓度约为 0.1 mol/L 的 I^- 和 Cl^- 离子。

形成 AgI 沉淀:

$$[Ag^+] = \frac{K_{sp}(AgI)}{[I^-]} = \frac{9.3 \times 10^{-17}}{0.1} = 9.3 \times 10^{-16} \text{(mol/L)}$$

形成 AgCl 沉淀:

$$[Ag^+] = \frac{K_{sp}(AgCl)}{[Cl^-]} = \frac{1.8 \times 10^{-10}}{0.1} = 1.8 \times 10^{-9} \text{(mol/L)}$$

因此,逐滴加入 $AgNO_3$ 溶液时,首先达到 AgI 的溶度积而析出沉淀,随着 Ag^+ 浓度升高到一定程度,将析出 AgCl 沉淀,当 AgCl 开始沉淀时,剩余 I^- 离子浓度:

$$[I^-] = \frac{K_{sp}(AgI)}{[Ag^+]} = \frac{9.3 \times 10^{-17}}{1.8 \times 10^{-9}} = 5.2 \times 10^{-8} \text{(mol/L)}$$

当滴定到 AgCl 的化学计量点时，剩余 Cl^- 离子浓度：

$$[Cl^-]=\sqrt{K_{sp}(AgCl)}=\sqrt{1.8\times 10^{-10}}=1.3\times 10^{-5}(mol/L)$$

由此可见，剩余 I^- 和 Cl^- 浓度与初始浓度的相比均远大于 3 个数量级。因此理论上讲，可以准确地进行连续滴定，分别求其离子浓度。卤素混合溶液的电位滴定曲线如图 5—1 所示。

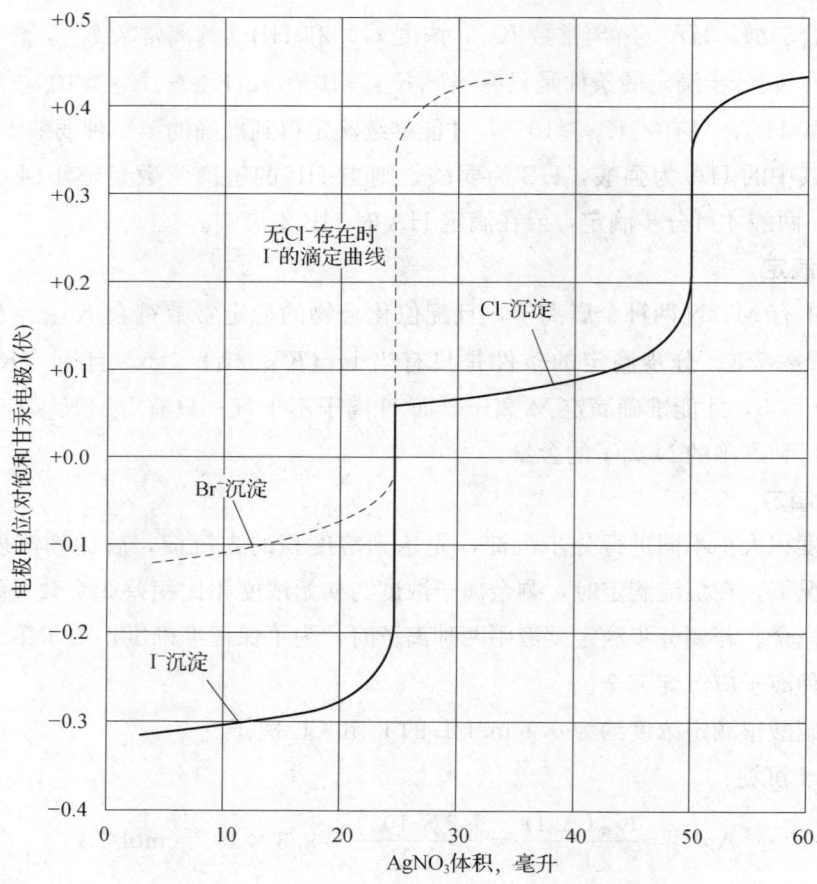

图 5—1　卤素混合溶液的电位滴定曲线

1—$AgNO_3$ 标准滴定溶液浓度为 0.100 0 mol/L。

2—实线代表 25 mL 含 Cl^- 和 I^- 浓度各为 0.100 0 mol/L 溶液的滴定曲线。

3—第一终点处虚线上延伸部分表示无 Cl^- 存在时 I^- 的滴定曲线。

4—第一终点处虚线下延伸部分表示 25 mL 含 Cl^- 和 Br^- 浓度各为 0.100 0 mol/L 溶液中 Br^- 的滴定曲线。

三、操作注意事项

1. 电极预处理

电极使用之前必须进行必要的处理，一些常用电极的预处理方法：

（1）玻璃电极。使用前须在水中浸泡 24 h 以上，使用后立即清洗并浸于水中保存。

（2）铂电极。使用前应注意电极表面不能有油污物质，必要时可在丙酮或硝酸溶液中浸洗，再用水洗涤干净。

（3）银电极。使用前应用细砂纸将表面擦亮然后浸入含有少量硝酸钠的稀硝酸（1+1）溶液中，直到有气体放出为止，取出用水洗干净。

（4）双盐桥型饱和甘汞电极。盐桥套管内装饱和硝酸钠或硝酸钾溶液，其他注意事项与饱和甘汞电极相同。

2. 滴定时读数

为了加快化学反应速度，滴定时应进行搅拌，但搅拌速度不能过快，防止溶液溅出。随着标准滴定溶液的加入，被测离子浓度变小，且电极的响应具有一定延迟时间，所以滴入滴定剂后，需要继续搅拌至仪器显示的电位值基本稳定，然后停止搅拌，放置至电位值稳定后，再读数，特别是近终点前后更需要如此。

3. 滴定速度

滴定速度不宜过快，在化学计量点前后，应每滴加 0.1 mL 标准滴定溶液测量一次电动势。起始时和过终点后加入滴定溶液的体积可以大一些（1~5 mL）。

四、ZD-3 自动电位滴定仪常见故障及排除方法

1. 滴定管及滴定回路内有气泡

此现象会引起滴定误差，必须排除气泡方可进行实验。排除方法分两种情况进行：气泡在吸液管端、输液管端或滴定管内时，可将 DZ 滴定装置上的滴定方式开关置"手动"，三通阀手柄旋到左边，DC 操作单元上的滴定开关置"间断"，按住 DC 上的"手动"按钮，此时可将滴定速度旋钮逆时针旋到最大排液速度，直到排除气泡。有时吸液管端或输液管端与三通阀连接螺母松动会在补（排）液时产生气泡，拧紧连接螺母即可。

2. 不能补充滴定液

若滴定管活塞能向下正常移动，则判定滴定回路漏气。检查吸液管与三通阀连接螺母有无松动，输液管与三通阀连接正常，滴定管上下的密封胶圈正常，旋紧 DQ 滴定管最上面的压紧螺杆，仔细观察滴定管有细微裂痕而漏气，将滴定管换新，排除故障。此故障多由压紧螺杆没有压紧引起，也可能因为旋动压紧螺杆用力过度，损坏了滴定管。

3. 滴定时 mV 表指针漂移不定

检查指示电极和参比电极接线外观良好，随后将参比电极从试液中拿出，后用数字万用表 2K 档测指示电极 Y 型接线叉与电极尾端之间电阻无示值，说明电极内部接线断路，换新后故障消失。电极长期使用因拉扯而损坏，有时参比电极内的溶液干涸或不足导致电路不通，也会出现这种情况。

4. 滴定管活塞与管壁间漏液

这种情况若不及时处理，严重时会使活塞轴因滴定剂中的溶质结晶而抱死，滴定剂多为强酸性电解质，会腐蚀活塞轴，使活塞轴不能上下运动，造成仪器不能使用，因此一经发现要立即拆卸仪器进行清理。方法如下：换用合适直径大小的活塞，以不漏液并能在滴定管中运动自如为宜，然后按故障 6 中的方法拆卸清理仪器。

5. 滴定剂用量计数器指示有误

故障现象表现为补液结束时，滴定计数器指示值不归零或滴完满管滴定剂时，滴定计数器指示值不为 10.00 mL。因下限开关出厂时已经定好，所以只需调节上限开关。先按下补液键，补液结束后拔下电源插头，按故障 6 所述方法拆开仪器，旋松计数器转轴右端齿轮紧固螺丝，取下齿轮，用手转计数器转轴，使之归零，装好齿轮，拧紧齿轮紧固螺丝，计数器指示值不归零的故障即可排除。然后接通电源，左手按下 DZ 滴定装置上的锁定开关，右手按下 DC 操作单元上的滴定按钮（或将滴定选择置"连续"）不松，使活塞运动至上止点，计数器示值应为 10.00 mL，若小于此值，旋松限位开关螺丝，将上限位开关少许上移，反之下移。反复多次即可调准，然后旋紧限位开关螺丝，复原仪器即可。

6. 滴定管活塞卡死不运动

无齿轮打滑声时，可先取出电极、烧杯，松开机后搅拌电源接线柱，把滴定毛细管取出放入滴定管套内，拔掉电源线。一人在桌沿扶住仪器不使跌下，另一人松开搅拌器立柱托板下的两只螺丝，取下立柱（包括搅拌器和电极架）。拆下面板上的两只旋钮，一人在桌沿扶住仪器，另一人用螺丝刀拆下仪器底部四只橡皮脚附近的四只螺丝，使仪器底盖分离。取下仪器的储液瓶，使仪器向上倾斜 60°，用手转动仪器底部最大的齿轮，使活塞下降 10 cm，仪器的压板即可脱离上限位开关，复原仪器即可排除故障。

如果采取上述方法还不能排除故障，并伴有齿轮打滑的"嗒嗒"声，可尝试以下方法：（1）旋松 DQ 滴定管上的两颗紧固螺丝，向前拉住拉手，拉出 DQ 组件；（2）拆下 DZ 滴定装置上的 4 个螺丝，取下滴定池架和 DZ 上罩壳；（3）用软布轻轻擦去活塞轴上的污物（多为漏入的滴定剂或结晶体）；（4）在活塞轴上滴上仪器附带的润滑油。接上电源和 DC 操作单元，按住 DZ 上的锁定开关，反复多次开关 DZ 电源，利用电机的开、停冲击活塞轴，即可排除故障。

第 2 节　库仑分析法

一、概论

在直流电的作用下,电解质在电极上发生的氧化还原反应叫作电解。电解分析法和库仑分析法都是建立在电解的基础上进行的分析方法。

电解分析法包括两种方法:一是利用外电源将被测溶液进行电解,使欲测物质能在电极上析出,然后称量析出物的质量,计算出该物质在试样中的含量,这种方法称为电重量法;二是使电解的物质由此得以分离,称为电分离法。在本套教材的《化学分析工(四级)》的第 4 章第 4 节电重量法作了恒电位和恒电流电解法及内电解法的介绍,本节仅介绍库仑分析法。

库仑法不是通过称量电解析出物的质量,而是通过测量被测物质电解所消耗的电荷量来进行定量分析的方法,定量依据是法拉第定律。

二、库仑分析法

库仑法是通过测量消耗于溶液中待测物质所需的电量来定量地测定这一物质含量的方法。它是在电解分析法的基础上发展起来的,同样是利用电解反应进行分析的,所以也可以说是电解分析法的一种特例。按照经典的分类方法,库仑分析法可分为两大类:恒电位库仑分析法和恒电流库仑分析法。

1. 法拉第电解定律

库仑法是通过测量被测物质在 100% 电流效率下电解所消耗的电荷量来进行定量分析的方法,定量依据是法拉第定律。

法拉第电解定律是指在电解过程中,发生电极反应的物质的量与流过电解池的电荷量的关系,可用数学式表达如下:

$$m = \frac{M}{nF}Q \tag{5—1}$$

式中　m——电极上析出物质的质量,g;

　　　M——物质以原子为基本单元的摩尔质量,g/mol;

　　　Q——电量,C;

F——法拉第常数，96 485.3 C/mol；

n——电极反应时，一个原子的电子转移数。

如通过电解池的电流是恒定的，则

$$Q = It \tag{5—2}$$

式中　I——电流强度，A；

　　　t——通电的时间，s。

如电流不是恒定的，而随时间不断变化，则

$$Q = \int_0^\infty I \, dt \tag{5—3}$$

法拉第定律是自然科学中最严格的定律之一，它的正确性已被许多实验所证明。它不仅可应用于溶液和熔融电解质，也可应用于固体电解质导体。

根据法拉第定律，可用称量法、气体体积法或其他方法测得电极上析出的物质的量，再算出通过电解池的电荷量；相反，如测得通过电解的电荷量，则可算出电极上析出的物质的量。前者是测量电荷量的依据，后者是库仑分析法的理论基础。当然这里应有一个前提，即流过电解池的电量全部都用于被测物质的电解，没有副反应发生，就是说电流效率必须是100%。这样电解反应严格遵守法拉第电解定律，才能使库仑分析法准确无误。

2. 电流效率

法拉第定律不受温度、压力、电解质浓度、溶剂性质以及电极材质和形状等因素的影响。不过在实际工作中，也会遇到一些与法拉第定律不完全一致的情况。例如在镀锌时，虽然通入电解池的电量是1F即96500C，但在电极上析出的锌却少于$\frac{M}{2} = 32.5 g$。这是因为镀锌时阴极上进行的反应不只是锌离子还原，同时还有其他离子还原，如氢离子还原成氢气。

$$Zn^{2+} + 2e \rightarrow Zn; \qquad 2H^+ + 2e \rightarrow H_2 \uparrow$$

由于有各种副反应存在，使流过电解池的电量不能全部用来析出锌，而只是用了一部分电流，这就引出一个电流效率的问题。

电流效率是指某一物质在电解过程中，理论所需和实际消耗电量之比，也就是用于主反应的电量和流过电解池总电量之比：

$$\eta = \frac{Q'}{Q} \times 100\% = \frac{m'}{m} \times 100\% \tag{5—4}$$

式中　η——电流效率，%；

　　　Q'——由电极上实际析出物质的量换算出的电量，C；

　　　Q——流过电解池的总电量，C；

m'——电极上实际析出的物质的量，g；

m——由流过电解池的总电量换算出的应析出的物质量，g。

库仑法要求电流效率 100%，即电极反应按化学计量进行，无副反应，然而实际上很难达到。在常规分析中，电流效率不低于 99.9% 是允许的。

3. 影响电流效率的因素

（1）溶剂的电极反应。常用的溶剂为水，其电极反应主要是 H^+ 的还原和 OH^- 的氧化，这类副反应结果是在阴极析出 H_2 或在阳极析出 O_2。控制电解电极的电位可防止这类副反应发生。

（2）电解液中的杂质。电解液中含有的杂质可在电极上反应，电解液中也可能含有微量的被测物质，这些都可影响电流效率。把电解液所用试剂进行精制提纯或作空白校正可消除这类影响。

（3）可溶性气体。电解液或试液中含有可溶性气体，主要是空气中的氧气，它也能在电极上反应。这类影响可用通入氮气的方法消除。

（4）电极自身的反应。有的电极能与电解液反应，造成电极溶解等现象。这类影响可更换电极采用铂等惰性金属材料来克服。

（5）电路中接触电阻也会造成部分电流的损失，即电能转变成了热能。

4. 恒电位库仑分析法

（1）恒电位库仑分析法原理。恒电位库仑分析法是在恒电位电解分析法的基础上发展起来的，它是用手工或自动的方法来控制工作电极的电位使之恒定并只能使所要求的电极反应发生。当待测物质全部被电解后，电流即下降至背景电流，根据电极反应所消耗的电量，计算待测物质的量的方法，也叫控制电位库仑分析法。

恒电位库仑分析法在电解电路中串入一个能精确测量电荷量的库仑计，电解完成后，由库仑计测定电荷量，根据法拉第定律求出被测物质的含量。其特点是不受析出物形态的限制，不像电解分析法那样必须得到可以称量的产物，因此应用范围更广泛，其装置示意图如图 5—2 所示。

（2）库仑计。它是恒电位库仑分析仪中的一个重要组成部分。库仑计有多种，这里介绍四种。

1）质量库仑计。它是根据电解时阴极上析出金属的质量算出流过库仑计的电量，图 5—3 是银库仑计的示意图。在银库仑计中，银棒是阳极，铂坩埚为阴极，两极间用多孔陶瓷隔开，瓷管与坩埚中盛 1~2 mol/L 的 $AgNO_3$ 溶液。此电解池通过电流时，Ag^+ 在阴极上析出。通电结束后，把铂坩埚洗净烘干并称量，从铂坩埚增加的量计算出通过的电量。这类库仑计的准确度很高，但操作比较麻烦。

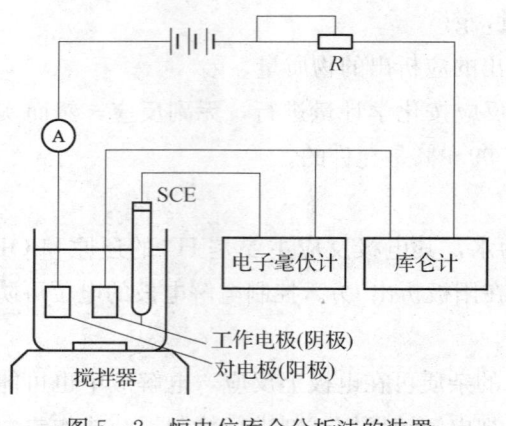

图 5—2 恒电位库仑分析法的装置 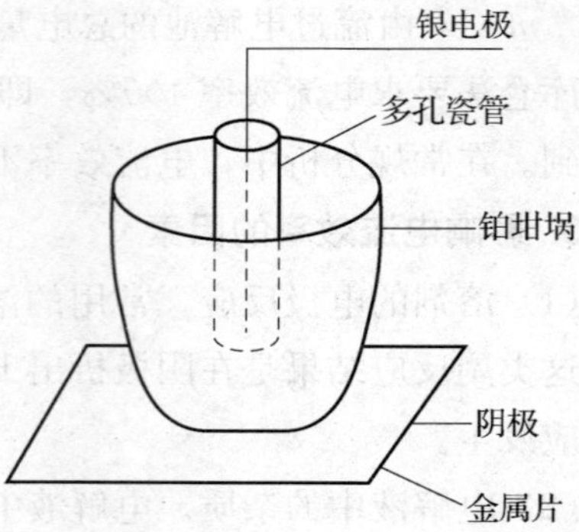　　图 5—3 银库仑计

2) 化学库仑计,也叫滴定库仑计。它是用化学滴定的方法来测量电解的产物,以此来计算通过的电量。图 5—4 是滴定库仑计示意图。在烧杯内放置 0.03 mol/L KBr 和 0.2 mol/L K$_2$SO$_4$(后者用来减小内阻)溶液,以铂网作阴极,银丝作阳极。电解时,电解反应:

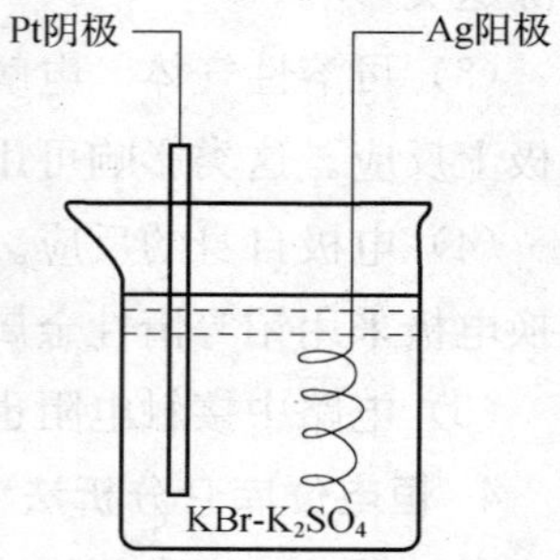

Pt 阴极　$2H_2O + 2e \rightarrow 2OH^- + H_2 \uparrow$;

Ag 阳极　$2Ag^+ + 2Br^- \rightarrow 2AgBr \downarrow + 2e$

通电后溶液的 pH 值升高,用酸标准滴定溶液滴定生成的 OH$^-$(用 pH 计指示终点),根据消耗的酸标准滴定溶液量就可计算电量。再如碘库仑计,用 0.5 mol/L KI 为电解液,两根铂丝为阴极和阳极。电解时在阳极上析出 I$_2$,根据生成的 I$_2$ 量来计算通过的电量。这类库仑计可测量 10C 以下的电量,准确度也很好。

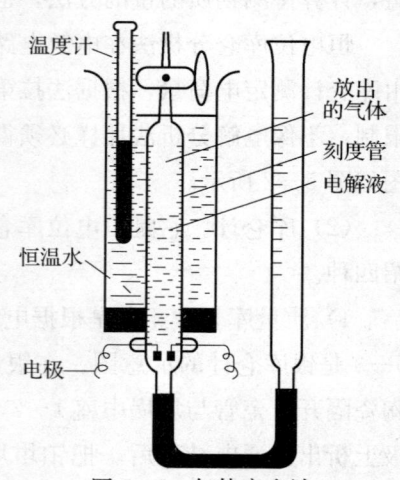

图 5—4 滴定库仑计

3) 气体库仑计,如图 5—5 所示,电解池中装 0.5 mol/L K$_2$SO$_4$ 或 Na$_2$SO$_4$,底部有两个铂片作的电极,电解池置于恒温水槽中。电解时阳极析出 O$_2$,阴极析出 H$_2$。在标准状况下,每 1C 电量相当于析出 0.174 1 mL 氢氧混合气体,根据析出气体的体积即可求出通过的电量。这类库仑计准确度也很高,但只适于测量大于 10C 以上的电量。

4) 电子积分仪。库仑分析法中,将电流对时间积分求出总电量。电子积分仪是测量电量最简单方便的

图 5—5 气体库仑计

方法，量程范围宽，电量可以直接读出，准确度高。现代库仑计一般都采用电子积分仪。

（3）应用。恒电位库仑分析法特别适用于混合物质的测定，可用于50多种元素及其化合物的测定，其中包括氢、氧、卤素等非金属，钾、钠、钙、镁、铜、银、金、铂等金属、稀土和镧系元素等。在有机物和生化物的合成和分析方面的应用也很广泛，涉及的有机化合物类型也很多。例如，三氯乙酸的测定、血清中尿酸的测定，以及在多肽合成和加氢二聚作用等的应用。

5. 恒电流库仑分析法

（1）恒电流库仑分析法原理。用恒定的电流通过电解池，利用电极反应，电极附近产生一种试剂，此试剂瞬间与待测物质起反应，根据电流强度和滴定的时间，计算待测物质的量的方法叫库仑滴定法，也叫恒电流库仑分析法、控制电流库仑分析法。它是通过恒电流电解在溶液内部产生的电生滴定剂的量与电解所消耗的电荷量成正比，而获得被测物的量，因此可以说库仑滴定是一种以电子作滴定剂的容量分析。

与恒电位库仑分析法相比，它具有更多的优点。其一是准确度高，由于现代电子技术的发展，电流强度和时间都可以测得非常精确；其二是应用面广，因为不要求被测物质本身在电极上起反应，只要能与电生滴定剂定量反应的物质都可测定。电生滴定剂可分为以下几类：

1）酸碱滴定：H^+、OH^-。

2）氧化剂：Br_2、I_2、Cl_2、Ce^{4+}、Mn^{3+}、Fe^{3+}等。

3）还原剂：Fe^{2+}、Cu^+、Sn^{2+}、Cr^{3+}等。

4）沉淀剂：Ag^-、Hg^{2+}等。

5）络合剂：CN^-、EDTA等。

由此可见，常用的容量分析反应都可用于库仑滴定法，应用面非常广泛。

（2）恒电流库仑分析法的仪器。从图5—6可以看出，库仑滴定法装置由电解控制系统和终点指示系统两部分构成。

1）电解控制系统。它由电解池、恒流源和计时器组成。电解池通常用玻璃制成，工作电极与辅助电极间用多孔材料隔开，并设通N_2除O_2的通气口。恒流源为电子恒流源，工作电流根据被测物的含量而定，通常用1～30 mA。计时器可用机械秒表或电子计时器，后者准确度更高。

2）终点指示系统。库仑滴定法指示终点的方法也有多种：指示剂法、光度法、电流法、电位法等。这里只介绍一种常用的永停终点法。

永停终点法也叫死停法，属于电流法指示终点的一种方法。用两个相同的铂片为指示

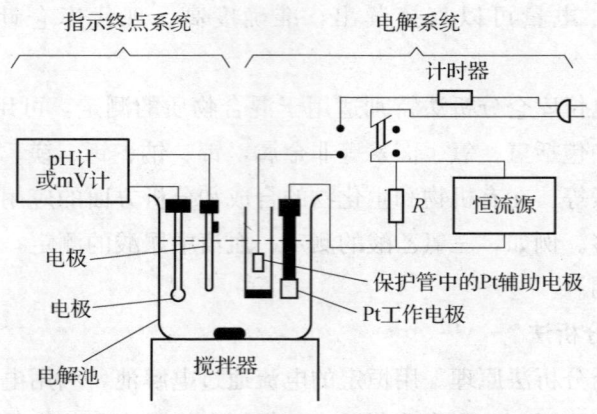

图 5—6　恒电流库仑分析法的装置

电极，两极间加上一个小的恒电压（0～200 mV）。在终点前后，串联在电路中的微安表会有一个明显的突变来确定终点。下面以库仑滴定法测定 As（Ⅲ）为例，说明永停终点法的原理。

指示电极为两个相同的铂片，加于其上的电压约为 200 mV，在偏碱性的碳酸氢钠介质中，以 0.35 mol/L KI 溶液为发生电解质，电生的 I_2 测定 As（Ⅲ）。

在滴定过程中，工作阳极上的反应为：

$$2I^- \longrightarrow I_2 + 2e$$

电生的 I_2 立刻与溶液中的 As（Ⅲ）进行反应，这时溶液中的 I_2 浓度极稀，无法与 I^- 构成可逆电对，在指示电极反应产生电流。所以，在化学计量点之前，指示系统基本没有电流通过。如要使指示系统有电流通过，则两个指示电极必须发生如下反应：

$$阴极：I_2 + 2e \longrightarrow 2I^-$$
$$阳极：2I^- \longrightarrow I_2 + 2e$$

但当溶液中没有足够的 I_2 的情况下，要使上述反应发生，指示电极系统的外加电压需远大于 200 mV。实际上所加的外加电压不大于 200 mV，因此不会发生上述反应，也不会有电流通过指示电极系统。当 As（Ⅲ）被反应完时，过量的 I_2 与溶液中的 I^- 组成可逆电对，两个指示电极上发生上述反应，指示电极上的电流迅速增加，表示终点已到达。仪器正是判断到这个大的 ΔI，强制滴定停止。这种终点指示法装置简单、快速、灵敏，准确度较高，应用范围较广，常用于氧化还原反应滴定体系，也可用于沉淀反应滴定中。

（3）库仑滴定法的特点及应用

1）由于库仑滴定法所用的滴定剂是由电解产生的，边产生边滴定。所以，可使用不稳定的滴定剂，如 Cl_2、Br_2、Cu（Ⅰ）等，扩大了适用范围。

2) 能用于常量组分及微量组分的分析，方法的相对误差约为 0.5%。如采用精密库仑滴定法，由计算机程序确定滴定终点，准确度可达 0.01% 以下，能用作标准方法，如标准物质的定标。

3) 控制电位的方法也能用于库仑滴定，以提高选择性，扩大适用范围。

4) 库仑滴定法可以采用酸碱中和、氧化—还原、沉淀及配位等各类反应进行滴定。

一些重要应用见表 5—1。

表 5—1 库仑滴定产生的滴定剂及应用

电生滴定剂	介质	工作电极	测定的物质
Br_2	0.1 mol/L H_2SO_4 + 0.2 mol/L NaBr	Pt	Sb（Ⅲ）、I^-、Tl（Ⅰ）、U（Ⅳ）、有机化合物
I_2	0.1 mol/L 磷酸盐缓冲溶液（pH=8）+ 0.1 mol/L KI	Pt	As（Ⅲ）、Sb（Ⅲ）、$S_2O_3^{2-}$、S^{2-}
Cl_2	2 mol/L HCl	Pt	As（Ⅲ）、I^-、脂肪酸
Ce（Ⅳ）	1.5 mol/L H_2SO_4 + 0.1 mol/L $Ce_2(SO_4)_3$	Pt	Fe（Ⅱ）、Fe$(CN)_6^{4-}$
Mn（Ⅲ）	1.8 mol/L H_2SO_4 + 0.45 mol/L $MnSO_4$	Pt	草酸、Fe（Ⅱ）、As（Ⅲ）
Ag（Ⅱ）	5 mol/L HNO_3 + 0.1 mol/L $AgNO_3$	Au	As（Ⅲ）、V（V）、Ce（Ⅲ）、草酸
Fe$(CN)_6^{4-}$	0.2 mol/L $K_3Fe(CN)_6$（pH=2）	Pt	Zn（Ⅱ）
Cu（Ⅰ）	0.02 mol/L $CuSO_4$	Pt	Cr（Ⅵ）、V（V）、IO_3^-
Fe（Ⅱ）	2 mol/L H_2SO_4 + 0.6 mol/L 铁铵矾	Pt	Cr（Ⅵ）、V（V）、MnO_4^-
Ag（Ⅰ）	0.5 mol/L $HClO_4$	Ag	Cl^-、Br^-、I^-
EDTA（Y^{4-}）	0.02 mol/L $HgNH_4Y^{2-}$ + 0.1 mol/L NH_4NO_3（pH=8）除 O_2	Hg	Ca（Ⅱ）、Zn（Ⅱ）、Pb（Ⅱ）等
H^+ 或 OH^-	0.1 mol/L Na_2SO_4 或 KCl	Pt	OH^- 或 H^+、有机碱或酸

6. 动态库仑分析法

恒电流与恒电位库仑分析法是经典的分类方法，现在广泛应用的微库仑分析法不同于经典的恒电位或恒电流库仑分析法，它是以先进的电子技术为前提的一种新的库仑分析法。它采用一对指示电极来测量电解池中滴定剂离子浓度的变化，用这个信号去控制电解池的工作电位和电流，可根据被测物质的量来调节电解池的工作电位和电流。所以它的电位和电流是可变的，故又称为动态库仑分析法。与经典方法相比，其准确度、灵敏度和自动化程度都更高，更适用于微量分析和痕量分析，因此也称为微库仑分析法。

(1) 微库仑分析法原理。其原理如图 5—7 所示，在滴定池有两对电极，一对工作电极（发生电极和辅助电极）和另一对指示电极（指示电极和参比电极）。为了减小体积和防止干扰，参比电极和辅助电极被隔离放置在较远处。

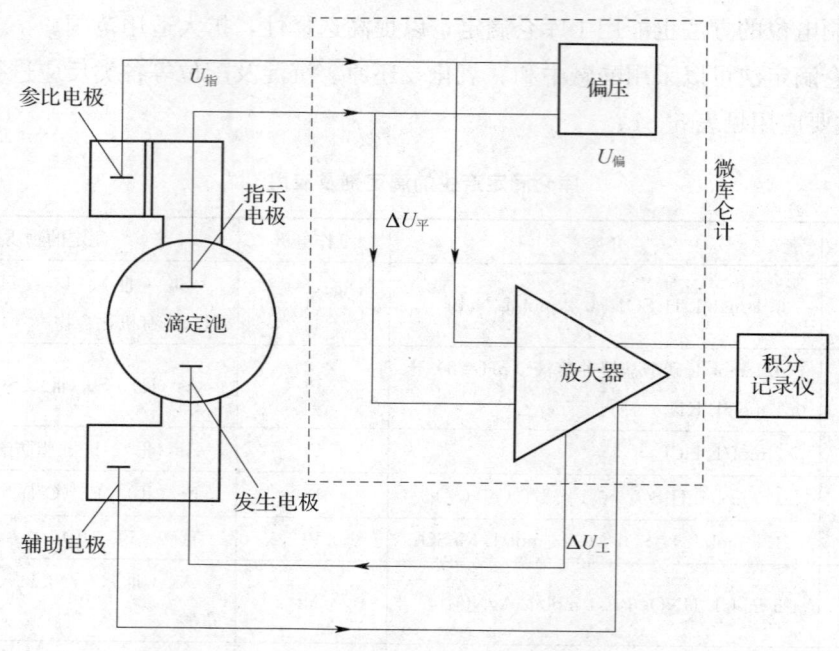

图 5—7　微库仑分析分析法示意图

在滴定开始之前，指示电极和参比电极所组成的监测系统的输出电压 $U_指$ 为平衡值，调节 $U_偏$ 使 $\Delta U_平$ 为零，经过放大器放大后的输出电压 $U_工$ 也为零，所以发生电极上无滴定剂生成，电解电极间没有电流通过，此时微库仑仪处于平衡状态。当被测物质进入滴定池并与滴定剂反应后，滴定剂离子浓度发生变化，指示电极电位发生变化，指示电极对的信号电压与外加偏压不平衡，$\Delta U_平 \neq 0$，经放大后的 $U_工$ 也不为零，则 $U_工$ 驱使发生电极上开始进行电解，电解池中有电流通过，在发生电极上电解产生滴定剂离子。指示电极与库仑放大器组成闭环控制系统。被测物质浓度越高，滴定剂离子浓度降低得越多，指示电极对的信号电压与外加偏压的差值越大，即库仑放大器的输入信号也越大，输出信号也大，流过发生电极的电解电流也大，产生滴定剂的速度越快。这样的过程一直持续到被测物质反应完成，滴定剂离子浓度恢复到原有浓度，使 $\Delta U_平$ 重新为零，电解过程自动停止。如果把恒电流库仑分析法和微库仑法的电流时间曲线进行比较，就会看到微库仑法的电流是随时间而变化的，见图 5—8。用电子仪器把电流对时间积分，就可求出流过电解池的电量，也就是电生滴定剂消耗的电量。由消耗的电量可算出消耗滴定剂的量，再根据被测物与滴定剂反应求出被测物质的量。

（2）微库仑分析仪。它主要用于测定原油和石油制品中的微量硫以及有机物的元素分析，因此在微库仑仪的部件中都包括了样品转化装置，这点是与经典的恒电压和恒电流库仑分析法装置不同的地方。

1）样品转化装置。石油及其他有机化合物中的硫、氯等元素，都不能直接与滴定剂进行反应，需要预先裂解，转化成能与滴定剂反应的物质才能测定。这种裂解反应分氧化法和还原法两种。

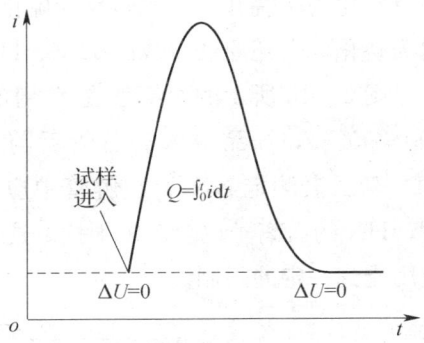

图5—8　微库仑滴定法电流－时间曲线

①氧化法。样品与 O_2 混合并燃烧，当 O_2 足够时，碳和氢转化成二氧化碳和水，硫转化为二氧化硫和三氧化硫，氮转化为氧化氮，氯转化为氯化氢，磷转化为五氧化二磷。这种转化在裂解管中进行，裂解管通常为石英材质，能耐较高的温度而且具有化学惰性。

裂解管的形状和构造有多种，图5—9为 WKL－1 型微库仑仪的裂解管。样品进入裂解管与 N_2 充分混合并预热，在喷嘴 P 处与 O_2 混合并燃烧，燃烧后的产物经过两块挡板除去灰尘和颗粒后进入电解池。

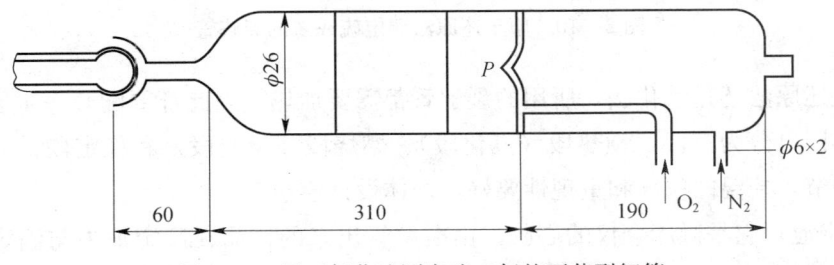

图5—9　用于氧化法测定硫、氯的石英裂解管

对裂解管的要求是汽化室要大，能汽化完全，充分稀释。喷嘴要小，保证完全燃烧，提高转化率。载气和氧气的流量配比等都会影响裂解产物的回收率。以硫为例，我们希望样品中的硫全部转化为 SO_2，但实际上总有一部分转化成 SO_3。研究表明，氧化温度越高，O_2 浓度较低时，SO_2 的回收率越高。但温度过高会使石英管寿命缩短；氧浓度过低时，会因缺氧而燃烧不完全，这时生成的烯或醛也能与碘反应而造成干扰。一般采用适当的氧浓度，在850～900℃燃烧，SO_2 的回收率在80%以上，可以满足分析要求。由于这个回收率不是恒定的，当操作条件变化时，可用已知含硫量的标样进行校正。

②还原法。还原法是在 H_2 过量存在下，有机物通过加热的催化剂时被还原，碳、氢

和氧转化为甲烷和水，硫转化为硫化氢，卤素转化为卤化氢，氮转化为氨和氰化氢，磷转化为磷化氢。还原法生成的 H_2S、HX 对 NH_3 的测定有干扰，应在进入电解池之前除去。

图 5—10 所示的裂解管是常用的还原法裂解管。管内装有铂或镍催化剂，加热至 800～900℃，样品进入裂解管后与 H_2 混合并预热，通过催化剂后转化成 H_2S、HX、NH_3 等。若测定 NH_3，裂解管中应填充 LiOH 以吸收 H_2S 和 HX。若用 Ag^+ 滴定 H_2S 时，HX 的卤离子也会产生干扰。这些干扰因素在测定时都必须设法消除，因此还原法的应用受到一定的限制。

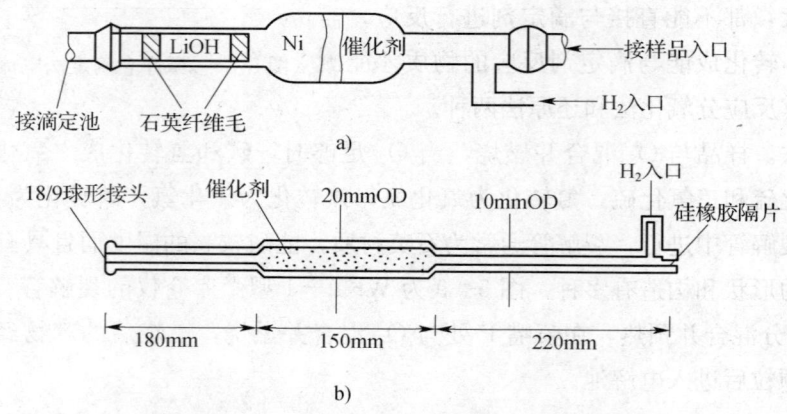

图 5—10　用于还原法测定硫或氮的裂解管

不论是还原法还是氧化法，所用的裂解管都需要加热，因此都要配套一个裂解炉。裂解炉的加热区可分为三段：预热段（汽化段）、燃烧段（反应段）和稳定段。三段的温度应能独立调节，控温的精度和重现性要好，炉体设计应小巧。

2）滴定池。它是微库仑仪的心脏，由裂解管出来的样品在滴定池中与滴定剂进行反应。滴定池的材质通常是无色的玻璃，当电解液中含有 I^- 和 Ag^+ 时，应用避光的茶色玻璃。

从提高测定的灵敏度和响应速度出发，要求池体积小些为好，池底部有引入裂解气体的喷嘴，喷嘴的构造能使气体变成小气泡，再加上磁搅拌的作用，气体样品能快速充分地被电解液吸收，与滴定剂反应。

滴定池的顶部装有四支电极，还有注入样品或更换电解液的孔。为减小滴定池体积，通常把指示电极对中的参比电极和电解电极对中的辅助电极放在池子的侧臂，通过多孔陶瓷或毛细管与池体相连，这样的设计既可减小滴定池体积，又能避免电极间互相干扰。常见电解池的构造如图 5—11 所示。由于测定对象不同，各种滴定池的电极种类、电解液的组成等都不相同，典型的滴定池有三种，见表 5—2。

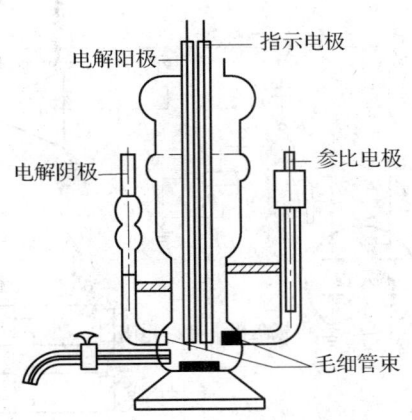

图 5—11 微库仑仪滴定池结构示意图

表 5—2 三种典型的滴定池

名称		碘滴定池	银滴定池	酸滴定池
测定元素		硫	氢	氮
电极	指示	铂	银	铂黑
	参比	铂/I_3^-（饱和）	银/饱和乙酸银	铅/饱和硫酸铅
	阳极	铂	银	铂
	阴极	铂	铂	铂
偏压 mV		140～170	250 左右	100 左右
电解液		0.05%碘化钾 0.04%乙酸 也可加入 0.06%叠氮化钠	70%乙酸 水溶液	1.0%硫酸钠 水溶液
电极反应		$3I^- \rightarrow I_3^- + 2e$	$Ag \rightarrow Ag^+ + e$	$2H_2O \rightarrow 4H^+ + O_2 + 4e$
滴定反应		$I_3^- + SO_2 + 2H_2O \rightarrow SO_4^{2-} + 3I^- + 4H^+$	$Ag^+ + Cl^- \rightarrow AgCl\downarrow$	$NH_4OH + H^+ \rightarrow NH_4^+ + H_2O$
应用说明		可测定 SO_2 及其他能与碘反应的物质	可测定 Cl^-、Br^-、I^- 及其他能在 70%乙酸溶液中与银离子反应的物质	主要用于测定氮，通过电解产生 H^+ 与氨

3）微库仑放大器。它和滴定池构成一个闭环负反馈系统，控制电解液中电生滴定剂的浓度，使之处于恒定水平。微库仑放大器的工作原理示意图如图 5—12 所示。

由于指示电极对和电解电极对都插在同一个电解池中，而且指示电极对接放大器的输入端，电解电极对接放大器输出端，因此当电解电流通过电解池时，等于在放大器输入端加了一个正反馈干扰电压，微库仑仪将无法正常工作。解决这个问题的办法是让指示电极对和电解电极对交替工作，即在指示电极采样时，电解电极不工作；而在电解电极工作

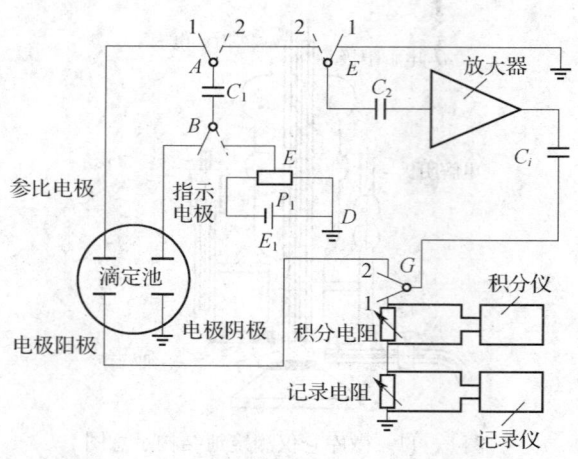

图 5—12 微库仑仪放大器工作原理示意图

时，指示电极不工作，这样就相互不影响了。图 5—12 中 A、B、E、G 是四个同步切换的振动子，切换频率为 25 Hz。

当振动子在位置 1 时（图中实线），指示电极对构成的原电池向很小的采样电容器 C_1 充电，并很快充至原电池电压。电池 E_1 和多圈电位器 P_1 是提供偏压的，其数值可以在 0～1.0 V 之间变化。当四个振动子同时切换到位置 2（图中虚线）时，C_1 中贮存的电压与电池 E_1 提供的偏压反向串联，向一个更小的电容器 C_2 充电，所充的电压为指示电极对电压与外加偏压之差。当滴定池处于平衡状态时，这一差值为零，输出也是零，电解电极不工作。当被测物质进入滴定池消耗了滴定剂后，指示电极电位变化，C_1 采到的电压不再等于外加偏压，C_2 两端电压也不再是零。当振动子再次接到位置 1 时，C_2 两端对地放电，放大器输入端便出现一个电压信号，放大器的输出电压通过耦合加到 G 上。当振动子 G 接于位置 2 时，这个电压加到电解电极上，产生滴定剂，补充被消耗的部分。与此同时，电容器 C_3 被充电，即通过电解池的电量贮存在 C_3 中。当振动子再接通位置 1 时 C_2 接地，C_3 便通过积分电阻或记录电阻将贮存的电量放掉，积分仪或记录仪上就能记录流过电解池的电量。在四个振动子不断切换的过程中，电解电极不断产生滴定剂，与被测物质作用，直至滴定池中滴定剂浓度恢复到原来水平，这时 C_1 采到的电压又等于偏压，电解停止，滴定到达终点。

微库仑放大器是一个电压放大器，其放大倍数在数十倍至数千倍之间可调。

4）进样系统。对于液体样品，多用微量注射器进样。10 μL 以上的注射器有死体积，应防止残留样品的挥发、分馏和结焦等现象而影响测定结果。为提高分析结果的重复性，现在多用微型电机推动的电动进样器，以 0.1～1.0 μL/s 的速度将样品注入裂解管，裂解管入口处有硅橡胶密封垫供进样用。

气体样品可用压力注射器进样,但进样速度不宜太快,并应保持较高的氧气流量,以保证燃烧完全。气体样品也可用专门的六通阀进样,选择大小合适的定量管,样品可由载气直接送入裂解管。

固体样品或黏稠液体可由样品舟进样。称量好的样品放入样品舟中,放入裂解管的预热区。预热后再用特制的推动杆推至高温燃烧区,燃烧后再用推动杆把小舟拉回来。

5)积分仪。微库仑积分仪的原理如图5—13所示。

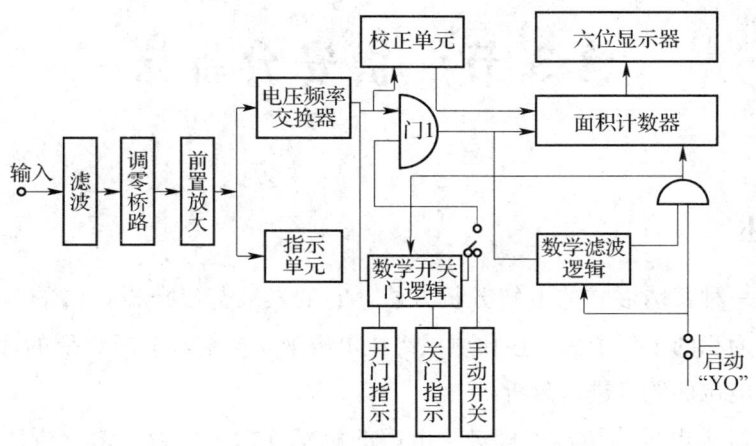

图5—13　微库仑仪积分仪原理示意图

滴定池处于平衡状态时,基线信号经过放大器放大进入积分仪后,被电压频率转换器转变为频率输出。这时调节基线补偿电位器,使转换器的输出为零。进样后,信号电压经放大器放大后,经积分电阻输入积分仪。这一信号经前置放大器放大后,经电压—频率转换器转变为频率信号。这个频率信号突破预先规定的积分阈值时,开门逻辑电路发出开门信号,主控制门被打开,与信号成正比例的脉冲数进入计数器被叠加。当峰向负斜率方向变化时,转换器的输出频率逐渐减小,当回到阈值时,开关门逻辑电路发出关门信号,主控制门关闭,并锁住计数器的消零端,显示出积分值,完成了一次信号峰的积分。

(3)操作微库仑仪的注意事项

1)在测定前要对电极进行处理,使它们都趋于稳定。

2)电流效率受很多因素影响,要保证100%的电流效率是困难的,因此测定结果波动较大,要严格控制操作条件,使电流效率能重复不变。

3)搅拌器开关门要小心,切勿震动过大损坏裂解管或电解池。

4) 设置微库仑仪的偏压时最好从高往低递减设置,每次适当降 1~5 mV,不可一次降得太多。仪器走基线时若出现下漂现象,可重新调整偏压。

5) 有些样品不宜用库仑法分析,切勿污染裂解管和电解池。

6) 多次做样后,要用新鲜电解液冲洗电解池,防止污染,裂解管要反烧。

7) 做完分析后要等到裂解炉温度降到达 300℃以下才能关闭风扇,以免因温度太高损坏仪器。

第 3 节　伏安分析法

一、概述

伏安法是一种特殊形式的电解分析方法,它的发展与经典极谱法的基本理论密切相关。它是以小面积的工作电极与参比电极组成电解池,电解被分析物质的稀溶液,根据所得到的电流-电位曲线来进行分析。

通常将用滴汞电极为指示电极进行电解的伏安分析法称为极谱分析法;而伏安法使用固态或表面静止电极作工作电极,如汞电极(悬汞电极和汞膜电极)、碳电极(石墨电极、糊状碳电极、玻璃状碳电极)、金属电极(铂、金、钯、镍等)及化学修饰电极。近年来,由于各类固态电极的发展,滴汞电极不仅受到了很大限制,而且在技术上,滴汞电极表面积也已变得可控(如静汞滴电极)。因此,伏安法已成为最主要的电分析方法。

伏安分析法不同于近乎零电流下的电位分析法,也不同于溶液组成发生很大改变的电解分析法,由于其工作电极表面积小,虽有电流通过,但电流很小,溶液的组成基本不变。它的实际应用相当广泛,凡能在电极上发生还原或氧化反应的无机、有机物质或生物分子,一般都可用伏安法测定。在基础理论研究方面,伏安法常用来研究电化学反应动力学及其机理,测定络合物的组成及化学平衡常数等。

极谱分析法可分为直流极谱法、脉冲极谱法两大类。若按极谱波的类型可分为可逆波与不可逆波、阳极波(氧化波)和阴极波(还原波)、简单离子极谱波、络合物极谱波、有机化合物极谱波。

伏安分析法可分为线性扫描伏安法、循环伏安法、溶出伏安法等。

二、极谱法

1. 极谱分析法基本原理

极谱分析法中电解过程的特殊性表现在两个方面。一方面电解所用的电极包括一支面积很小的工作电极和一支面积很大的参比电极；另一方面电解条件比较特殊，要求待测溶液浓度稀、电解电流小且电解过程中溶液要保持静止不能搅拌。

极谱分析法常用滴汞电极做工作电极，饱和甘汞电极作为参比电极，滴汞电极结构如图 5—14 所示。电极的上部为储汞瓶，下接一橡皮管（或塑料管），橡皮管的下端接一毛细管，毛细管内径约 0.05 mm。汞自毛细管中有规则地周期性地滴落，其滴下时间为 3~5 s。

极谱分析时，在滴汞电极上施加一缓慢增加的电压，滴汞电极的面积很小，电流密度很大，当达到离子的析出电位时，离子迅速还原，使电极表面的离子浓度小于溶液本体的离子浓度，于是电极电位偏离电极的平衡电位，引起浓差极化。此时，电极附近出现浓度梯度，形成很薄的扩散层，引起离子从溶液本体向电极表面扩散。此时电流大小受离子扩散速度控制，这种电流称为扩散电流。随着施加到汞滴上的电压不断增加，电极表面的离子浓度不断降低，扩散电流不断增大，当电极表面离子浓度降到零时，扩散电流达到最大，称为极限扩散电流，这时即便再增大电压，扩散电流也不会增加。

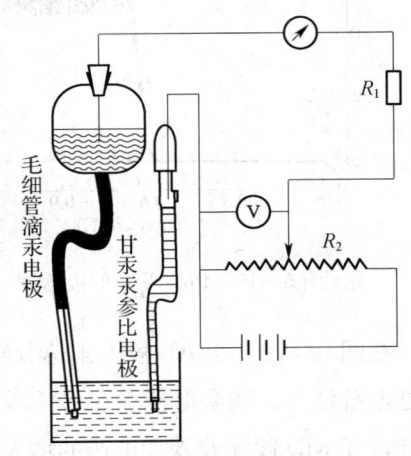

图 5—14　滴汞电极与极谱分析仪示意图

极限扩散电流与溶液中的离子的浓度成正比关系，这是极谱法定量分析的理论依据。当扩散电流达到极限扩散电流一半时滴汞电极的电位称为半波电位（$E_{1/2}$）。在一定的实验条件下，每种离子都有特定的半波电位值，因此半波电位可以作为定性分析的依据。极谱分析仪示意图如图 5—14 所示。

2. 极谱分析的一般步骤

以测定铅离子为例，来说明极谱分析的一般步骤。

步骤 1：取试液（含铅离子 10^{-5}~10^{-2} mol/L，极谱分析的测定范围）于极谱分析的电解池中，加入大量的 KCl 作支持电解质（约 1 mol/L），再滴入少量动物胶。

步骤 2：向试液中通入氮气或氢气数分钟，以除去试液中的氧气。

步骤 3：以滴汞电极为阴极、饱和甘汞电极为阳极，在电解液保持静止的状态下进行电解。电解时，外加电压从小到大逐渐增大，并同时记下不同电压时相应的电解电流值。

步骤4：以所测得的电流（用 i 表示）为纵坐标，电压（用 V 表示）为横坐标作图，得到 $i\sim V$ 曲线，此曲线叫作极谱波或叫极谱图。最后利用此图就可求出溶液中的铅的浓度，如图5—15所示。极谱分析的极增曲线或称极谱图如图5—16所示。

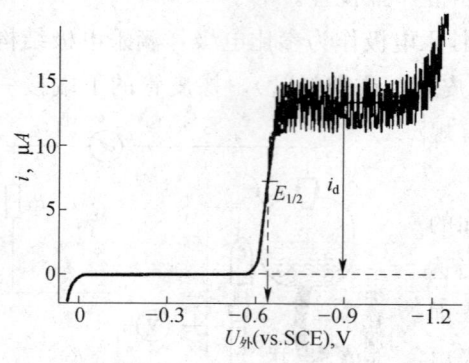
图5—15　Pb（Ⅱ）的极谱波

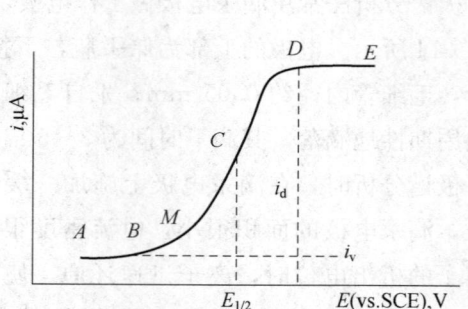
图5—16　极谱图

在图5—16中，AB段为未达分解电压 $U_分$，随外加电压 $U_外$ 的增加，只有一微小电流通过电解池——残余电流。在BM段 $U_外$ 继续增加，达到Pb（Ⅱ）的分解电压，电流略有上升；在MD段随着外加电压的增大，电极反应中析出的铅量就越多，所以在此段，随着外加电压的增大，电解电流增加得很快；在DE段当电流值增大到一定值后，电解电流达到一极限值，它不再随着电压的增大而增加。此时的电流称为极限扩散电流，一般用 i_d 来表示。

滴汞阴极的反应如下：　Pb（Ⅱ）+2e+Hg══Pb（Hg）

甘汞阳极的反应如下：　　$2Hg+2Cl^-$══Hg_2Cl_2+2e

i_d 的一半处所对应的电位值叫半波电位，用 $E_{1/2}$ 来表示，在一定条件下，它是物质的特性常数，可用它来判断物质的极谱波的位置，是定性的依据。

3. 极谱分析的干扰因素及其消除方法

（1）影响极限扩散电流的因素及其消除方法

被测物质的浓度是影响扩散电流的主要因素，其他如汞柱高度、毛细管的大小、溶液的组成、温度等都对极限扩散电流有影响。

汞柱的高度和毛细管的特性影响汞滴的大小，也影响汞滴的表面积，因此影响扩散电流。在极谱定量分析时，应使用同一支毛细管，并保持汞柱的高度一致。

溶液的组成和温度，影响溶液的黏度，而溶液的黏度越大，物质的扩散系数就越小，扩散电流也变小。改变溶剂、络合剂、溶液的组成等都将影响被测离子的扩散系数。因此，测定中要尽量使待测液与标准液的组成基本一致。温度既影响离子在溶液中的扩散速率，还影响汞的流动性，进而影响滴汞的速度及汞滴的大小，在测定时要特别注意。

（2）影响半波电位的因素及其消除方法

对于一定的电极反应，只有支持电解质的种类、浓度及温度一定时，半波电位才是恒定值。这是因为支持电解质的不同、浓度的改变、温度的高低，都将使溶液的离子强度发生变化，被测定离子的活度系数也将发生变化，从而影响其半波电位。

当被测定离子在溶液中与其他组分生成络合物后，由于络合物的稳定性使离子不易被还原，半波电位向负的方向移动。

有氢离子参加的电极反应，其溶液的酸度对半波电位有显著影响，测定中应注意保持氢离子浓度的一致。

（3）极谱分析中的干扰电流及其消除方法

极谱分析中，除了扩散电流与被测物质有定量关系外，其他因素引起的干扰电流都与被测定离子的浓度没有定量关系。它们将直接影响分析结果的准确性，分析中须设法消除。

1）残余电流。残余电流由溶液中微量杂质的电解电流及滴汞电极的充电（电容）电流产生。充电电流一般为 10^{-7} A 数量级，与 10^{-5} mol/L 的物质产生的扩散电流相当，并叠加在极谱的扩散电流中。微量杂质的残余电流可用作图法从扩散电流中扣除。但充电电流无法扣除，因此普通极谱法中测定离子的浓度一般不能低于 10^{-5} mol/L。

2）迁移电流。由于极谱电解池中正、负离子之间的电场力，会使所有带电离子产生迁移，迁移及扩散到电极上的离子发生电极反应时都会产生电流，由离子迁移产生的电流称为迁移电流。它与被测定离子的浓度没有一定的定量关系，会干扰扩散电流的测定。消除迁移电流的方法是在测定溶液中加入大量的电解质，即支持电解质，浓度比被测离子大100倍以上。凡是在待测离子还原以前没有电极反应的物质都可作为消除迁移电流的物质。常用的支持电解质有 KCl、NH_4Cl、HCl、Na_2SO_4、H_2SO_4 和 KOH 等。在实际测定中，由于处理试样使用的酸、碱、溶剂以及试样中存在的大量其他物质，它们的浓度远大于被测定离子的浓度，所以，一般也可不再加入支持电解质。

3）极谱极大。有些物质进行极谱测定时，在电流—电压曲线上，物质开始还原的电位处，有一个电流迅速升高到极大值，然后又很快下降到扩散电流的区域，以后波形保持扩散电流不再改变，这种畸形波称为极谱极大，见图5—17中的曲线1。

极谱极大受多种因素影响，主要由汞滴生长过程中表面的切向运动引起汞滴表面附近溶液的剧烈搅动，结果使可还原或可氧化的物质迅速到达电极表面，产生极大的电流。极谱极大高度不重现，也与分析物的浓度无关，因此需要消除。

极谱极大的消除方法是通过加入表面活性物质使其吸附在汞滴的表面，以减小汞的表面张力，避免切向运动，消除极大。这种表面活性物质称为极大抑制剂，常用的极大抑制剂有明胶、聚乙烯醇、TritenX-100 以及某些有机染料如酸性红、甲基红等。必须注意加入极大抑制剂的用量要少，否则会降低扩散系数，影响扩散电流，甚至引起极谱波的变形。

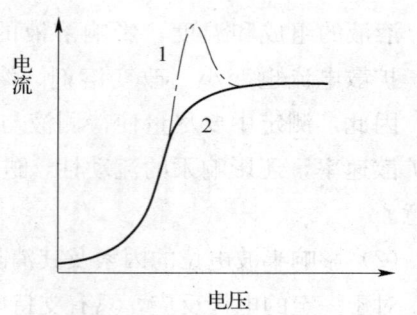

图 5—17　0.1mol/L KCl 中 Tl^+ 的极大图
曲线 1—被测试样中不加酸性品红；
曲线 2—被测试样中加了酸性品红。

4）氧波。室温时，氧在溶液中的溶解度为 8 mg/L，在极谱测定中氧会在滴汞电极上还原产生两个还原波。由于溶解氧的还原范围在多数金属离子的还原范围内，并且氧波不可逆、波形倾斜、延伸很长，占据了从 $0 \sim -1.2$ V 的极谱分析最常用的电位区间，重叠在被测物质的极谱波上，干扰测定，称其为氧电流或氧波，必须在分析前除去。

消除氧的方法如下：

①在电解液中通入高纯度的 H_2、N_2、CO_2 等气体，其中 CO_2 仅适于酸性电解液中除 O_2。

②在中性、碱性电解液中，也可加入 Na_2SO_3 除去 O_2。

③在强酸性溶液中，也可通过加入 Na_2CO_3 生成 CO_2 的方法除去 O_2，或加入还原铁粉与酸生成 H_2 的方式除去 O_2。

除上述干扰电流外，在极谱分析中还会遇到波的重叠、前放电物质太浓（比被测定离子浓度高 10 倍以上）、氢还原波干扰等。为了消除这些干扰因素所加入的试剂以及为了改善波形、控制酸度等所加入的一些辅助试剂，统称为极谱分析的底液。

4. 定量分析的基本原理

（1）极限扩散电流的产生。在极谱图中，当过了 M 点后，继续增加电压，滴汞电极表面的待测离子将迅速获得电子而还原，电解电流急剧增加，滴汞电极表面的待测离子浓度则急剧被消耗。由于溶液本体的待测离子来不及到达滴汞表面。因此，滴汞表面浓度 c_e 低于溶液本体浓度 c，即 $c_e < c$，存在一个浓度梯度，产生所谓浓差极化，如图 5—18 所示，而扩散层中存在如图 5—19 所示的变化。

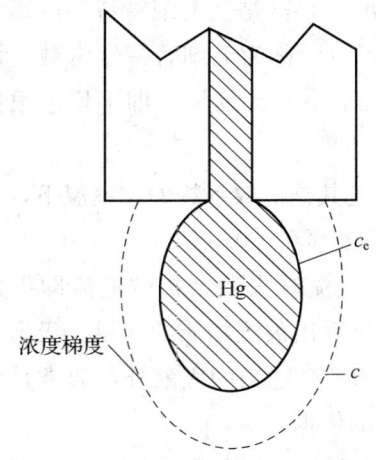

图 5—18 汞滴周围的浓差极化图

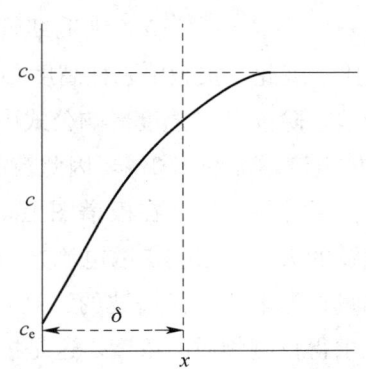

图 5—19 扩散层中的浓度变化

（x：离扩散层表面的距离；δ：扩散层厚度）

此时，电解电流 i 与离子扩散速度成正比，而扩散速度又与浓度差（$c-c_e$）成正比，与扩散层厚度 δ 成反比：

$$i=k(c-c_e)/\delta$$

外加电压继续增加，c_e 趋近于 0，$c-c_e$ 趋近于 c 时，这时电流的大小完全受溶液浓度 c 来控制——极限电流 i_d：

$$i_d=kc$$

1）极限扩散电流方程式——尤考维奇方程式

$i_d=kc$ 中的 k 称为尤考维奇常数，$k=607nD^{1/2}m^{2/3}t^{1/6}$

所以，

$$i_d=607nD^{1/2}m^{2/3}t^{1/6}c \tag{5—5}$$

式中　i_d——平均极限扩散电流，A；

n——电子转移数；

D——扩散系数，cm^2/s；

m——汞滴流量，g/s；

t——测量时汞滴周期时间，s；

c——待测物浓度。

2）影响扩散电流的因素

①溶液组分的影响。试样溶液的组分不同，溶液黏度不同，因而扩散系数 D 不同。分析时应使标准液与待测液组分基本一致。

②毛细管特性的影响。汞滴流速（m）、滴汞周期（t）都是受毛细管特性的影响，因此，毛细管特性将影响平均扩散电流大小。通常将 $m^{2/3}t^{1/6}$ 称为毛细管特性常数。设汞柱高度为 h，因 $m=k'h$，$t=k''/h$，则毛细管特性常数 $m^{2/3}t^{1/6}=kh^{1/2}$，即平均极限扩散电流与 $h^{1/2}$ 成正比。因此，实验中汞柱高度必须一致。

③温度影响。除 n 外，温度影响公式中的各项，尤其是扩散系数 D。室温下，温度每增加 $1℃$，扩散电流增加约 1.3%，因此控制温度的精度须在 $±0.5℃$。

（2）极谱定量分析方法。在极谱图上，极限扩散电流减去残余扩散电流即得扩散电流。由扩散电流的大小，根据扩散电流方程式，就可计算出被测物质的含量。极谱分析的关键是准确测量扩散电流（极谱波的波高），因此除选择好适当的底液外，通常是测量极谱波的波高来求得待测物质的浓度，这是极谱法定量的依据。

1）波高的测量。在极谱法中，波高的测量只需相对波高即可（以 mm 或记录纸表格格数表示均可），而不需要绝对值。测量波高的方法很多，一般常用平行线法和三切线法。

①平行线法。平行线法如图 5—20 所示，适用于测量波形良好的极谱波波高。可通过极谱波的残余电流部分和极限扩散电流部分作两条相互平行的直线 AB 和 CD，两线间的垂直距离 h 即为所求的波高。但在实际测量中，许多极谱波的残余电流和极限扩散电流部分并不平行，故此方法的应用受到一定限制。

②三切线法。作极限扩散电流、上升波、残余电流的切线 AB、CD、EF，AB、CD 与 EF 分别交于 O、P 两点，过 O、P 两点作平行于横坐标的两条平行线。两线间的距离就是波高 h，如图 5—21 所示。波高 h 与被测组分的浓度成正比，这是极谱法定量的依据。

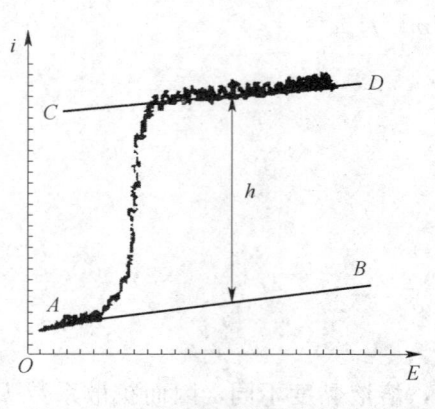

图 5—20 平行线法测量波高示意图

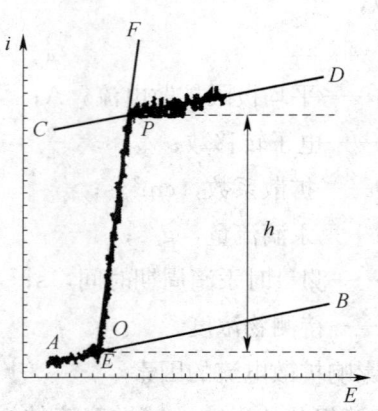

图 5—21 三切线法测量波高示意图

2）定量分析方法

①直接比较法。此法是将浓度为 c 的标准液和浓度为 c_x 的待测液在相同的实验条件下分别测得波高为 h 和 h_x 的极谱图，根据测量得到的波高与被测离子成正比，即可求出待测溶液的浓度。

$$h = kc$$
$$h_x = kc_x$$

则

$$c_x = c\frac{h_x}{h}$$

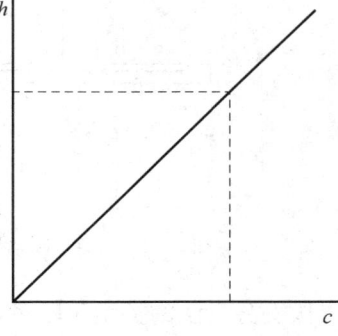

图 5—22　工作曲线

②工作曲线法。配制一系列含有不同浓度的待测物的标准溶液，在相同的实验条件下作各个溶液的极谱波，求出各溶液的波高。再以浓度为横坐标，波高为纵坐标作浓度－波高图，如图 5—22 所示，得一过原点的直线，为工作曲线。然后在相同条件下测定试液的波高，由工作曲线上查得试液中待测组分的浓度。

③标准加入法。对于较复杂的样品和测定要求有较高的分析精度时，常用标准加入法。该法先测得体积为 V_x，待测组分浓度为 c_x 的试样溶液的波高 h_x。然后加入浓度为 c_s，体积为 V_s 的待测组分的标准溶液，在相同条件下测定其波高 h_s。由极谱电流公式计算得被测组分的浓度 c_x 如下：

$$h_x = kc_x$$
$$h_s = k\left(\frac{c_x V_x + c_s V_s}{V_x + V_s}\right)$$
$$c_x = \frac{c_s V_s h_x}{h_s(V_x + V_s) - h_x V_x} \tag{5—6}$$

三、伏安分析法

伏安法是一种根据电流－电位曲线来进行分析的方法，它使用固态或表面静止电极作工作电极，电极可以固定不转动，也可以转动。采用旋转型的电极，是由于静止工作电极上的电流分布是不均匀的，造成电极表面反应产物的不均匀分布。同时静止的溶液中的传质速率比较小，影响电解的速率，而采用强制对流技术—搅拌溶液的方式，可以克服静止状态下的不足之处。最为理想的搅拌方式是旋转电极，常见的旋转型电极有旋转圆盘电极和旋转环—圆盘电极，如图 5—23 和图 5—24 所示。

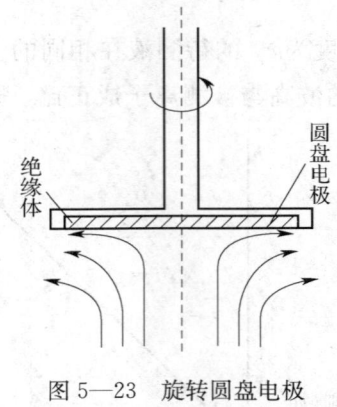
图 5—23 旋转圆盘电极

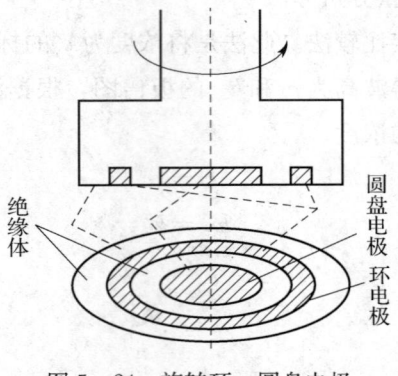
图 5—24 旋转环—圆盘电极

伏安分析法的类型比较多,下面介绍几种常用的类型。

1. 线性扫描伏安法

线性扫描伏安法也称线性电位扫描计时电流法。其工作电极上的电位随扫描速率线性增加,如图 5—25 所示,测量不同电位时相应的极化电流,根据记录的电流—电位曲线来进行分析。直流极谱施加的也是线性扫描,但速率很慢,线性扫描伏安法电位变化速率比直流极谱施加的线性扫描要快得很多,而且使用的是固体电极或表面积不变的悬汞滴电极。电极电位与扫描速率和时间的关系:

$$E - E_i = vt \tag{5—7}$$

式中 v——电位扫描速率,V/s;
E_i——起始扫描的电位,V;
t——扫描时间,s。

线性扫描伏安图的基本特征是一种峰状的曲线,如图 5—26 所示。伏安图的形成可从扩散电流理论得知。当电位为正时,不足以使被测物质在电极上还原,电流没有变化,即电极表面和本体溶液中物质的浓度是相同的,无浓差极化。当电位变负,达到被测物质的还原电位时,物质在电极上很快地还原,电极表面物质的浓度迅速下降,电流急速上升。若电位变负的速率很快,则可还原物质会急剧地还原,其在电极表面附近的浓度迅速地降低并趋近于零,此时电流达最大值。电位继续变负,溶液中的可还原物质要从更远处向电极表面扩散,扩散层因此变厚,电流随时间的变化按式 $i_d = nFAD_0^{1/2} \dfrac{c_0^b}{\sqrt{\pi t}}$ 的规律缓慢衰减,于是形成了一种峰状的电流—电位曲线。

描述线性扫描伏安图的主要参数有 i_p(峰电流)、E_p(峰电位)和 $E_{p/2}$(半峰电位,即电流为 $i_{p/2}$ 处的电位),见图 5—26。对于可逆电极反应,电流的定量表达式:

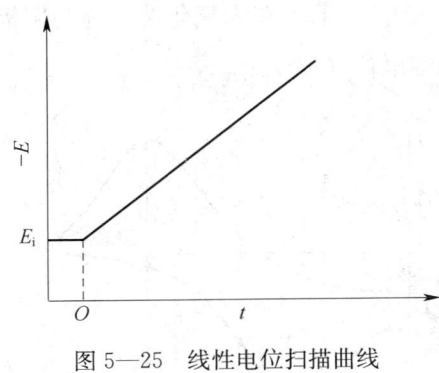 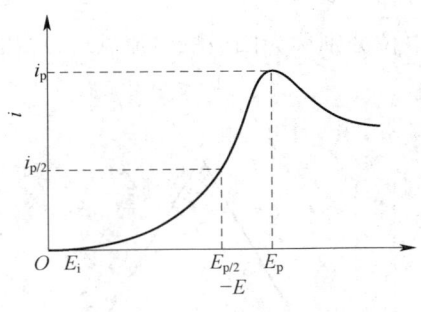

图 5—25 线性电位扫描曲线　　　图 5—26 线性扫描伏安图

$$i_p = 2.69 \times 10^5 n^{3/2} D^{1/2} v^{1/2} Ac \tag{5—8}$$

式中　i_p——峰电流，A；

　　　n——电子转移数；

　　　D——扩散系数，cm^2/s；

　　　V——电位扫描速率，V/s；

　　　A——电极表面积，cm^2；

　　　c——被测物质的浓度，mol/L。

可见，峰电流与被测物质的浓度成正比且与扫描速率等因素有关。由能势特方程可以导出 E_p 和 $E_{p/2}$ 与直流极谱的半波电位 $E_{1/2}$ 的关系式：

$$E_p - E_{1/2} = E_{1/2} - E_{p/2} = -1.109 \frac{RT}{nF} \tag{5—9}$$

在 25℃时，峰电位 E_p 与半波电位 $E_{1/2}$ 相差约 28.5 mv/n。

对于受扩散控制的可逆电极反应，其线性扫描伏安图一般具有下列特征：i_p 与 $V^{1/2}$ 成正比，E_p 与 V 无关，由 $E_p - E_{1/2}$ 的实验值可求得 n 值。若在 25℃时，$E_p - E_{1/2}$ 大于 57 mV/n，则可能是准可逆或不可逆波电极反应。

2. 循环伏安法

循环伏安法的电位扫描曲线是从起始电位 E_i 开始，线性扫描到终止电位 E_τ 后，再回过头来扫描到起始电位。其电位—时间曲线如同一个三角形，因此又称三角波电位扫描，如图 5—27 所示。

对于可逆的电化学反应，当电位从正向负方向线性扫描时，溶液中的氧化态物质 O 在电极上还原生成还原态物质 R：$O + ne^- \rightarrow R$；当电位逆向扫描时，R 则在电极上氧化为 O：$R \rightarrow O + ne^-$，其电流—电位曲线如图 5—28 所示。图中曲线呈现出一个还原氧化全过程，是一个循环曲线，因此称为循环伏安图。图的上半部是还原波，称为阴极支，其电流和电位分别称为阴极峰电流（$i_{p,c}$）和阴极峰电位（$E_{p,c}$）；下半部为氧化波，称为阳极支，其电流和电位分别称为阳极峰电流（$i_{p,a}$）和阳极峰电位（$E_{p,a}$）。

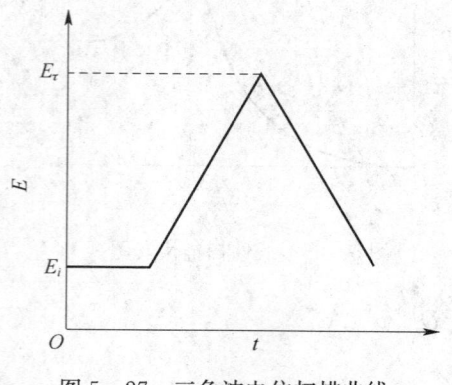

图5—27 三角波电位扫描曲线

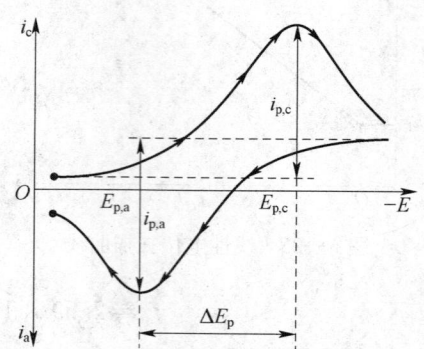

图5—28 循环伏安法电流－电位扫描曲线

循环伏安法是基本的电化学研究方法，在研究电化学反应的性质、机理和电极过程动力参数等方面有着广泛的应用，如电极过程可逆性判别（见图5—29）、电极反应机理判别（见图5—30）。

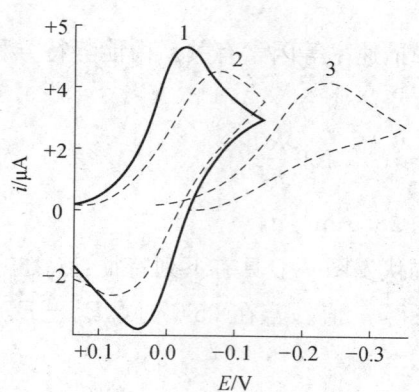

图5—29 不同电极过程的循环伏安图
1—可逆过程　2—准可逆过程　3—不可逆过程

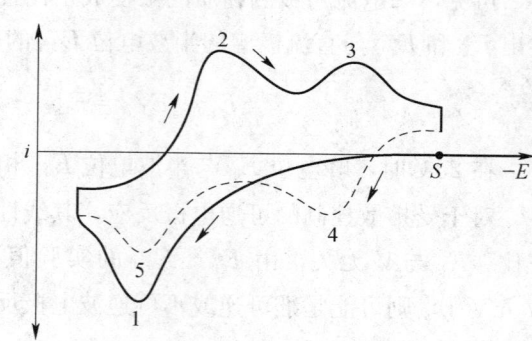

图5—30 对氨基苯酚的循环伏安图
1—可逆过程　2—准可逆过程　3—不可逆过程

由图5—30中可知，在第一次阳极化扫描时，峰1是对氨基苯酚的氧化峰，电极反应为（1）；由（1）反应得到的对亚氨基苯醌在电极表面还会发生（2）的反应，而对亚氨基苯醌和苯醌均可在电极上还原。所以，在进行阴极化扫描时，对亚氨基苯醌被还原为对氨基苯酚，形成还原峰2；苯醌在较负的电位被还原为对苯二酚，见电极反应（3），产生还原峰3。当再一次阳极扫描时，对苯二酚又氧化为苯醌，见电极反应（3），形成峰4。峰5

与峰 1 相同，因对氨基苯酚的浓度减小，所以峰 5 低于峰 1。因此，得出峰 1、5、2 对应电极反应（1），峰 3、4 对应电极反应（3）。所以，利用循环伏安法可以获得电极表面物质及电极反应的有关信息，可以对有机物、金属化合物及生物物质等的氧化还原机理作出准确的判断。

$$\underset{(1)}{\text{HO-C}_6\text{H}_3(\text{NH}_2)} \rightleftharpoons \text{O=C}_6\text{H}_3(\text{=NH}) + 2\text{H}^+ + 2\text{e}^- \quad ; \quad \underset{(2)}{\text{O=C}_6\text{H}_3(\text{=NH}) + \text{H}_3\text{O}^+ \rightleftharpoons \text{O=C}_6\text{H}_4\text{=O} + \text{NH}_4^+} \quad ; \quad \underset{(3)}{\text{O=C}_6\text{H}_4\text{=O} + 2\text{H}^+ + 2\text{e}^- \rightleftharpoons \text{HO-C}_6\text{H}_4\text{-OH}}$$

3. 溶出伏安法

溶出伏安法是先将被测物质以某种方式富集在电极表面，而后借助线性电位扫描或脉冲技术将电极表面富集物质溶出，根据溶出过程得到的电流－电位曲线来进行分析的方法。富集过程往往通过电解来实现，电解富集时工作电极作为阴极，溶出时作为阳极，称为阳极溶出法；相反，工作电极作为阳极来电解富集，而作为阴极进行溶出，则称为阴极溶出法。如果富集过程是通过吸附作用完成的，则称为吸附溶出伏安法。溶出伏安法具有很高的灵敏度，对某些金属离子及有机化合物的测定，可达 $10^{-10} \sim 10^{-15}$ mol/L，因此其应用非常广泛。

（1）阳极溶出伏安法。图 5—31 为阳极溶出伏安法的电流－电位曲线，它包括电解富集和溶出两个过程。富集时工作电极的电位选择在被测物质的极限电流区域（图 5—31 虚线处），金属离子在汞电极表面还原形成金属汞齐，因电极表面积很小，经较长时间富集后电极表面汞齐中金属的浓度相当大（浓缩作用）。溶出时，是以快速的阳极化电位扫描方式进行，汞齐中的金属迅速地被氧化，从而产生尖峰状的溶出电流曲线。

例如在 1.5 mol/L 盐酸介质中的悬汞电极上测定痕量铜、铅、镉，先将悬汞电极电位控制在 -0.8 V。电解一段时间后，溶液中的一部分二价的铜、铅、镉在电极上被还原，生成汞齐。电解完毕后，将悬汞电极的电位线性地由负向正快速变化，这时先后得到镉、铅和铜的溶出峰电流，如图 5—32 所示。对于线性扫描溶出过程，溶出峰电流与被测物质浓度的关系可简单地表示为 $i_p = kc_0$，这是定量基础。

（2）阴极溶出伏安法。溶出伏安法除用于测定金属离子以外，还可以测定如氯、溴、碘、硫等一些阴离子，被称为阴极溶出伏安法。它虽然也包含电解富集和溶出两个过程，但原理上恰恰相反，即富集过程是被测物质的氧化沉积，溶出过程是沉积物的还原。阴极溶出伏安法的富集过程通常有两种情况。

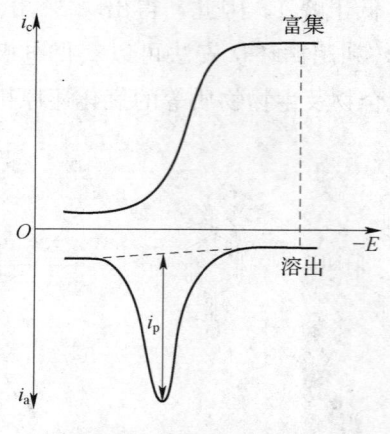 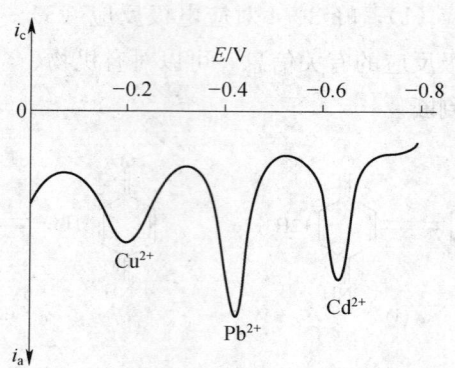

图 5—31　阳极溶出伏安法的　　　　图 5—32　盐酸介质中的铜、
　　　　　富集和溶出过程　　　　　　　　　　　铅、镉离子的溶出伏安图

一是被测阴离子与阳离子（电极材料被氧化的产物）生成难溶化合物而富集。如 Cl^- 在汞电极上的阴极溶出伏安法：

富集　　　　　　$Hg^{2+} + Cl^- \rightarrow HgCl_2 \downarrow$

溶出　　　　　　$HgCl_2 \downarrow + 2e^- \rightarrow Hg + 2Cl^-$

二是被测离子在电极上氧化后与溶液中某种试剂在电极表面生成难溶化合物而富集。如 Tl^+ 在 pH=8.5 的介质中和石墨碳电极上的阴极溶出伏安法：

富集　　　　　　$Tl^+ \rightarrow Tl^{3+} + 2e^-$

　　　　　　　　$Tl^{3+} + 3OH^- \rightarrow Tl(OH)_3 \downarrow$

溶出　　　　　　$Tl(OH)_3 \downarrow + 2e^- \rightarrow Tl^+ + 3OH^-$

许多生物物质或药物，如嘧啶类衍生物等，能够与 Hg^{2+} 生成难溶化合物，就能用阴极溶出伏安法测定，而且具有很高的灵敏度。

（3）吸附溶出伏安法。吸附溶出伏安法类似于上述阳极或阴极溶出伏安法，所不同的是其富集过程是通过非电解过程即吸附来完成的，而且，被测物质可以是开路富集，也可以是控制工作电极电位来富集，被测物质的价态不发生变化。但溶出过程与上述溶出伏安法一样，即借助电位扫描使电极表面富集的物质氧化或还原溶出，根据其溶出峰电流－电位曲线进行定量分析某些生物分子、药物或有机化合物如血红素、多巴胺、尿酸和可卡因等，在汞电极上具有强烈的吸附性，它们从溶液向电极表面吸附传递并不断地富集在电极上。因电极面积很小，这样，电极表面被测物质浓度远远大于本体溶液中的浓度。在溶出过程，使用快速的电位扫描速率（大于 100 mV/s），富集的物质会迅速地氧化或还原溶出，因而获得大的溶出电流而提高灵敏度。

对于析出电位很正或很负的一些金属离子，如镁、钙、铝和稀土离子等，伏安法一般难以直接测定，但是它们能跟某些配位体形成吸附性很强的络合物而在汞电极上吸附富集。在溶出过程中，通过配位体的还原而间接地测定这些离子。例如，以铬黑 T 为配位体，可用于镁、钙离子的吸附溶出伏安法测定。这类方法灵敏度很高，可达 $10^{-7} \sim 10^{-9}$ mol/L，应用十分广泛。

值得指出的是，在非电解富集过程可以通过吸附，也借助其他方法来完成。常见的是利用被测物质与电极表面之间的各种反应（共价、离子交换等）来进行富集。不过，常规电极（汞、金、碳电极等）会受到限制，这需要使用一些技术，如化学修饰电极，使具有络合、离子交换性质的化合物连接到常规电极表面。例如，将 EDTA 掺入石墨粉中制备的所谓化学修饰碳糊电极，就是利用了电极表面的 EDTA 与 Ag^+ 的反应来进行富集，可测定低至 10^{-11} mol/L 的 Ag^+。

第 4 节 操作技能训练

一、库仑滴定法测定试样中硫代硫酸钠的浓度

1. 准备工作

（1）试剂（除注明外，试剂为 AR 级，水为 GB/T6682 中规定的三级水）

1）KI 溶液，0.1 mol/L。称取 1.7 g KI（AR）溶于 100 mL 蒸馏水中，摇匀。

2）0.1 mol/L 磷酸盐缓冲溶液，pH=8。

3）稀 $Na_2S_2O_3$ 溶液。

4）未知试样溶液。

（2）仪器

1）库仑滴定仪，附恒电流电源、铂片电极 4 支（约 0.3 cm×0.6 cm）。

2）秒表。

2. 训练步骤

（1）测定。按图 5—6 连接线路，Pt 工作电极接恒电流源的正端，Pt 辅助电极接负端并把它装在玻璃套管中。电解池中加入 0.1 mol/L KI 溶液 5 mL，放入搅拌子，插入 4 支 Pt 电极并加入适量蒸馏水使电极恰好浸没，玻璃套管中也加入适量 KI 溶液。用永停终点

法指示终点,并调节加在 Pt 指示电极上的直流电压约 50~100 mV。开启库仑滴定计恒电流源开关,调节电解电流为 1.00 mA,此时 Pt 工作电极上有 I_2 产生,回路中有电流显示,此时应立即用滴管滴加几滴稀 $Na_2S_2O_3$ 溶液,使电流回至原值并迅速关闭恒电流源开关。这一步称为预滴定,能将 KI 溶液中的还原性杂质除去。仪器调节完毕可开始进行库仑滴定测定。

准确移取未知试样溶液 1.00 mL 于上述电解池中,开启恒电流源开关,同时记录时间(用秒表),库仑滴定开始,直至电流显示器上有微小电流变化或永停法电流突变,停止滴定,立即关恒电流源开关,同时记录电解时间,一次测定完成。平行测定 3 次。

(2) 结果计算

1) 试样溶液中的浓度按下式计算:

$$c(Na_2S_2O_3) = \frac{it}{965\,48V}$$

式中 $c(Na_2S_2O_3)$ ——硫代硫酸钠溶液的浓度,mol/L;

i ——电解电流,mA;

t ——滴定的时间,s;

V ——取试样溶液的体积,mL。

2) 计算浓度的平均值和标准偏差。

3. 注意事项

(1) 电极的极性切勿接错,若接错必须仔细清洗电极。

(2) 保护管中应放 KI 溶液,使 Pt 电极浸没。

(3) 每次试液必须准确移取。

(4) 若铂电极被污染,必须用稀硝酸溶液清洗后用蒸馏水冲洗干净。

二、阳极溶出伏安法测定镉

1. 准备工作

(1) 试剂和材料(除注明外,试剂为 AR 级,水为 GB/T6682 中规定的三级水)

1) Cd^{2+} 标准溶液,1.000×10^{-3} mol/L。准确称取分析纯 $CdCl_2 \cdot \frac{1}{2}H_2O$ 0.228 4 g,用蒸馏水溶解后移入 1 000 mL 容量瓶中,稀释至刻度,摇匀。

2) KCl 溶液,0.25 mol/L。称取分析纯 KCl 18.64 g,用蒸馏水稀释至 1 000 mL。

3) HCl 溶液,0.1 mol/L。

4) HNO_3 溶液,1+1。

5) 饱和 Na_2SO_3 溶液。

6) KCl 溶液，0.1 mol/L（Na_2SO_3 除 O_2）。

7) 氨水溶液，1+10（Na_2SO_3 除 O_2）。

8) 废水未知试样溶液。

9) 定性滤纸。

10) 作图纸（小方格坐标纸）。

(2) 仪器

1) 极谱仪或溶出伏安仪。

2) 银基汞膜电极和银—氯化银电极。

3) z—y 函数记录仪。

4) 秒表。

5) 分析天平，感量 0.1 mg。

6) 分刻度吸量管，5 mL。

7) 容量瓶，50 mL，7 只。

2. 训练步骤

(1) 电极的准备

1) 汞膜电极。用湿滤纸沾去污粉擦净电极表面，用蒸馏水冲洗后浸在 1+1 HNO_3 中，待表面刚变白后立即用蒸馏水冲洗并沾汞。初次沾汞往往浸润性不良，可用于滤纸将沾有少许汞的电极表面擦匀擦亮，再用 1+1 HNO_3 把此汞膜溶解，蒸馏水洗净后重新涂汞膜。每次沾涂 1 滴汞（约 4~5 mg），涂汞需在 Na_2SO_3 除 O_2 的氨水中进行。新制备的汞膜电极应在 0.1 mol/L KCl（Na_2SO_3 除 O_2）溶液中由 -1.8 V 银—氯化银电极阴极化并正向扫描至 -0.2 V，如此反复扫描 3 次左右后电极便可使用。实验结束后。将该电极浸在 0.1 mol/L $NH_3 \cdot H_2O$—NH_4Cl 溶液中待用。

2) 银—氯化银电极。在银电极表面用去污粉擦净，在 0.1 mol/L HCl 中氯化。以银电极为阳极，铂电极为阴极，外加 $+0.5$ V 电压后银电极表面逐步呈暗灰色。为使制备的电极性能稳定，将电极换向，以银电极为阴极，铂电极为阳极，外加 1.5 V 电压使银电极还原表面变白，然后再氯化。如此反复数次，制得银—氯化银电极。实验结束后，将电极浸在 0.1 mol/L KCl 溶液中待用。

(2) Cd^{2+} 浓度与溶出峰高的工作曲线制作。用吸量管准确移取 1.000×10^{-5} mol/L 的 Cd^{2+} 标准溶液 0、0.40、0.80、1.20、2.00 mL 于 5 只 50 mL 容量瓶中，再分别加入 0.25 mol/L 的 KCl 溶液 10 mL，5 滴饱和 Na_2SO_3 溶液，用蒸馏水稀释至刻度，摇匀，待用。

以银基汞膜电极为工作电极，银-氯化银电极为参比电极，在-1.0 V电压下预电解2 min。静止30 s后向正方向扫描溶出，记录阳极波，并分别测量峰高。以Cd^{2+}浓度为横座标，溶出峰高为纵坐标作工作曲线。

(3) 废水中Cd^{2+}的测定。准确移取试液10 mL于50 mL容量瓶中，加入0.25 mol/L的KCl溶液10 mL，5滴饱和Na_2SO_3溶液，用蒸馏水稀释至刻度，摇匀。用上述同样条件进行溶出测定，记录阳极波，并测量峰高。进行平行测定。

(4) 测定结果的处理

1) 绘制峰高与Cd^{2+}浓度的工作曲线。

2) 根据工作曲线，计算试样溶液中Cd^{2+}浓度，分别以mol/L和ppb表示。

3) 计算平行测定的相对偏差。

3. 注意事项

(1) 每进行一次溶出测定后，应在扫描终止电位-0.2 V处停扫30 s左右，使镉溶出，经扫描检验溶出曲线的基线基本平直后，再进行下一次测定。

(2) 为了防止汞膜电极被氧化，扫描终止电位应在-0.2 V处。

本章测试题

一、判断题（下列判断正确的请打"√"，错误的打"×"）

1. 饱和甘汞电极的KCl溶液中应有固体KCl存在，该电极才能使用。（　）
2. 在进行电位滴定时，被测溶液的搅拌速度越快越好。（　）
3. 在电位滴定法中，玻璃电极与饱和甘汞电极安装时两电极在溶液中的深度应一致。
（　）
4. 在电位滴定法时，化学计量点是可以通过二级微商计算来确定的。（　）
5. 电位滴定是根据滴定剂浓度和终点时滴定剂消耗体积计算试液中待测组分含量。
（　）
6. 电位滴定法中酸碱滴定一般采用酶电极做指示电极、饱和甘汞电极做参比电极。
（　）
7. 电位滴定的滴定管可选用常量滴定管或微量滴定管，半微量滴定管。（　）
8. 自动电位滴定仪一般能自动控制滴定速度，终点时会自动停止滴定。（　）
9. 进行电位滴定时，只要选择一支合适的指示电极，浸入待测试液中即可。（　）
10. 电位滴定终点确定方法中，$E-V$曲线法是以加入滴定剂的体积为纵坐标、以相应的电动势为横坐标，绘制$E-V$曲线。（　）

11. 电位滴定终点确定方法中，$\Delta E/\Delta V - V$ 曲线法又称一阶微商法。（   ）
12. 在电位滴定法中，可以通过计算来确定滴定终点所消耗的标准滴定溶液体积的方法是二级微商的内插法。（   ）
13. 电位滴定法除可以测定单组分体系外，在一定条件下可以进行多组分连续滴定。（   ）
14. 库仑分析法分两类：恒电位库仑分析和微库仑分析。（   ）
15. 库仑分析法定量的依据是欧姆定律。（   ）
16. 库仑法中测定了转化率，就不必测定其电流效率。（   ）
17. 电解 $AgNO_3$ 和 $Hg(NO_3)_2$ 消耗的电量是相等时，得到金属银和金属汞的质量是相等的。（   ）
18. 恒电位库仑分析也叫控制电位库仑分析。（   ）
19. 恒电流库仑分析也叫控制电流库仑分析、库仑滴定。（   ）
20. 微库仑分析主要用于测定原油和石油制品中的微量硫以及有机物的元素分析。（   ）
21. 伏安法是一种特殊形式的电解分析方法，根据所得到的电流－电位曲线来进行分析。（   ）
22. 伏安分析法中被测试样溶液的组成基本不变。（   ）
23. 在经典极谱上完成一个还原和氧化过程的循环，这就是循环伏安法。（   ）
24. 极谱法的工作电极是悬汞电极。（   ）
25. 极谱法中电解后溶液的浓度和组成没有显著变化是由于电解通过电流很小。（   ）
26. 当电解溶液的组成一定时，任一物质的半波电位相同。（   ）
27. 在伏安法和极谱法中扩散电流的大小取决于离子的扩散速度。（   ）
28. 在循环伏安法中其可逆过程中循环伏安曲线呈现不对称性。（   ）

二、单项选择题（下列每题的选项中，只有 1 个是正确的，请将其代号填在横线空白处）

1. 在电位滴定法中，用 $AgNO_3$ 标准滴定溶液测定样品中氯离子含量，采用银电极和玻璃电极，则在安装两电极时的高度为_____。
   （A）玻璃电极高于银电极　　　（B）两电极高度相同
   （C）玻璃电极低于银电极　　　（D）都可以

2. 在电位滴定测定氯离子与碘离子时，用_____为标准滴定溶液。
   （A）$AgNO_3$　　（B）$Hg(NO_3)_2$　　（C）$AgCl$　　（D）Ag_2SO_4

3. 在电位滴定法中可以通过计算来确定滴定终点所消耗的标准滴定溶液体积的方法是_____。

（A）滴定曲线 　　　　　　　　　　　（B）一级微商

（C）二级微商的内插法

4. 离子选择电极在一段时间内不用或新电极在使用前必须进行_____。

（A）活化处理 　　　　　　　　　　　（B）用被测浓溶液浸泡

（C）用蒸馏水浸泡 24 h 以上

5. 在电位滴定分析中，化学计量点的确定通常有_____种方法。

（A）1　　　　（B）2　　　　（C）3　　　　（D）4

6. 电位滴定法中氧化还原滴定一般采用铂电极做指示电极、_____做参比电极。

（A）银电极 　　　　　　　　　　　　（B）标准氢电极

（C）银－氯化银电极 　　　　　　　　（D）饱和甘汞电极

7. 电位滴定法中银量法一般采用_____做指示电极、饱和甘汞电极做参比电极。

（A）银电极 　　　　　　　　　　　　（B）酶电极

（C）银－氯化银电极 　　　　　　　　（D）玻璃电极

8. 专门为电位滴定设计的成套仪器是_____。

（A）质谱仪 　　　　　　　　　　　　（B）天平

（C）分光光度计 　　　　　　　　　　（D）自动电位滴定仪

9. 电位滴定_____时可快些，测量间隔可大些。

（A）刚开始　　　（B）临近终点　　　（C）刚过终点　　　（D）终点

10. 电位滴定进行至_____时，应每滴加 0.1 mL 标准滴定溶液测量一次电池电动势（或 pH 值）直至电动势变化不大为止。

（A）刚开始 　　　　　　　　　　　　（B）快结束

（C）近化学计量点前后 　　　　　　　（D）滴定管中滴定剂消耗一半体积

11. 电位滴定终点确定方法中，$E-V$ 曲线上的_____所对应的滴定体积即为终点时滴定剂所消耗体积。

（A）拐点　　　（B）最高点　　　（C）最低点　　　（D）中点

12. 电位滴定终点确定方法中，$\Delta E/\Delta V - V$ 曲线法 $\Delta E/\Delta V$ 的计算公式是_____。

（A）$(E_2 - E_1)/(V_2 - V_1)$ 　　　　　（B）$(E_2 + E_1)/(V_2 + V_1)$

（C）$(V_2 - V_1)/(E_2 - E_1)$ 　　　　　（D）$(V_2 + V_1)/(E_2 + E_1)$

13. 在电位滴定法中，终点前后的 2 个体积和二级微商分别为（19.10，6）、（19.20，-12），则终点体积为_____。

（A）19.20　　　（B）19.17　　　（C）19.13　　　（D）19.10

14. 库仑分析法分两类：恒电位库仑分析和_____库仑分析。

(A) 微　　　　　　(B) 控制电位　　　(C) 恒电流　　　　(D) 痕量

15. 电解过程中，在电极上析出的物质的质量与通过电解池的_____之间成正比。
(A) 电量　　　　　(B) 电流　　　　　(C) 电压　　　　　(D) 得失电子数

16. 已知 $M_H = 1$ 时，消耗 965C 电量时可得 H_2 的最大质量是_____ g。
(A) 0.01　　　　　(B) 0.02　　　　　(C) 0.005　　　　(D) 0.0025

17. 必须要用库仑计的是_____。
(A) 恒电流库仑分析　　　　　　　(B) 恒电位库仑分析
(C) 控制电流库仑分析　　　　　　(D) 库仑滴定

18. 库仑滴定是通过_____，来求算出被测物质的质量。
(A) 标准溶液浓度和体积　　　　　(B) 电解进行的时间和电流强度
(C) 未知液浓度和体积　　　　　　(D) 库仑计指示

19. 微库仑仪与经典的恒电压和恒电流库仑分析装置不同的地方是具有_____。
(A) 样品转化装置　　　　　　　　(B) 滴定池
(C) 积分仪　　　　　　　　　　　(D) 进样系统

20. 微库仑法测定微量水份时的计算公式为 $m = Q/96\,500 \times 18/2$，当消耗电量为 10 722 mC 时，则样品中含水量为_____ mg。
(A) 0.5　　　　　　(B) 1.0　　　　　(C) 1.5　　　　　(D) 2.0

21. 极谱波的产生是由于在电极反应过程中出现_____而引起的。
(A) 电化学极化　　(B) 对流　　　　　(C) 浓差极化　　　(D) 离子迁移

22. 在进行极谱定量分析时要求标准溶液和试样溶液的组分基本一致的目的是_____一致。
(A) 使干扰物质的量保持　　　　　(B) 使被测离子的扩散系数相
(C) 使充电电流的大小保持　　　　(D) 使迁移电流的大小保持

23. 溶出伏安法中常使用的工作电极是_____电极。
(A) 滴汞　　　　　(B) 甘汞　　　　　(C) 玻璃　　　　　(D) 玻璃碳

24. 对可逆电极过程中循环伏安曲线的阳极峰和阴极峰的电位差在 25℃ 时为_____ mV。
(A) 56/n　　　　　(B) 52/n　　　　　(C) 28/n　　　　　(D) 59

三、多项选择题（下列每题的选项中，至少有 2 个是正确的，请将其代号填在横线空白处）

1. 含有 Na_2CO_3 和 $NaHCO_3$ 的混合溶液，测定它们的含量时，可选用的方法有_____。

(A) 酸碱滴定—指剂法 (B) 电位滴定法
(C) 离子色谱法 (D) 电导滴定法

2. 以下关于电位滴定法特点的描述，正确的是_____。
(A) 不适用于浑浊或有色溶液的滴定分析
(B) 适用于无合适指示剂的滴定分析
(C) 可进行连续滴定和自动滴定
(D) 能进行微量分析及超微量分析

3. 电位滴定的基本仪器装置包括_____。
(A) 滴定管 (B) 电极
(C) 高阻抗毫伏计 (D) 锥形瓶

4. 自动电位滴定仪的特点描述中，正确的是_____。
(A) 比手动滴定方便 (B) 自动化程度高
(C) 分析速度慢 (D) 分析结果准确度好

5. 电位滴定法中可用_____确定滴定的滴定终点。
(A) 绘制 $E \sim V$ 曲线法 (B) 绘制 $\Delta E/\Delta V \sim V$ 曲线法
(C) 用二阶微商内插法 (D) 色谱法
(E) 绘制 $\Delta^2 E/\Delta V^2 \sim V$ 曲线法 (F) 指示剂

6. 在库仑法中影响电流效率的因素有_____。
(A) 溶液温度 (B) 溶剂的电极反应
(C) 电解液中杂质 (D) 可溶性气体
(E) 电极自身的反应

7. 恒电位库仑滴定法终点指示方法不包括_____。
(A) 指示剂指示 (B) 库仑计指示
(C) 电位法指示 (D) 永停法指示

8. 微库仑仪的组成部件包括_____。
(A) 样品转化装置 (B) 滴定池
(C) 分离系统 (D) 进样系统

9. 极谱分析法按极谱波的类型划分有_____。
(A) 阳极波（氧化波） (B) 简单离子极谱波
(C) 络合物极谱波 (D) 可逆波与不可逆波
(E) 有机化合物极谱波 (F) 阴极波（还原波）

10. 极谱分析法中极谱波的波高测量方法有_____。

(A) 毫伏表读数 　　　　　　　(B) 斜线法

(C) 三切线法 　　　　　　　　(D) 垂直线法

(E) 毫安表读数 　　　　　　　(F) 平行线法

11. 伏安法使用固态或表面静止电极作工作电极有_____电极。

(A) 悬汞 　　　　　　　　　　(B) 石墨

(C) 玻璃状碳 　　　　　　　　(D) 滴汞

(E) 铂 　　　　　　　　　　　(F) 玻璃

12. 常见的伏安法有_____。

(A) 线性扫描伏安法 　　　　　(B) 吸附溶出伏安法

(C) 阳极溶出伏安法 　　　　　(D) 循环伏安法

(E) 阴极溶出伏安法 　　　　　(F) 线性电位扫描计时电流法

四、填空题

1. 在电位滴定测定氯离子与碘离子时，用的标准滴定溶液是_____。

2. 在电位滴定法中，化学计量点是可以用_____计算来确定的。

3. 法拉第电解定律的数学表达式为 $m=$ _____。

4. 在微库仑仪裂解管中进行的样品转化方法分为氧化法、_____。

5. 氧化微库仑法测定有机物中的硫含量时，加入_____是为了防止氯和氮的干扰，但不能防止溴的干扰。

6. 在伏安法中使用的参比极是_____电极。

7. 极谱法是根据记录_____极化曲线来进行分析的一种电化学分析法。

8. 用直接比较法进行极谱定量分析时，滴汞电极的汞柱高度_____，试液的组分保持_____。

本章测试题答案

一、判断题

1.√　2.×　3.×　4.√　5.√　6.×　7.√　8.√　9.×　10.×　11.√　12.√　13.√　14.×　15.×　16.√　17.×　18.√　19.√　20.√　21.√　22.√　23.×　24.×　25.√　26.×　27.√　28.×

二、单项选择题

1.A　2.A　3.C　4.A　5.D　6.D　7.A　8.D　9.A　10.C　11.A　12.A　13.C　14.C　15.A　16.A　17.B　18.B　19.A　20.B　21.C　22.B　23.D　24.A

三、多项选择题

1. AB 2. BCD 3. ABC 4. ABD 5. ABCEF 6. BCDE 7. ACD 8. ABD
9. ABCDEF 10. CF 11. ABCE 12. ABCDEF

四、填空题

1. 硝酸银 2. 二级微商的内插法 3. $\dfrac{M}{nF}Q$ 4. 还原法 5. 叠氮化钠 6. 饱和甘汞
7. 电流－电压（或 $i-V$） 8. 一致，一致

第 6 章

相关知识

第 1 节　检验报告　　　　　　　　　　/272
第 2 节　实验结束工作　　　　　　　　/275
第 3 节　分析实验室规章制度　　　　　/279
第 4 节　分析实验室"三废"处理　　　/281

学习目标

1. 了解检验报告的要求、内容、格式及相关的管理制度。
2. 掌握分析实验室中测试工作完成后的相关结束工作，尤其仪器的维护保养和安全工作。
3. 了解分析实验室规章制度种类和相关主要内容。
4. 掌握分析实验室常见"三废"处理种类、国家规定的排放标准和"三废"处理方法。

第 1 节　检 验 报 告

一、检验报告的要求和内容

1. 检验报告的内容和格式

检验结果是以检验报告的形式报出，检验报告是检测机构的主要产品，它的质量如何，直接反映了检测机构的整体技术水平和管理水平的高低。因此，严肃、认真地做好检验报告，防止发出的检验报告的差错，是检测机构的质量管理的重要组成部分之一。

在企业中，检验报告一般分为产品检验报告（包括购进原材料的检验）和中控检验报告两种。产品检验报告至少一式三份，中间控制分析的检验报告至少一式两份，其中一份检测机构留存，归档。国家实验室或检测中心一般只有对外的检验报告一种，至少一式两份，其中一份自留，存档。

每个检测机构对自己的检验报告要有一定的格式和内容要求（参考 GB/T 15481—2000 中 5.10 内容），其内容应有检验报告名称、检测机构名称、唯一性编号、被检物品名称、生产日期（或批号）、取样日期、分析日期、代表批量、检测目的、检测依据、检测项目、标准规定指标值、实测数据、检验结论、备注、检测人、复核人、审批（准）人签字及检验报告日期等项目，必须盖检测机构公章，才能生效。例××××研究院检测中心的化肥及分子筛检验报告式样和××××××厂的液体无水氨的检验报告的式样，请参阅附件一、附件二。至于企业对内的原材料检收或中间控制分析的检验报告，可参考上述内容根据单位自己的需要制定格式和内容。

2. 检验结果的判定

检验结果判定的依据是其标准中规定的技术指标值,而技术指标值往往用极限数值来表示的,在国家标准 GB/T 8170—2008 "数值修约规则与极限数值的表示和判定"中对于极限数值的表示方法有了明确的规定:基本用语为大于（>）、小于（<）、大于或等于（≥）、小于或等于（≤）4 个,在一般情况下使用这四个基本用语已能满足要求,至于特定情况下的基本用语和允许的习惯用语,请参阅上述标准,不再介绍。

关于检验结果的判定,在国家标准 GB/T 8170—2008 "数值修约规则与极限数值的表示和判定"中明确规定有两种判定方法:一是全数值比较法,另一是修约值比较法。标准中还规定:当标准或有关文件中,若对极限数值（包括带有极限编差值的数值）无特殊规定时,均应使用全数值比较法。若规定采用修约值比较法,应在标准中加以说明。若标准或有关文件规定了其中一种比较方法时,一经确定,不得改动。

全数值比较法是将测试所得的测定值或计算值不经修约处理（或虽经修约处理,但应标明它是经舍、进或未进未舍而得）,用该数值与规定的极限值作比较,只要超出极限数值规定的范围（不论超出程度大小）,都判定为不符合要求。修约值比较法是将测试所得的测定值或计算值进行修约,修约后的数位应与规定的极限数值数位一致,将修约后的数值与规定的极限值进行比较,只要超出极限值规定的范围（不论超出程度大小）,都判定为不符合要求。

对于标准中同一极限数值的指标要求而言,全数值比较法比修约值比较法严格。凡是用全数值比较法判定为符合标准要求的,则用修约值比较法判定也一定符合标准要求;但反之则不一定都符合。详见表 6—1 所列实例。

表 6—1　全数值比较法和修约值比较法在化工产品标准中指标值的判定实例

指标项目	指标 （极限数值）	测量值或 计算值	全数值比较法		修约值比较法	
			可写成	是否符合标值	修约值	是否符合标值
氯化钠质量分数% ≥	97.0	97.01	97.0（+）	符合	97.0	符合
		97.00	97.0	符合	97.0	符合
		96.95	97.0（-）	不符合	97.0	符合
		96.94	96.9（+）	不符合	96.9	不符合
铬质量分数%	0.30~0.60	0.294	0.29（+）	不符合	0.29	不符合
		0.295	0.30（-）	不符合	0.30	符合
		0.605	0.60（+）	不符合	0.60	符合
		0.606	0.61（-）	不符合	0.61	不符合

续表

指标项目	指标（极限数值）	测量值或计算值	全数值比较法		修约值比较法	
			可写成	是否符合标值	修约值	是否符合标值
硅质量分数% ≤	0.04	0.045	0.04（+）	不符合	0.04	符合
		0.046	0.05（-）	不符合	0.05	不符合
		0.039	0.04（-）	符合	0.04	符合
		0.041	0.04（+）	不符合	0.04	符合

二、检验报告的三级审核

1. 检验报告的书写、报出

检验报告的书写应字迹清晰、端正（最好用计算机打印），项目应填写齐全，不应有空项，若有项目不填报时可用斜杠"/"在书写的空格内划去或在空格内写"无"。书写应无差错，不得涂改。计量单位、名词术语正确，检验项目和数据必须与原始记录相一致，报出的数值一般应与标准指标数值的有效数字的位数保持一致。对于杂质的测定，若在规定的仪器精度和实验方法的情况下没有检测数据时，可以"未检出"报出结果，或报出小于仪器的检测极限值的结果，绝不能报出"0"或"无"的结果；若检出杂质含量时，远远小于指标界限值时，报出结果可保留一位有效数字。例如，某产品标准中，规定某杂质的含量（质量百分数）为≤0.01%，检验测定结果为0.002 6%，则报出结果可以是0.003%或<0.005%。尤其要注意：当平行测定结果超过标准规定的允许误差；或者平行测定的结果中，其中一个测定值为合格，另一个测定值为不合格，但两结果不超过标准规定的允许差时，这两种情况都不能取平均值报出，必须重新测后定，再根据测定结果作出判定后再报出。

2. 检验报告的三级审核

检验报告必须认真执行复核、审批制度。复核者主要核对检验报告中的项目是否与标准要求的一致，数字、符号、计量单位、日期、批量等是否与原始记录一致，是否有漏项或空项；审核者负责审查综合判定的结论是否正确。检验报告必须有检验者、复（审）核者、批准者三级签字后才能加盖检验专用章，此时检验报告方能有效。因此空白的检验报告上不容许事先盖好检验专用章。

若对已发出的检验报告，发现错误需要更改或补充时，应另发一份"对编号××××检验报告的补充（或更改）"的技术文件，并声明追回（或作废）原检验报告。

三、检验报告的管理制度

检验报告应制定有效的管理制度。检验报告应按唯一性编号顺序定期装订成册（不得缺页），按月或按年整理归档，由专人负责管理，保存期一般不少于三年；也可用计算机储存管理，但需有备份。对已发出的有差错的检验报告，应制定纠错的相关制度；检验报告的借阅也应制定相关的制度，例借阅者的范围、借阅的审批、借阅时间等内容方面的规定。对已过了保存期限的检验报告应登记造册，经一定的审批手续后，方可进行处理（或销毁）等方面的制度，且制定的制度应切实可行，可操作性强。

第 2 节　实验结束工作

实验结束工作是分析检验工作中最后一个工作组成部分，也是不可缺少的一个部分。实验结束工作是否做好，也反映了部门的管理水平和分析检验人员的技术素质。更重要的是实验结束工作是否做好，往往会影响到测定数据的准确性以及实验室的安全性。但是，在实际工作中，结束工作往往被忽视或不够重视。实验结束工作包括有实验仪器设备的关闭、实验仪器设备的维护保养以及实验室的清洁卫生和安全等方面的工作。

一、仪器设备的关闭工作

实验仪器设备在分析检验完成后或实验告一段落后必须进行关闭，这是分析检验人员都是了解的，并在实际工作中也是这样进行的，但如何做好，却往往因人而异。

仪器设备的关闭工作，应按照仪器操作规程进行或按仪器说明书中规定的操作步骤进行。例如，全自动万分之一的电光机械天平，在进行好试样或标准物质的称量后，应做到砝码全部复位到零位，然后进行零点校正，再关闭天平。若在校零点时与称量前的零点发生漂移，如果仅漂移在 0.2 mg 之内，说明称量正常，称量的数据可信；如果漂移大于 0.2 mg 以上，则可能影响到称量数据的准确性，需要检查：是否有被称量的物质洒落在天平的托盘内；或称量之前天平托盘内有异物未清除，在称量过程中异物损失了；或天平本身有问题，甚至在必要时进行重称。而在实际工作中，往往有的人只将砝码复位到零位，不进行零点校正，这样对称量结果是否有问题就难于发现，有可能会造成测定数据超差而报废。

一般使用仪器设备后应进行使用登记，登记内容一般有测量的物质名称、环境条件、仪器是否正常、使用时间、使用人和日期。因仪器设备种类的差别，登记的内容也有所差别，可根据需要进行设置使用登记的内容。进行使用登记的好处之一是一旦仪器或试验出现问题时可以进行追溯。

例如，使用热导池检测器的气相色谱仪进行分析测定结束时，应先关闭热导池检测器的桥电流，再关仪器的其他部分的电源，待热导池检测室的温度降至室温后，再关闭载气，以保护热导池检测器的热敏元件如钨丝不被氧化，这样做可降低热导池检测器噪音，延长热敏元件使用的寿命。但往往有些操作人员没有计划好实验时间，临下班了关仪器，未待热导检测室冷到室温就关载气。甚至有的操作人员将载气减压用的（如氢气表或氧气表）减压阀中的余压也不放，长期这样造成减压阀失效。

有人认为操作仪器设备要注意实验工作结束时仪器关闭工作，而对于化学分析的人员就无所谓仪器设备的关闭工作了。其实，这种想法也是错误的，即使全部使用玻璃仪器的化学分析法，同样存在仪器设备的关闭工作。例如使用了滴定管，实验结束后，滴定管中留有少量滴定溶液不处理，让它在滴定管中过夜，这实际上没有做好实验的结束工作，因为将滴定液留在滴定管中，会造成滴定管的损坏。尤其是当滴定溶液是碱性或含有氟离子的溶液，会使玻璃腐蚀。正确的做法是一天的实验结束后，应该将剩余的溶液倒掉，清洗干净后装蒸馏水至0刻度以上，或滴定管洗干净后倒置在滴定架上。对于不腐蚀玻璃的如稀盐酸类的滴定溶液，用好后应将溶液放满至0刻度以上，滴定管上口应用小烧杯倒扣或用塑料帽盖好，防止滴定管上口敞开致使溶剂的挥发，使滴定溶液的浓度变化，而在第二天的实验中就不能再用。再如，往往有人将容量瓶当成储液瓶来使用，将配制好而未使用完的溶液就放置在容量瓶中，这种习惯一是违反了容量瓶的使用规定，二是反映了配制溶液实验结束后未对仪器设备进行结束工作的处理。

二、仪器设备的维护保养工作

仪器设备的维护保养工作是仪器设备正常运行的重要保证，也是延长仪器使用寿命的重要措举之一。"仪器设备是三分使用，七分保养"，可以看出仪器设备维护保养工作的重要性。

凡不能够按照仪器系统检验程序或实验方法进行到底或检验结果达不到设计要求的都称之为仪器系统发生了故障。也就是说故障是指一台仪器设备系统的一些性能偏离了出厂设计指标或是仪器设备系统由于各种原因停止了工作。做好仪器设备的维护保养工作是减少仪器设备故障的有效措施之一。

仪器设备的维护保养工作一般可以分为三个方面：一是仪器设备正常运行时的维护保养工作；二是对于不经常使用或停运一段时期的仪器设备维护保养工作；三是做好仪器设

备的使用、维护保养工作记录。

1. 仪器设备正常运行时的维护保养

（1）严格按照仪器设备的操作规程操作，对于出现会损坏或损伤仪器的操作或会引起安全事故的操作要绝对禁止。

（2）在实验结束后，对仪器设备进行保养。

（3）做好仪器设备的使用情况记录。

对于不同的仪器设备，它们的维护保养工作也是各不相同的。首先，仪器在操作运行时，必须要符合该仪器对周围环境的要求，如不能有振动，不能有强的电磁场的干扰，不能有强光照射，环境中不能有对仪器有腐蚀性的气体存在，以及对环境中的温度、湿度、干扰物质等方面的要求。

例1：液相色谱仪在使用中必须对流动相先进行脱气，防止流动相中产生气泡，增加基线噪音；流动相必须经过膜过滤器过滤，以防止机械性杂质进入高压泵或色谱柱，而损坏高压泵或破坏柱的分离性能。由于柱中固定相总是对样品中的组分有吸附、缔合等不良的效应，而使柱的分离性能变差，因此发现这种情况时，应及时对色谱柱进行再生处理，最好是每天实验结束之前，用流动相清洗色谱柱一次，将储留时间长的组分洗脱出来。如果选择的流动相对固定相略有溶解作用或对色谱柱、管路及检测器的材质有腐蚀作用的，应每次实验完成后用无溶解作用或无腐蚀性的中性溶液将流动相置换干净，使流动相的影响减少到最小。对液相色谱仪来说还有检测器等各部件的维护保养工作。

例2：吸收型分光光度计的日常维护保养工作包括：光源灯的寿命与使用时间有关，因此尽量做到不工作时不开灯，而在工作时间不可随便关灯，一旦停机后，应待光源灯冷却后方可重新启动；更换光源灯时要戴纱手套，以免手上的油脂污染灯泡，降低其亮度；单色器盒中干燥剂要经常更换，使单色器盒内保持干燥；吸收池要保持吸收池光学窗面的透明度，防止被硬物划伤，用后必须洗净；检测器也要防潮、防尘，并要防止强光或长时间的光照射，否则易产生疲劳现象或增加其暗电流；光源灯或检测器的光电管、光电倍增管若窗面受污染，需用脱脂棉球蘸乙醚或无水乙醇洗去油污或灰尘。

所有分析测试仪器应防止实验的溶液滴溅到仪器上，防止液体渗入仪器内部腐蚀、损坏仪器的零部件。实验结束后，应用防尘罩将仪器罩好。

由于各种分析测试仪器除共性之外，都有它们各自本身的特殊性，因此在维护保养的要求方面也会除共性之外还有特殊性，可参阅它们的专门著作或使用说明书。

2. 停运期间的仪器设备维护保养

分析测试仪器设备由于种种原因，而造成有一段时间内不再使用时，必须要做好停机时的维护保养工作。首先应将使用过的设备仪器的管路系统如进样系统、输液系统或检测系统等，凡是与实验用的气体、液体或固体经过或接触过的部分应清洗干净，并干燥，安装好，若条件允许，应将其密封好，甚至可充氮气密封，防止不用时残留的物质对部件发生腐蚀损坏。对于光源灯如空芯阴极灯或检测器应定期点燃或通电一次，进行激活。对于成套仪器也应定期在空载情况下开启仪器，让其运转 15～30 min，观察其是否能正常运行，不能将其搁在实验室中半年甚至一年都无人维护保养，导致仪器品质变坏。当气相色谱用的色谱柱被换下不用时，应在换下之前先要用比使用温度高 50℃，但不能超过固定相的最高使用温度下通载气老化一定时间，让储留在柱中的残余组分吹扫出来，再降至室温拆下密封保存，并挂上标签以便识别；当液相色谱柱被换下不用时，应在换下之前先要洗去柱中的缓冲液等流动相，防止生长微生物，然后加入大于 10% 的有机溶剂，将柱两端盖拧紧，保持柱填料湿润，不造成裂缝，破坏柱的性能，并挂上标签以便识别。

3. 做好维护保养的记录

维护保养记录往往会被分析检验人员所忽视，但确实应该在每次维护保养或故障排除检修后都要做好记录。记录的内容有日期、维护保养或故障检修部件、故障现象、产生原因、解决的方法及结果、维护保养人等。从长远的观点看，仪器设备系统发生的特定故障，对今后的操作或重复出现的问题有极其重要的意义，可以帮助分析仪器设备出现的问题，可以省时省力。因此，做好仪器设备的维护保养和维修记录有下列好处：（1）让所有操作人员都了解该仪器设备曾经发生了什么故障，是怎样维修的，在操作过程中应引起注意的地方；（2）帮助操作人员熟悉该仪器设备易发生的故障、故障的现象及解决的办法；（3）当再次发生故障时，可根据记录的资料尽快地解决问题。

另外，对于经常进行某仪器设备的维修人员或保养人员来说，由于他有维护保养的实践经验，所以他可以预测仪器设备系统的故障。因此，平时在保养方面多投入些时间，仪器设备会减少故障，同时也会消除仪器设备的连锁性的损坏。例如，当液相色谱中输液泵的密封垫圈坏了，造成流动相渗漏，会腐蚀泵体外壳及仪器的其他部件。所以有人提出了故障预防措施之一，是实施预防性的日常维护保养。

三、安全工作

实验室的安全工作是至关重要的，安全工作做好了，不仅可使分析测试工作顺利进行，也有利于仪器设备的安全和分析检验人员的生命、身体健康。

做好实验室的安全工作，首先要有实验室的安全管理制度，每位实验室的工作人员都应遵守实验室的安全管理制度。安全工作不仅仅是实验工作结束时要做好，它贯彻于实验工作的始终。因此，每个分析检验人员首先要从思想上提高认识：安全第一，预防为主；安全工作，人人有责。每个分析检验人员必须增强安全意识，提高自身安全技能，自觉遵守各项规章制度，自觉做好安全防范工作。

对于分析实验室而言，在实验结束，分析检验人员离开实验室时一定要做好安全工作及安全检查工作，目的在于发现和消除安全事故隐患，做到防患于未然。检查内容有（1）仪器设备是否已经关闭，并处理妥当；（2）水、电、气是否已全部关闭或切断；（3）使用过的易燃易爆或有毒害的气体（如氢气、乙炔气、煤气、硫化氢、二氧化碳）是否已经完全关闭（包括各分路开关、总阀门开关），各分路中余气是否放尽；（4）使用过的可燃性的有机溶剂等是否已加盖密封；（5）实验室的清洁、整理工作是否做好；（6）实验室的窗门是否关好。最好应有实验室的每天安全工作的记录，内容包括检查安全项目及内容、检查情况、检查人及最后离开实验室的时间、检查日期与具体时间。

第3节 分析实验室规章制度

分析实验室的规章制度是每个分析检验人员必须遵守的规范性文件，是分析实验室的法律法规。它是使分析检验工作有序进行的重要保证，也是使分析检验数据有效的可靠保证。

一、分析实验室规章制度的种类

分析实验室的规章制度的种类、名称，在各单位之间的划分与命名有所不同，但大致可分为如表6—2所列的种类与内容。也有的单位按不同性质的实验室来制定管理制度的，如化学分析实验室管理制度、××仪器实验室管理制度、留样室管理制度、标准溶液室管理制度、加热室管理制度、试剂储存室管理制度等。

表6—2　　　　　　　　　　分析实验室规章制度种类与内容

序号	种类	内容
1	取样、留样管理制度	取样点、频次、取样量、留样数量、留样期限、留样登记、销毁、审批、标签内容等规定，取样安全方面的规定等
2	试剂、材料管理制度	试剂、材料申请、审批的规定，领用、验收、使用登记、储存保管规定，剧毒物的管理规定等
3	仪器设备管理制度	仪器备设的申请、审批的规定，领用、验收、使用及使用登记、维护保养、检修及记录、仪器档案等方面的规定

续表

序号	种类	内　　容
4	计量器具的管理制度	标准物质、标准溶液的管理规定、标准溶液领用及复标的规定、计量器具的使用、计量检定等方面的规定及在鉴定周期内的校验等规定
5	原始记录的管理制度	原始记录的格式、内容的规定、记录要求、复核要求、改错要求、保管、借阅、销毁审批等方面的规定
6	检验报告的管理制度	检验报告的格式、内容的规定、检验报告书写要求、复核、审批要求、纠错规定、保管、借阅、销毁审批等方面的规定
7	安全、清洁卫生管理制度	三废处理的规定，安全检查内容，突发事故处理预案，清洁卫生工作的规定等
8	质量事故管理制度	质量事故的定义、受理、处理、报告等方面的规定
9	技术资料管理制度	标准、操作规程、原始记录、检验报告、仪器设备档案、计量器具档案、质量事故处理报告等的管理规定，阅借的规定
10	分析检验人员的管理制度	分析检验人员职业道德、技术素质等方面的要求、培训计划、考核等方面的规定

二、规章制度的制定与修订

规章制度是分析实验室的法规，人人都要遵守，所以它的制定就应有一定的要求和一定的程序和审批手续。

规章制度制定的要求：一是基本齐全；二是可操作性；三是涉及安全必须制定。

规章制度制定一般有两种形式：一种是由实验室提出并进行制定；一种是由上级主管部门提出并制定，制定后征求实验室人员意见。两种形式制定成文后，上报主管领导或主管部门审批。

一个完整的规章制度应有制定目的、适用范围、具体内容条款、起草部门（或起草人）、审批（批准）人、发布日期、执行日期等项目。

规章制度一经批准发布后，人人必须执行，上至企业负责人，下至分析检验人员，只要一进入规章制度管辖的范围（或区域）内，都应遵守，作为自己的行动准则，用认真执行规章制度来维护规章制度的严肃性，使分析实验室的工作有序进行。

当规章制度执行一段时间后，若发现有不当之处或缺少内容时，可随时进行修订，修订的程序同制订的程序相同，也必须要经过批准后才能发布执行。

第4节 分析实验室"三废"处理

分析实验室需要有一个良好的环境来保证分析检验工作的顺利进行，但在进行各种分析检验工作时会产生废气、废液、废渣污染环境，因此必须要做好分析实验室的"三废"处理工作。

一、分析实验室常见的"三废"种类

分析实验室常见的"三废"：废气，如有腐蚀性的酸性气体 SO_2、SO_3、NO_x 等，碱性气体 NH_3，酸雾 HF、HCl、H_2S、HCN、HNO_3 等，以及有机挥发物如苯、乙醚、氯仿、吡啶、甲醇、乙醇、乙炔等；废液有酸性或碱性溶液、含重金属的溶液、含有机溶剂类的溶液，也还有含毒物如 As、Hg、Cr、Cd 等的溶液；废渣有各种固体的物质，如重量法中沉淀灼烧的残渣，或者消除干扰物时产生的沉淀物及废的固体试样等。甚至还会有含有放射性物质的废气、废液及固体废料。

二、国家的"三废"排放标准

为保护环境，保护人类生存所需的资源不被"三废"污染，国家对各类企业产生的"三废"都规定了排放的标准，提出了绿色化工的要求，希望企业做到零排放。

据不完全的统计，国家制定了污染物排放标准种类与数量见表6—3，不包括污染物的分析检验的方法标准和基础标准。

表 6—3　　　　　　　　　　"三废"排放国家标准种类与数量

国家标准种类	标准数量（个）	国家标准种类	标准数量（个）
大气污染物排放标准	14	固体废物污染控制标准	15
水污染物排放标准	21	核及电磁辐射环境规定	7
噪声排放标准	6	综合性污染物排放标准	9

部分大气污染物的排放国家标准规定的无组织排放监控浓度限值见表6—4。

部分污水排放见 GB8978—1996 "污水综合排放标准"和上海市的 DB31/199—2009 "污水综合排放标准"规定的浓度值，见表6—5。

表6—4　　部分大气污染物的排放国家标准（GB16297—1996）规定的无组织排放监控浓度限值

污染物名称	控制浓度限值	
	1997年1月1日建立的污源（周界外最高点浓度）（mg/m³）	1997年1月1日起建立的污源（周界外最高点浓度）（mg/m³）
SO_2 及其他含硫化合物	0.50（监控点与参照点浓度差值）	0.40
NO_x（含氮肥、硝酸及其他）	0.15	0.12
氯化氢	0.25	0.20
硫酸雾	1.5	1.2
铬酸雾	0.007 5	0.006 0
氟化物	0.020（监控点与参照点浓度差值）	0.020
氯气	0.50	0.40
铅及其化合物	0.007 5	0.006 0
汞及其化合物	0.001 5	0.001 2
苯	0.05	0.40
甲苯	3.0	2.4
二甲苯	1.5	1.2
酚类	0.10	0.080
甲醛	0.25	0.20
乙醛	0.050	0.040
丙烯腈	0.75	0.60
氰化氢	0.030	0.024
甲醇	15	12
苯胺类	0.50	0.40
氯苯类	0.50	0.40
硝基苯类	0.050	0.040
非甲烷总烃	5.0	4.0

由表6—5所列的部分指标界限值可以看出，上海市制定了DB31/199—2009上海市污水综合排放标准的部分指标界限值高于国家标准。各省、市、自治区根据本地方的需要也还在不断制定或修订严于国家标准的地方标准。

表 6—5　部分污水综合排放国家标准（GB8978—1996）和上海市（DB31/199—2009）规定的第一类污染物排放限值

污染物名称	最高允许排放浓度 mg/L			监控位置
	国家标准*	上海地方标准**		
		A 级标准	B 级标准	
总汞（以 Hg 计）	0.05	0.005	0.02	
烷基汞（以 Hg 计）	不得检出	不得检出	不得检出	
总镉（以 Cd 计）	0.1	0.01	0.1	
总铬（以 Cr 计）	1.5	0.15	1.5	
六价铬（以 Cr^{+6} 计）	0.5	0.05	0.5	
总砷（以 As 计）	0.5	0.05	0.5	
总铅（以 Pb 计）	1.0	0.1	1.0	
总镍（以 Ni 计）	1.0	0.1	1.0	车间（或车间处理设施）排口、总排口
总铍（以 Be 计）	0.005	0.005	0.005	
总银（以 Ag 计）	0.5	0.5	0.5	
总钒（以 Va 计）	/	2.0	2.0	
总硒（以 Se 计）	0.2	0.1	0.1	
总钴（以 Co 计）	/	1.0	1.0	
总锡（以 Sn 计）	/	5.0	5.0	
总 α 放射性（Bq/L）	1	1	1	
总 β 放射性（Bq/L）	10	10	10	
苯并（a）芘	0.000 03	0.000 03	0.000 03	

其他排污单位　指标级别	一级	二级	一级	二级
pH 值	6～9	6～9	6～9	6～9
色度（稀释倍数）	50	80	50	50
悬浮物（SS）	70	150	60	70
BOD_5	20	30	18	20
COD_{Cr}	100	150	80	100
石油类	5	10	5	10
挥发酚	0.5	0.5	0.3	0.5
总氰化物（以 CN^- 计）	0.5	0.5	0.1	0.3

续表

污染物名称	最高允许排放浓度 mg/L					监控位置
	国家标准※		上海地方标准※※		
			A级标准	B级标准	
指标级别 其他排污单位	一级	二级	一级	二级	
硫化物（以S计）	1.0	1.0	0.8	1.0	
氨氮	15	25	10	15	
氟化物（以F⁻计）	10	10	10	10	
磷酸盐（以P计）	0.5	1.0	0.5	1.0	
甲醛	1.0	2.0	1.0	2.0	
苯胺类	1.0	2.0	1.0	2.0	
硝基苯类（以硝基苯计）	2.0	3.0	2.0	3.0	
总有机碳（TOC）	20	30	20	30	

注：※摘自GB8978—1996中表1和表4中的一级和二级标准的其他排污单位的部分数据；
※※摘自上海市的DB31/199—2009中表1中的A级与B级标准以及表2中的一级和二级标准的其他排污单位的部分数据。

三、分析实验室常见"三废"的处理方法

分析实验室在进行样品的处理、试剂溶液的配制及分析测试工作完成后都会产生废气、废液和废渣，在这些"三废"中往往有许多是有毒有害物质，甚至有的是剧毒物质或强致癌物质，如果不进行处理，随意排放，将会污染空气、水源和土壤，危害人的生命安全。因此，分析实验室产生的"三废"一定要经过处理后才能排放。

1. 分析实验室常见"三废"处理的一般原则

（1）有毒有害的废气处理。对于会产生少量的有毒有害气体的分析实验，实验可在通风橱内进行，让有毒有害气体通过通风设备排出室外，用空气稀释的方法达到排放标准，因此，通风橱的通风管道应有一定的高度。对于会产生大量的有毒有害气体的分析实验，必须经过吸收处理后，才能排放。如氨气可用一定浓度的硫酸溶液来吸收；酸性氧化物的气体，可用碱液吸收后再排放。

（2）废液的处理。对于极少量的废液可用水稀释到排放标准后排放；对于少量而浓度较高的有毒有机物的废液可集中于燃烧炉中供给充分氧气使其完全燃烧成水和二氧化碳；对于高浓度的废酸、废碱溶液应经中和至近中性后再排放；对于大量的有机溶剂的废液，

应回收再利用。

(3) 废固体物料（渣）的处理。对于大量废固体物料，有回收价值的应进行回收处理后再利用；对于不能回收利用的，则应集中后按国家规定进行填埋处理。

分析实验室产生的"三废"应根据其特点，做到分类收集于洁净的密闭的容器中，标明废物名称、存放时间，存放于合适的地点，以便单位集中处理。严禁不同种类、不同性质的废液、废渣混合储存，以免发生剧烈化学反应而造成事故。存放容器应防止渗漏，不使废气或废液外溢造成污染环境。

2. 分析实验室常见废物的处理方法

(1) 无机废物的处理方法。常见的汞、砷、铬、铅、镉等及它们的化合物的废液必须经处理达标才能排放。

1) 含汞废物的处理方法。若金属汞撒落在实验室的地面、工作台上等，必须及时清除，可用滴管、毛笔或用在硝酸汞的酸性溶液中浸过的铜片、铜丝收集于烧杯中，用水覆盖；难于收集的微小汞粒应立即用硫黄粉撒在上面，或用盐酸酸化过的1‰高锰酸钾溶液喷撒，过1 h以后清除。若是含汞废液可先调pH值至8～10，加入过量硫化钠，生成硫化汞沉淀，再加入硫酸亚铁作为共沉淀剂，生成硫化铁沉淀将悬浮在溶液中的硫化汞吸附而共沉淀，经过滤，清液可排放，滤渣可用焙烧法来回收汞或制成汞盐。

2) 含铬废液的处理方法。①废铬酸洗液的处理，可将废铬酸洗液在110～130℃温度下不断搅拌，加热浓缩，除去水分，冷却至室温，边搅拌边加入高锰酸钾粉末，至溶液呈深褐色或微紫色，不再加高锰酸钾，加热至有MnO_2沉淀出现，稍冷，用砂芯玻璃漏斗过滤，除去MnO_2后铬酸洗液又可使用。②在废铬酸洗液中加入还原剂，如铁屑、硫酸亚铁等，在酸性条件下将Cr^{6+}还原为Cr^{3+}，再加碱如石灰、碳酸钠等，调节溶液pH值，使Cr^{3+}形成低毒的氢氧化铬沉淀，分离沉淀，清液可排放，沉淀经脱水干燥后或综合利用，或用焙烧法处理后填埋。

3) 含砷废液的处理方法。在含砷废液中加CaO，调节pH值为8，生成砷酸钙和亚砷酸钙沉淀，有Fe^{3+}存在时可起共沉淀作用。也可将含砷废液的pH值调至10以上，加入Na_2S与砷反应生成难溶、低毒的硫化物沉淀。此实验应在通风橱中进行，以防有毒的含砷气体污染实验室环境。

4) 含铅、镉废液的处理方法。含铅或镉的废液在高的pH值下能以氢氧化物沉淀下来，因此可向废液中加入碱或石灰，将pH值调至8～10，使它们沉淀下来。加入硫酸亚铁作为共沉淀剂，过滤，清液可排放，沉淀可与其他无机物混合、焙烧处理。

(2) 有机废物的处理方法。有机废物主要是使用过的有机溶剂类及有害的酚类废液等，对有回收利用价值的有机溶剂必须要回收再利用，对于无回收利用价值的少量有机废液可采用氧化分解等方法处理。

1) 含酚废液的处理方法。对于低浓度的含酚废液可加入次氯酸钠或漂白粉，使酚氧化为 CO_2 和 H_2O；对于高浓度的含酚废液可用乙酸丁酯萃取，再用少量 NaOH 反萃取，经调节 pH 值后，进行蒸馏回收。

2) 有机废溶剂的回收与提纯。实验用过的有机溶剂，如液相色谱流动相用的有机溶剂等，可以回收再利用。一般回收有机溶剂通常先在分液漏斗中洗涤，再将洗涤后的有机溶剂进行蒸馏或分馏处理，进行精制、纯化。每种有机溶剂的蒸馏提纯的方法有所不同，但其蒸馏的原理是相同的，不再一一介绍。经精制、纯化所得的有机溶剂纯度较高，可供实验重复使用。整个回收过程应在通风橱中进行，有机溶剂往往是易燃易爆的物品，在进行回收、提纯时一定要注意安全，在蒸馏时，操作人员不能离岗。

本章测试题

一、判断题（下列判断正确的请打"√"，错误的打"×"）

1. 检验报告中有了产品的生产日期，就不须要填写批量。（   ）
2. 检验报告必须有检测人、复核人、审批人签字并盖检测机构公章后才能生效。（   ）
3. 检验结果的判定，只能用全数比较法。（   ）
4. 实验工作结束时的仪器关闭仅指分析用的大型仪器。（   ）
5. 实验安全工作是贯彻于整个试验工作之中。（   ）
6. 分析实验室的规章制度，每个分析人员必须遵守，而其他人员进实验室不必遵守。（   ）
7. 分析实验室产生的"三废"应分类收集、存放，集中处理。（   ）
8. "三废"处理的原则之一是有回收利用价值的，必须回收。（   ）

二、单项选择题（下列每题的选项中，只有1个是正确的，请将其代号填在横线空白处）

1. 含砷废液的处理可以用_____。

　　(A) 氧化钙和硫化钠　　　　　　(B) 铁和硫酸

　　(C) 氧化铝和硫化氨　　　　　　(D) 铜和硫

2. 在 GB/T 8170—2008 中极限数值的基本用语为_____种。

　　(A) 1　　　　(B) 2　　　　(C) 3　　　　(D) 4

3. 某产品质量分数为 97.0%，测量值为 96.95%，用全数值和修约值两种比较法应是_____。

(A) 不符合、不符合　　　　　　(B) 符合、符合
(C) 不符合、符合　　　　　　　(D) 符合、不符合

4. 分析实验室常见碱性气体是_____。
(A) SO_3　　　(B) NH_3　　　(C) NaOH　　　(D) NO_x

5. 对于低浓度的含酚废液的处理方法是加入_____，使酚氧化为 CO_2 和 H_2O。
(A) 氢氧化钠　　(B) 次氯酸钠　　(C) 硝酸　　　(D) 浓硫酸

三、多项选择题（下列每题的选项中，至少有 2 个是正确的，请将其代号填在横线空白处）

1. 对于低浓度的含酚废液的处理方法是加入_____，使酚氧化为 CO_2 和 H_2O。
(A) 硝酸　　　(B) 次氯酸钠　　(C) 氢氧化钠　　(D) 浓硫酸
(E) 漂白粉

2. 实验室的安全工作的方针是_____。
(A) 安全第一　(B) 人人有责　　(C) 首长负责制　(D) 预防为主
(E) 自觉做好安全防范

3. 实验结束工作是否做好，会影响到_____。
(A) 清洁　　　　　　　　　　　(B) 测定数据的正确性
(C) 实验室的安全性　　　　　　(D) 仪器设备使用寿命
(E) 技术人员的技术素质

四、填空题

1. 实验室内进行有机溶剂蒸馏回收时应在_____中进行。

2. 对于高浓度的含酚废液可用乙酸丁酯萃取，再用少量_____反萃取，经调节 pH 值后，进行蒸馏回收。

3. 仪器故障是指一台仪器设备系统的一些性能偏离了出厂设计_____，或者是仪器设备系统由于各种原因停止了_____。

4. 产品检验报告至少一式_____份。

5. 液相色谱柱换下来不用时，应加入大于 10% 的_____，将柱两端盖拧紧，保持柱填料湿润。

本章测试题答案

一、判断题

1. ×　2. √　3. ×　4. ×　5. √　6. ×　7. √　8. √

二、单项选择题
1. A 2. D 3. C 4. B 5. B

三、多选题
1. BE 2. AD 3. ABCDE

四、填空题
1. 通风橱 2. NaOH（或氢氧化钠） 3. 指标 工作 4. 三 5. 有机溶剂

知识考核模拟试卷（一）

一、判断题（下列判断正确的请打"√"，错误的打"×"；每题1分，共40分）

1. 固相（液相）微萃取处理试样的技术可与气相或液相色谱仪联用。（　　）
2. 在红外分析中固体样品用量及片子厚度，以能得到基线在80%以上透光率，最大吸收峰约在20%透光率的红外吸收光谱图为好。（　　）
3. 当电解溶液的组成一定时，任一物质的半波电位相同。（　　）
4. 复核者对原始记录中的原始数据可以进行改正。（　　）
5. 一般分光光度法和双波长分光光度法都采用两个吸收池进行测量。（　　）
6. 含碘有机物用氧瓶燃烧法分解试样后，用KOH吸收，得KI、I_2和KIO_3的混合物。（　　）
7. 在原子吸收分光光度法中，在配制标准样时，采用高纯金属的标准物质用优级纯的硝酸或盐酸溶解。（　　）
8. 若试样和三氯化铁不发生显色反应则可确定试样中无酚。（　　）
9. 溶于水的羧酸可用甲基橙作指示剂在水溶液中用NaOH标准滴定溶液直接滴定。（　　）
10. 用二苯硫腙比色测定Hg^{2+}时，Cu^{2+}、Ni^{2+}、Co^{2+}对测定有干扰，当在0.5 mol/L的硫酸介质中，干扰离子不与二苯硫腙作用。（　　）
11. 实验安全工作是贯彻于整个实验工作之中。（　　）
12. 消化法定氮的溶液中加入硫酸钾，可使溶液的沸点降低。（　　）
13. 有机分析中的溶解度分组试验，目的是缩小有机物鉴定范围。（　　）
14. 在原子吸收分光光度法中，吸收线的选择，首先考虑的是灵敏度和干扰。（　　）
15. 卤代烃可用硝酸银的氨溶液来鉴别。（　　）
16. 在红外光谱定量分析中测定吸光度的方法是采用基线法。（　　）
17. 在光谱分析中的灵敏线是指元素所有谱线中最容易激发或激发电位较低的特征谱线。（　　）
18. 发射光谱仪的电极架的上方应备有通风罩，使有毒有害气体经导管排放室外。（　　）
19. 在气相色谱分析中，进样速度一般应小于0.1 s。（　　）
20. 购买的高效液相色谱仪用的溶剂可以直接作为流动相使用，无须处理。（　　）
21. 在液相色谱分析中选择流动相比选择柱温更重要。（　　）

22. 在库仑法分析中,电流效率不能达到100%的原因之一,是由于电解过程中有副反应产生。( )

23. 如酸性试样的 $K_a < 10^{-6}$,则要在非水溶液中才能滴定。( )

24. 检验报告中有了产品的生产日期,就不须要填写批量。( )

25. 双光束分光光度计的双光是有两组不同的光强的光束组成的。( )

26. "三废"处理的原则之一是有回收利用价值的,必须回收。( )

27. 空心阴极灯需经预热后才能达到稳定的光谱输出。( )

28. 空气不足时,煤气灯若产生黄色火焰,是因为有 Na^+。( )

29. 在原子吸光光度计的读数系统中必须有对数转换装置。( )

30. 液相微萃取技术一般应用于顶空取样富集。( )

31. 库仑法中测定了转化率,就不必测定其电流效率。( )

32. 在相同的色谱条件下,具有相同保留值的两个物质一定是同一物质。( )

33. 重氮化法测定苯胺须在强酸性及低温条件下进行。( )

34. 光谱定性分析时选感光板为紫外Ⅱ、Ⅲ型或蓝快型。( )

35. 溶于酸的阳离子试样一般要用浓硫酸溶解。( )

36. 在气相色谱分析中应用FID时,当氢气流量下降,会造成仪器基线无规则的漂移。( )

37. 卡尔-费休测定微量水常用永停法,即达终点时电流突然增大。( )

38. 伏安分析法中被测试样溶液的组成基本不变。( )

39. 有机物中碳和氢的定量测定,是将碳和氢转化为 CO_2 和 H_2O 后,常用碱石棉吸收水。( )

40. 有机化合物因结构发生变化,而使其吸收带的最大吸收峰波长向长波长方向移动,这种现象称为红移。( )

二、单项选择题(下列每题的选项中,只有1个是正确的,请将其代号填在横线空白处;每题1分,共计30分)

1. 监督抽查的样品储存容器上必须有_____。

(A) 外包装

(B) 抽样人签字的封样条

(C) 抽样的标签或抽样单

(D) 抽样人签字的封样条和抽样的标签或抽样单

2. Ag_2CrO_4 沉淀的颜色是_____色。

(A) 黄   (B) 白   (C) 砖红   (D) 棕

3. 非水滴定按反应来分，可分为_____类。
   (A) 四　　　　(B) 三　　　　(C) 二　　　　(D) 一

4. 用分光光度法测定出厂产品中杂质含量，采用标准加入法时制备标准样溶液所选用的_____试剂。
   (A) 优级纯　　(B) 基准　　　(C) 分析纯

5. 甲醇钠的保存，错误的是_____。
   (A) 避免与空气接触　　　　(B) 防止挥发
   (C) 用棕色试剂瓶

6. 有机物在 CO_2 气流下通过氧化剂及金属铜燃烧管分解，其中氮元素转化成_____气体。
   (A) 二氧化氮　(B) 一氧化氮　(C) 一氧化二氮　(D) 氮气

7. 混合溶液 Co^{2+} 和 Cr^{3+} 两组份的光光度法同时测定的原理是_____。
   (A) 吸光度的加和性　　　　(B) 双波长测定法
   (C) 示差法　　　　　　　　(D) 双光束法

8. 卡尔-费休法测定水时，标准滴定溶液中碘的消耗量与样品中含水的分子数之比为_____。
   (A) 1∶2　　　(B) 1∶1　　　(C) 2∶1　　　(D) 3∶1

9. 在原子吸收分光光度法中，采用工作曲线法时，工作曲线的浓度范围应控制吸光度在_____较为合适。
   (A) 0～1　　　(B) 0.2～0.8　(C) 0.1～0.9　(D) 0.3～1.0

10. 双光束分光光度计的优点之一是经一次测量便可以得到样品_____光谱。
    (A) 部分吸收　(B) 全部吸收　(C) 部分透过　(D) 全部透过

11. 用邻苯二甲酸氢钾标定高氯酸-乙酸溶液时，选用的指示剂变色点应在_____性范围内。
    (A) 酸　　　　(B) 中　　　　(C) 碱　　　　(D) 弱碱

12. 示差分光光度测定法中适用于痕量物质测定的是_____。
    (A) 高吸光度法　(B) 低吸收光度法　(C) 最精确法

13. 用碘化钠-丙酮溶液鉴别卤代烷_____反应最快。
    (A) 伯卤代烷　(B) 仲卤代烷　(C) 叔卤代烷

14. 在原子吸收分光光度法中，全消耗型原子化器的特点是_____。
    (A) 试液全部进入火焰　　　(B) 试液部分雾化
    (C) 雾化试液部分进入火焰

15. 在比色分析中当有 Fe^{3+} 干扰测定时，常加_____加以掩蔽。
   (A) KCN　　　　(B) NaF　　　　(C) NaOH　　　　(D) KCNS

16. 气相色谱分析中，进样量与固定相总量及_____有关。
   (A) 载气流速　　(B) 柱温　　(C) 检测器灵敏度

17. 固体样品用红外光谱法测定时，制样方法为_____。
   (A) 压片　　(B) 溶解成溶液　　(C) 制成薄膜

18. 可进行微区发射光谱分析，采用的光源是_____。
   (A) 直流电弧　　(B) 交流电弧　　(C) 电火花　　(D) 激光

19. 当用发射光谱对试样进行简单定性时，最简便的定性方法为_____。
   (A) 铁光谱比较法
   (B) 标样比较法
   (C) 波长测定法
   (D) 看谱镜法

20. 在气相色谱分析中，当用非极性固定液来分离非极性组分时，各组分的出峰顺序是_____。
   (A) 按质量的大小，质量小的组分先出
   (B) 按沸点的大小，沸点小的组分先出
   (C) 按极性的大小，极性小的组分先出

21. 在原子吸收分光光度计上用紧密内插法得：标样 1 浓度为 14.0 mg/mL，吸光度为 0.240，标样 2 浓度为 21.0 mg/mL，吸光度为 0.330，未知样吸光度为 0.280，则其浓度为_____。
   (A) 17.1 mg/L　　(B) 17.1 g/L　　(C) 17.1 g/mL　　(D) 17.4 mg/L

22. 色谱分析测定中，当采用内标法定量时，最大的优点是_____。
   (A) 进样量不需要严格控制
   (B) 色谱操作条件不需要严格控制
   (C) 测定结果的正确度最高

23. 审批者对检验报告中的_____是否准确进行复核。
   (A) 原始数据　　(B) 检验结论　　(C) 有效数字修约

24. 在液相色谱分析中_____检测器用得最为广泛。
   (A) 紫外吸收　　(B) 折射率　　(C) 荧光　　(D) 电化学

25. 在电位滴定法中，用 $AgNO_3$ 标准滴定溶液测定样品中氯离子含量，采用银电极和玻璃电极，则在安装两电极时的高度为_____。
   (A) 玻璃电极高于银电极
   (B) 两电极高度相同
   (C) 玻璃电极低于银电

26. 在电位滴定法中，可以通过计算来确定滴定终点所消耗的标准滴定溶液体积的方法是_____。

(A) 滴定曲线　　　　　　　　　　(B) 一级微商

(C) 二级微商的内插法

27. 在还原微库仑测定有机物中氮含量时,用氢气作载气,必须对氢气进行_____处理。

(A) 干燥　　　　(B) 增湿　　　　(C) 除氧

28. 气相色谱分析中,出现色谱峰的峰形不正常时,一般是由_____造成的。

(A) 进样器被污染　　　　　　　　(B) 检测器温度太低

(C) 载气流速太慢

29. 铬酸洗液经使用后氧化能力降低至不能使用,可将其加热除去水分后再加_____,待反应完后,滤去沉淀物即可使用。

(A) 硫酸亚铁　　　(B) 高锰酸钾粉末　　　(C) 碘

30. 法拉第电解定律的数学表达式为 $m=$ _____。

(A) $\dfrac{M_B \cdot I \cdot t}{n \cdot F}$ (B) $\dfrac{M_B \cdot I \cdot F}{n \cdot t}$ (C) $\dfrac{n \cdot F \cdot t \cdot I}{M_B}$ (D) $\dfrac{I \cdot t}{M_B \cdot n \cdot F}$

三、多项选择题 (下列每题的选项中,有多个是正确的,请将其代号填在横线空白处;每题2分,共计20分)

1. 双波长分光光度法的主要应用有_____。

(A) 混合组份的定量测定

(B) 测定高度混浊试样的吸收光谱特性

(C) 研究反应动力学过程

2. 可以用来测定糖类含量的方法有_____。

(A) 菲林试剂法　　(B) 旋光分析法　　(C) 铁氰化钾法　　(D) 极谱法

3. 在原子吸收分光光度法中,与原子化器有关的干扰为_____。

(A) 背景吸收　　　　　　　　(B) 基体效应

(C) 火焰成分对光的吸收　　　(D) 雾化时的气体压力

4. 可见—紫外吸收分光光度计接通电源后,指示灯和光源灯都不亮,电流表无偏转的原因有_____。

(A) 电源开关接触不良或已坏　　　(B) 电流表坏

(C) 保险丝断　　　　　　　　　　(D) 电源变压器初级线圈已断

(E) 指示灯坏　　　　　　　　　　(F) 光源灯坏

5. 固相萃取的分离模式分为_____。

(A) 正相　　　(B) 吸附被测物　　(C) 反相　　　(D) 离子交换

（E）吸附基体　　　　　（F）吸附干扰物

6. 在库仑法中影响电流效率的因素有_____。

（A）溶液温度　　　　　　　　　（B）溶剂的电极反应

（C）电解液中杂质　　　　　　　（D）可溶性气体

（E）电极自身的反应

7. 气相色谱分析中使用的气体标准样的配置方法可以是_____。

（A）压力法　　　（B）称量法　　　（C）渗透管法

8. 原子吸收线的宽度变宽的原因有_____。

（A）同位素效应　（B）温度效应　（C）压力效应　（D）电场作用

（E）磁场作用　　（F）自吸效应

9. 在发射光谱分析中，三标准试样法定量的缺点有_____。

（A）拍摄较多的标准样品　　　　（B）不能保证分析条件的一致性

（C）多消耗感光板　　　　　　　（D）制作工作曲线费时

（E）准确度不能保证

10. 能发生分子红外吸收的物质有_____。

（A）CO　　　（B）N_2　　　（C）NO_2　　　（D）CH_4

（E）Cl_2　　（F）CH_2CH_2

四、计算题（每题5分，共计10分）

1. 在 1.000×10^{-2} mol/L 的 F^- 溶液中，插入 F^- 离子选电极与另一参比电极，测得电池电动势为 0.305 V；于同样的电池中，放入未知浓度的 F^- 溶液，测得电池电动势为 0.423 V，计算未知液中 F^- 的浓度？（假设两种溶液的离子强度一致）

2. 液相色谱用内加法测定 B 组分，取未知样 1 μL 进样，得 A 组分峰面积为 1.000 cm²，B 组分峰面积为 2.000 cm²；取未知样 1.000 g，标准样纯 B 组分 0.100 0 g，混合后，仍取 1 μL 进样，得 A 组分峰面积为 0.900 0 cm²，B 组分峰面积为 2.700 cm²，求未知样中 B 组分的质量百分数。

知识考核模拟试卷（二）

一、判断题（下列判断正确的请打"√"，错误的打"×"；每题1分，共40分）

1. 为发放化学危险品生产许可证而审查组进行的抽样送有资质的指定单位进行的样品检验是生产检验。（ ）
2. 空气不足时，煤气灯若产生黄色火焰，是因为有 Na^+。（ ）
3. 固相微萃取方法适用于任何一种试样的应用。（ ）
4. H_2Ac^+ 是 HAc 的共轭酸。（ ）
5. 有机物中的硫最后转化成 SO_4^{2-}，可用 $Ba(ClO_4)_2$ 容量法测定其含量。（ ）
6. 用氢氧化亚铁实验可用来鉴别硝基化合物。（ ）
7. 有色配合物的配位数可以用分光光度法来测定。（ ）
8. 斐林标准滴定溶液测定葡萄糖属于氧化还原滴定法。（ ）
9. 饱和的碳氢化合物在紫外光区不产生吸收峰，因此常以饱和碳氢化合物作为紫外吸收光谱分析的溶剂。（ ）
10. 双波长分光光光度法的最大特点是采用一个吸收池进行测量。（ ）
11. 卤代烃可用硝酸银的氨溶液来鉴别。（ ）
12. 空心阴极灯需经预热后才能达到稳定的光谱输出。（ ）
13. 在原子吸收分光光度法采用火焰原子化器时，当火焰的燃烧气和助燃气基本上是按照它们之间的化学反应需要的量提供时，这种火焰被称为中性焰。（ ）
14. 原子吸收分光光度法中紧密内插法的公式是 $c_x = c_1 + (c_2 - c_1)(A_x - A_1)/(A_2 - A_1)$。（ ）
15. 红外光谱分析测定液样时，采用的液体样品池的宽度与盐片间的宽度可不一致。（ ）
16. 在光谱定性分析时，一般以谱线较多的铁光谱为基准进行比较。（ ）
17. 在 ICP 可以采用工作曲线的标准化，主要是改变操作条件，使标样的读数回到原来工作曲线上。（ ）
18. 在气相色谱分析中，检测器温度可以低于柱温度。（ ）
19. 气相色谱分析中，气体标样配置最好、最准的方法是压力法。（ ）
20. 色谱法定量采用的校正因子最好通过实验测量的方法获得。（ ）
21. 液相色谱分析中，常用的定性方法是采用多种检测器定性。（ ）
22. 在液相色谱分析中，流动相必须在进高压泵之前脱气。（ ）

23. 含有 NaCl 和 KI 的混合溶液，可以用 AgNO₃ 标准滴定溶液电位滴定法来测定。
（   ）

24. 实验工作结束时的仪器关闭仅指分析用的大型仪器。（   ）

25. 氧化微库仑法测定有机物中的硫含量时，加入叠氮化钠是为了防止氯和氮的干扰，但不能防止溴的干扰。（   ）

26. 检验室应保持整洁、安静，做到窗明桌净，物品应定置管理。（   ）

27. 检验结果的判定，只能用全数比较法。（   ）

28. 分析实验室的规章制度，每个分析人员必须遵守，而其他人员进实验室不必遵守。
（   ）

29. 电解 1 mol 的 AgNO₃ 和 1 mol 的 Hg（NO₃）₂ 消耗的电量是相等的，得到金属银和金属汞的质量是不相等的。（   ）

30. 在原子吸收分光光度法中，吸收线的选择，首先考虑的是灵敏度和干扰。（   ）

31. 奈氏试剂是 KI 和 HgI₂ 的混合液。（   ）

32. 乙醇对蔡塞尔法测定醚有干扰。（   ）

33. 在发射光谱分析中，对呈溶液状态的试样，只要将试样溶液滴入电极孔中，就可以摄谱了。（   ）

34. 气相色谱分析中，以固体为固定相时，不存在柱的失效问题。（   ）

35. 双光束分光光度计的双光是有两组不同的光强的光束组成的。（   ）

36. 可用无水氯化锌在浓盐酸中的饱和溶液来鉴别低级醇，并区分伯、仲、叔醇。
（   ）

37. 双波长分光光度法消除干扰组分的方法是采用干扰物质在两个不同波长处的摩尔吸光系数相等的原理。（   ）

38. 在红外光谱法中使用的液态样品池只有一种固定式的，目的是提高定的准确度。
（   ）

39. 全谱直读光谱仪尤其适合测定碱金属元素。（   ）

40. 在原子吸收分光光度法中，使用富燃火焰时，它的火焰发射和火焰吸收背景都较强，干扰较多。（   ）

二、**单项选择题**（下列每题的选项中，只有 1 个是正确的，请将其代号填在横线空白处；每题 1 分，共计 30 分）

1. 工商行政管理部门在商店中抽样后送有关检验中心进行样品的检测是属于_____。

（A）生产检验　　　（B）验收检验　　　（C）监督抽查检验　　　（D）委托检验

2. 离心管中沾有氯化银沉淀可用_____洗涤。
  (A) 硝酸   (B) 氨水   (C) 铬酸洗液   (D) 洗洁精
3. 在制备被测样品溶液作比色分析时,只能引进负误差的是_____。
  (A) 试样未全部溶解还有固体存在   (B) 制备用的容器未清洗干净
  (C) 移液时吸管外壁未擦干净   (D) 加入试剂溶液含有被测物
4. 冰乙酸溶液中用高氯酸滴定较强碱时,用结晶紫作指示剂,终点的颜色是_____色。
  (A) 蓝   (B) 绿   (C) 黄   (D) 红
5. 在原子吸收分光光度法分析中,多数元素的火焰燃烧器高度在 6～12 mm 的 _____反应区内进行测定。
  (A) 预热   (B) 第一   (C) 中间薄层   (D) 第二
6. 采用氧瓶燃烧法测定硫的含量,有机物中的硫转化为_____。
  (A) SO_3
  (B) SO_2
  (C) SO_3 与 SO_2 的混合物
  (D) SO_3 与 SO_4
7. 苯酚和三氯化铁溶液形成的配位化合物颜色是_____色。
  (A) 紫   (B) 蓝   (C) 绿   (D) 黑
8. 离子选择电极在一段时间内不用或新电极在使用前必须进行_____。
  (A) 活化处理   (B) 用被测浓溶液浸泡
  (C) 用蒸馏水浸泡 24 h 以上   (D) 用 0.1 mol/L HCl 溶液清洗
9. 在电解时造成电流效率降低的原因之一是_____。
  (A) 温度   (B) 压力   (C) 副反应   (D) 电介质浓度
10. 双波长分光光度法的定量公式是_____。
  (A) $A=kbc$ (B) $\Delta A=\varepsilon bc$ (C) $\Delta A=\Delta\varepsilon bc$ (D) $\Delta A=\varepsilon b\Delta c$
11. 溶出伏安法中常使用的工作电极是_____电极。
  (A) 滴汞   (B) 甘汞   (C) 玻璃   (D) 玻璃碳
12. 原子吸收分光光度法中,物质对光的吸收状态是_____。
  (A) 溶液   (B) 分子   (C) 离子   (D) 原子蒸气
13. 用非水酸碱滴定测定苯酚含量,可选用_____作溶剂。
  (A) 乙醚   (B) 乙醇   (C) 乙二胺   (D) 丙酮
14. 红外光谱分析法中,被测物质定量的依据是_____。
  (A) 特征吸收峰   (B) 基团的振动频率
  (C) 朗伯—比耳定律   (D) 法拉第定律

15. 发射光谱分析中常用碳电极，它的缺点是_____。
   (A) 不稳定　　　　　　　　　　　　　(B) 存在氰带
   (C) 导电性高　　　　　　　　　　　　(D) 纯度不高
16. 用气相色谱法分析测定水、醇、酸等强极性物质时，选用的固定相为_____最适宜。
   (A) 硅烷化白色担体涂 PEG—2M　　　(B) GDX 系列的聚合物
   (C) 13X 分子筛
17. 在电位滴定测定氯离子与碘离子时，用的标准滴定溶液是_____。
   (A) $AgNO_3$　　　　　　　　　　　　(B) $Hg(NO_3)_2$
   (C) AgCl　　　　　　　　　　　　　　(D) Ag_2SO_4
18. 能区别芳香醛和脂肪醛的试剂是_____。
   (A) 卢卡氏试剂　　　　　　　　　　　(B) 奈氏试剂
   (C) 托伦试剂　　　　　　　　　　　　(D) 斐林试剂
19. 紫外分光光度计可使用的光源是_____。
   (A) 钨灯　　　(B) 氘灯　　　(C) 钠灯　　　(D) 碳灯
20. 极谱法测定物质的定性依据是_____电位。
   (A) 分解　　　(B) 半波　　　(C) 极大　　　(D) 中位
21. 在使用气相色谱仪中的 TCD 时，测定工作结束后，应首先关闭_____。
   (A) 总电源　　　　　　　　　　　　　(B) TCD 的工作电流
   (C) 载气　　　　　　　　　　　　　　(D) 载气与 TCD 的电流同时关闭
22. 下列物质中属于自燃品的是_____。
   (A) 硝化棉　　(B) 浓硝酸　　(C) 硝基苯　　(D) 氢气
23. 含砷废液的处理可以用_____。
   (A) 氧化钙和硫化钠　　　　　　　　　(B) 铁和硫酸
   (C) 氧化铝和硫化氨　　　　　　　　　(D) 铜和硫
24. DZ—2 型自动电位滴定仪的操作注意点之一是_____。
   (A) 不用时，读数开关应处在开放位置
   (B) 应进行温度补偿
   (C) 电磁阀橡皮管在更换前不能放在略带碱性溶液中煮数小时
25. 在液相色谱分析中，色谱分离系统带来的误差是_____。
   (A) 样品的不均匀性
   (B) 分离不完全或色谱峰拖尾

(C) 溶解样品的溶剂与流动相不能互溶

(D) 基线不稳定

26. 有甲、乙两个不同浓度的同一有色物质溶液，在相同条件下，测得的吸光度，甲为 0.20，乙为 0.30，若甲的浓度为 4.0×10^{-4} mol/L，则乙的浓度为_____$\times 10^{-4}$ mol/L。

(A) 8.0　　　　(B) 6.0　　　　(C) 4.0　　　　(D) 2.0

27. 在液相色谱分析中，当达到平衡状态时的组分在固定相与流动相中质量之比被称为_____。

(A) 保留值　　(B) 保留体积　　(C) 容量因子　　(D) 质量百分数

28. 液相色谱分析时，用微量注射器进样，必须要做到_____。

(A) 样品与流动相混合　　　　(B) 进样时扰动压力

(C) 扰动流量的平衡　　　　　(D) 直接注射到柱头中心

29. 在发射光谱分析中，采用的光源是由高频发生器、感应圈、炬管等组成，其被称为_____光源。

(A) 电火花　　　　　　　　　(B) 激光

(C) 电感耦合高频等离子［ICP］　(D) 无火焰

30. 有机元素定性分析，钠熔法的熔融物用_____溶解。

(A) 氢氧化钠溶液　　　　　　(B) 蒸馏水

(C) 盐酸溶液　　　　　　　　(D) 氨水

三、多项选择题（下列每题的选项中，有多个是正确的，请将其代号填在横线空白处；每题2分，共计20分）

1. 电位滴定法中可用_____确定滴定的化学计量点。

(A) 绘制 $E\sim V$ 曲线法　　　　(B) 绘制 $\Delta E/\Delta V\sim V$ 曲线法

(C) 绘制 $\Delta^2 E/\Delta V^2\sim V$ 曲线法　(D) 用求近似解的计算方法

(E) 指示液

2. 属于硅藻土类的担体是_____。

(A) GDX 系列担体　　　　　　(B) Tanex

(C) 白色担体 101　　　　　　(D) 6201 红色担体

(E) TDX－01

3. 液相色谱仪中可选用_____检测器。

(A) 紫外　　(B) 热导池　　(C) 示差折光　　(D) 荧光

(E) 蒸发光散射

4. 分子吸收光谱与原子吸收光谱的相同点有_____。

(A) 都是在电磁射线作用下产生的吸收光谱
(B) 都是核外层电子的跃迁
(C) 它们的谱带半宽度都在 10 nm 左右
(D) 它们的波长范围均在近紫外到近红外区 [180 nm～1 000 nm]
(E) 它们的吸光物质相同
(F) 基态与激发态电子比例相同

5. 在库仑法中影响电流效率的因素有_____。
(A) 溶液温度 　　　　　　　　(B) 溶剂的电极反应
(C) 电解液中杂质 　　　　　　(D) 可溶性气体
(E) 电极自身的反应

6. 在气相色谱中，_____是属于用已知物对照定性方法。
(A) 利用保留值 　　　　　　　(B) 追加法
(C) 利用科瓦特保留指数 　　　(D) 色质联用

7. 下列离子中能与 Cl^- 沉淀的是_____。
(A) Hg_2^{2+} 　　(B) Hg^{2+} 　　(C) Pb^{2+} 　　(D) Ba^{2+}
(E) Cr^{3+} 　　(F) Ag^+

8. 分子式为 C_9H_{12} 的芳香烃的同分异构体为_____。
(A) 1，2，3—三甲基苯 　　　　(B) 间乙基甲苯
(C) 5—（丁烯—2）基环戊二烯 [1，3] 　(D) 1—异丙烯基环己二烯 [1，4]
(E) 异丙苯 　　　　　　　　　(F) 对甲基乙烯基环己二烯

9. 在进行有机物元素定性中，进行钠熔法时，正确的步骤是_____。
(A) 试管清洗后就进行 　　　　(B) 试管应绝对干燥
(C) 试管清洗后应绝对干燥 　　(D) 样品加入时勿黏附在试管壁上

10. 含有 Na_2CO_3 和 $NaHCO_3$ 的混合溶液，测定它们的含量时，可选用的方法有_____。
(A) 酸碱滴定—指示剂法 　　　(B) 电位滴定法
(C) 离子色谱法 　　　　　　　(D) 电导滴定法

四、计算题（每题 5 分，共计 10 分）

1. 有一试样含有甲酸、乙酸、丙酸及水各组分。今以环己酮为内标物，称取纯内标物 0.180 6 g，加入到 1.806 g 试样中，混匀后进样 3 μL，得到组分峰面积及校正因子如下：

	甲酸	乙酸	环己酮	丙酸
A（mm²）	14.8	72.6	133	42.4
f_i	3.83	1.78	1.00	1.07

请计算甲酸、乙酸、丙酸各组分的质量百分数。

2. 羟胺肟化法测定甲乙酮，样品测定和空白测定分别消耗 0.100 mol/L 的 NaOH 标准滴定溶液 23.46 mL 和 3.46 mL，样品的质量为 0.144 0 g，求羰基的质量百分数（已知一个羰基的质量为 28）。

知识考核模拟试卷（一）答案

一、判断题

1. √ 2. √ 3. × 4. × 5. × 6. √ 7. √ 8. × 9. √ 10. √ 11. √ 12. ×
13. √ 14. √ 15. × 16. √ 17. √ 18. √ 19. √ 20. × 21. √ 22. √ 23. ×
24. × 25. × 26. √ 27. √ 28. × 29. √ 30. √ 31. √ 32. × 33. √ 34. √
35. × 36. × 37. √ 38. √ 39. √ 40. √

二、单项选择题

1. D 2. A 3. A 4. B 5. C 6. D 7. A 8. B 9. B 10. B 11. A 12. B 13. A
14. A 15. B 16. C 17. A 18. D 19. B 20. B 21. B 22. A 23. A 24. A 25. A
26. C 27. B 28. A 29. B 30. A

三、多项选择题

1. ABC 2. ABC 3. AC 4. ACD 5. BEF 6. BCDE 7. ABC 8. ABCDEF
9. ACD 10. ACDF

四、计算题

1. 解：$0.305 = K - 0.059 \lg (1.000 \times 10^{-2})$

$0.423 = K - 0.059 \lg c_x$

$0.423 - 0.305 = 0.059 [\lg (1.000 \times 10^{-2}) - \lg c_x]$

$0.118 = 0.059 \lg (1.000 \times 10^{-2}/c_x)$

$\lg (1.000 \times 10^{-2}/c_x) = 0.118/0.059 = 2$

$1.000 \times 10^{-2}/c_x = 100$

$c_x = 1.000 \times 10^{-2}/100 = 1.000 \times 10^{-4}$

答：未知液中 F^- 离子的浓度为 1.000×10^{-4} mol/L。

2. 解：$m = m \times A_1 / (A_2 - A_1) = 0.1000 \times 2.000 / (2.700 - 2.00000) = 0.2857$

$w_B = (0.2857/1.000) \times 100\% = 28.57\%$

答：B 组分的质量百分数为 28.57%。

知识考核模拟试卷（二）答案

一、判断题

1. × 2. × 3. × 4. √ 5. √ 6. √ 7. √ 8. √ 9. × 10. √ 11. × 12. √
13. √ 14. √ 15. × 16. √ 17. √ 18. × 19. × 20. √ 21. × 22. √ 23. √
24. × 25. √ 26. √ 27. × 28. × 29. × 30. √ 31. × 32. √ 33. × 34. ×
35. × 36. √ 37. √ 38. × 39. × 40. √

二、单项选择题

1. C 2. B 3. A 4. A 5. D 6. C 7. A 8. A 9. C 10. C 11. D 12. D 13. C
14. C 15. B 16. B 17. A 18. D 19. B 20. B 21. B 22. A 23. A 24. A 25. B
26. B 27. C 28. D 29. C 30. B

三、多项选择题

1. ABCDE 2. CD 3. ACDE 4. ABD 5. BCDE 6. AB 7. ACF 8. ABE 9. CD
10. AB

四、计算题

1. 解：$m_i = m_s/m_{样} \times f_i \times A_i/A_s \times 100\%$

甲酸% = 0.180 6/1.806 × 3.83 × 14.8/133 × 100% = 4.26%

乙酸% = 0.180 6/1.806 × 1.78 × 72.6/133 × 100% = 9.72%

丙酸% = 0.180 6/1.806 × 1.07 × 42.4/133 × 100% = 3.41%

答：甲酸质量百分数为 4.26%，乙酸质量百分数为 9.72%，丙酸质量百分数为 3.41%。

2. 解：$m = cVM = 0.100 \times (23.46 - 3.46) \times 28/1\,000 = 0.056$

羰基的质量百分数 = (0.056/0.144 0) × 100% = 38.89%

答：羰基的质量百分数为 38.9%。

技能考核模拟试卷（一）

一、试题名称
苯酚纯度的测定。

二、准备单

1. 仪器设备（见表卷—1）

表卷—1　　　　　　　　　　仪器设备

名称	规格	数量	名称	规格	数量
酸式滴定管（附校正曲线）	50 mL	1/人	搅棒		2/人
碘量瓶	250 mL	2/人	天平	万分之一克	公用
容量瓶	250 mL	2/人	台秤		公用
烧杯	100 mL	3/人	干燥器		公用
表面皿		2/人	称量瓶	高型	1/人
单标线吸管	25 mL	1/人	吸量管	1 mL	公用
单标线吸管	15 mL	1/人	洗耳球		1/人
具塞锥形瓶	25 mL	2/人	滴管		1/人
测定溶液温度装置及标准溶液温度体积校正系数表			洗瓶	500 mL	1/人
玻璃仪器洗涤用具及洗涤用试剂			称量手套		

2. 试剂材料（见表卷—2）

表卷—2　　　　　　　　　　试剂材料

名称	规格	浓度	名称	规格	浓度
$KBrO_3$	基准试剂	0.10 mol/L	KI		
H_2SO_4 溶液		6 mol/L	KBr		
NaOH		10%	$KBrO_3$		
$Na_2S_2O_3$		0.1 mol/L	淀粉指示液		0.5%
$CHCl_3$			原始记录		1/人
HCl 溶液		1+1	考核现场记录		1/人
定性滤纸					

考核样：1份/人（考核样应有标准值，准备三种不同浓度的考核样）

注：未标明要求时，所用试剂均为分析纯，水为国家规定的实验室用水三级规格。

3. 考场准备

天平室、化学分析实验室。

4. 考生准备

记录用笔、计算器、工作服、准考证和身份证。

三、操作步骤

1. $Na_2S_2O_3$ 标准滴定溶液的标定

称取适量的 $KBrO_3$ 于两只 100 mL 烧杯中（$KBrO_3$ 称量范围估算），加入 50 mL 水溶解后全部转入 250 mL 容量瓶中，稀释到刻度、摇匀。用单标线吸管吸取 25 mL $KBrO_3$ 溶液放入 250 mL 碘量瓶中，加入 2gKI 和 c（$1/2H_2SO_4$）= 6 mol/L H_2SO_4 溶液 10 mL，放置 10 min（注意碘量瓶塞处必须用水封）。用水稀释至 100 mL，立即用 $Na_2S_2O_3$ 标准滴定溶液滴定至溶液呈浅黄色，再加入 5 mL 淀粉指示剂，继续用 $Na_2S_2O_3$ 滴定至蓝色消失为止，记下滴定管读数，作平行测定及空白实验。

2. 苯酚纯度测定

用 1 mL 吸量管吸取苯酚液体样品，放入已称量的 25 mL 具塞锥形瓶中，称其质量后，加入 10% 的 NaOH 溶液 5 mL，再加少量水溶解，转移入 250 mL 容量瓶中，用水稀释至刻度，摇匀。称取 0.7 g 的 $KBrO_3$ 和 3 g 的 KBr，加少量水溶解后稀释至 250 mL，摇匀备用。用单标线吸管吸取 15 mL 被测苯酚溶液于 250 mL 碘量瓶中，再用单标线吸管吸取 25 mL 的 $KBrO_3$-KBr 溶液，加入同一碘量瓶中，再加入 10 mL HCl 溶液（1+1），立即盖好瓶塞，加少量水封，摇匀。放置 10 min，再加入 1 g KI，并用水封瓶塞处，待 KI 溶解摇匀后再放置 10 min，用少量水冲洗瓶塞，加 2 mL 氯仿，立即用 NaS_2O_3 标准滴定溶液滴定到溶液呈浅黄色，加入淀粉溶液 5 mL，继续滴定至蓝色消失即为终点，记下滴定管读数，作平行测定及 2 次空白实验。

四、数据处理及结果计算

1. $Na_2S_2O_3$ 标准滴定溶液浓度标定

（1）$KBrO_3$ 称量范围的估算（为理论值的 90%～110%）。

（2）$Na_2S_2O_3$ 标准滴定溶液浓度计算。

（3）标定 $Na_2S_2O_3$ 标准滴定溶液浓度的相对平均偏差。

2. 未知样苯酚含量的计算（以质量百分数表示），及测定未知样苯酚含量的相对平均偏差。

五、评分标准

1. 总体要求

（1）考核时间为 7 h。

(2) 数据准确、精密度好、操作规范、较熟练、分析速度符合要求。

(3) 满分为 100 分，得 60 分为合格。

2. 项目分配及评分标准（见表卷—3）

表卷—3　　　　　　　　　　项目分配及评分标准

序号	项目及分配	评分标准							扣分情况记录	得分
1	标定标准滴定溶液浓度的允许差为（20分）	标定相对平均偏差≤（%）	0.3	0.4	0.5	0.6	>0.6			
		扣分标准（分）	0	5	10	15	20			
2	未知样准确度为（30分）	与准确值的相对偏差≤（%）	0.4	0.5	0.6	0.7	0.8	0.9	>0.9	
		扣分标准	0	5	10	15	20	25	30	
3	测定未知样浓度允许差为（10分）	相对平均偏差≤（%）	0.2	0.3	0.4	0.5	>0.5			
		扣分标准（分）	0	2.5	5	7.5	10			
4	完成测定时限为（6分）	超过时间≤	0	0：15	0：30	>0：30				
		扣分标准（分）	0	1	3	6				
5	操作分数为（30分）扣完为止，不进行倒扣	(1) 每个犯规动作扣0.5分，重复犯规，最多扣1分 (2) 称量最终数据，超出估算称量范围，每个扣2.5分 (3) 未知样每重称一次扣2.5分；基准试剂每重称一次扣5分 (4) 重新滴定（包括重称）一次扣5分 (5) 损坏仪器扣5分/件；定容过头或不到扣2分 (6) 滴定终点控制不当，用扣体积来校正，扣2分 (7) 若计算中未进行温度校正、滴定管体积校正，各扣2分 (8) 计算中有错误每处扣5分（与其相关的计算错误不累计扣分），原始记录中填写缺项、记录中不按规范改正、数据中有效位数不对、修约错误，每处（次）扣0.5分，计算结果缺项扣5分/项；原始记录不及时记录，每次扣1分。原始记录用其他纸张记录扣5分								
6	原始记录为（3分）	记录清洁、文字端正								
7	实验结束工作为（1分）	(1) 考核结束，容量仪器清洗不洁者扣1分 (2) 考核结束，堆放不整齐扣1分								
8	否决项	滴定管读数、称量的原始数据未经监考老师同意不可更改，否则本次考核做0分处理，并不予补考								

技能考核模拟试卷（二）

一、试题名称

用分光光度法测定混合液中 MnO_4^+ 和 Cr^{3+} 的含量。

二、准备单

1. 仪器设备（见表卷—4）

表卷—4　　　　　　　　　　　仪器设备

名称	规格	数量	名称	规格	数量
分光光度计（具可见光波长）		1/人	烧杯	150 mL	2/人
吸收池		1套/人	滴管		1/人
容量瓶	25 mL	10/人	洗耳球		1/人
分度吸管	10 mL	1/人	洗瓶	500 mL	1/人
玻璃仪器洗涤用具及洗涤用试剂					

2. 试剂材料（见表卷—5）

表卷—5　　　　　　　　　　　试剂材料

名称	规格	浓度	名称	规格	浓度
$K_2Cr_2O_7$ 溶液		30 μg/mL	擦镜纸		
$KMnO_4$ 标准溶液		0.30 mol/L	小方格作图纸		1张/人
$Cr(NO_3)_3$ 标准溶液		0.10 mol/L	原始记录		1/人
定性滤纸			现场考核记录		1/人

考核样：含有 $KMnO_4$ 和 $Cr(NO_3)_3$ 的混合样（考核样应有标准值，准备三种不同浓度的考核样）1份/人

注：未标明要求时，所用试剂均为分析纯，水为国家规定的实验室用水三级规格。

3. 考场准备

化学分析实验室、分光光度计仪器实验室。

4. 考生准备

记录用笔、计算器、直尺、曲线板、铅笔、工作服、准考证和身份证。

三、操作步骤

1. 标准溶液的配制

取 4 个 25 mL 容量瓶，分别加入 2.50、5.00、7.50、10.00 mL 的 $c(KMnO_4)=$

0.30 mol/L 的 $KMnO_4$ 标准溶液；另取 4 个 25 mL 容量瓶，分别加入 2.50 mL、5.00 mL、7.50 mL、10.00 mL 的 $c[Cr(NO_3)_3]$ = 0.10 mol/L 的 $Cr(NO_3)_3$ 标准溶液，均用水稀释至刻度，摇匀。

2. 未知样的配制

取两个 25 mL 容量瓶，分别加入未知样溶液 10.00 mL，用水稀释至刻度，摇匀。

3. 吸收池选择

用 30 μg/mL 的 $K_2Cr_2O_7$ 溶液来检验吸收池间读数误差，要求各吸收池间透光度之差不超过 0.5%。

4. 测定波长选择

取 1 中的 $KMnO_4$ 和 $Cr(NO_3)_3$ 各一份，以蒸馏水为参比，从 420~700 nm 每隔 20 nm 测一次吸光度（在吸收峰附近可多测几点）。绘制 MnO_4^- 和 Cr^{3+} 的吸收曲线并确定它们测定用的吸收波长。

5. 吸光度的测定

以蒸馏水为参比，在 MnO_4^- 和 Cr^{3+} 最大吸收峰波长处分别测定各标准溶液及未知样的吸光度。

四、数据处理及结果计算

1. 绘制出标准曲线，求出四条直线的斜率。
2. 计算出未知样中的 Mn^{7+} 和 Cr^{3+} 两种离子的含量（g/L）。
3. 计算出未知样中的 Mn^{7+} 和 Cr^{3+} 两种离子含量的相对平均偏差。

五、评分标准

1. 总体要求

（1）考核时间为 7 h。
（2）数据准确、精密度好、操作规范、较熟练、分析速度符合要求。
（3）满分为 100 分，得 60 分为合格。

2. 项目分配及评分标准（见表卷—6）

表卷—6　　　　　　　　项目分配及评分标准

序号	项目及分配	评分标准	扣分情况记录	得分
1	选择测定波长（5分）	选择 MnO_4^+ 和 Cr^{3+} 的测定波长不正确每个扣 2.5 分		

续表

序号	项目及分配	评分标准						扣分情况记录	得分
2	作图（5分）	图名称、作者、日期、坐标单位、终点不表示每少一项扣0.5分，每点错一点扣0.5分，二个弯头处点少、曲线不光滑每个弯头处扣1分，连线为折线扣1分，比例不协调、画粗线各扣1分，直到5分扣完不倒扣							
3	测定未知溶液的浓度的允许差为（5分×2=10）	相对平均偏差≤（%）	1.0	1.5	2.0	2.5	3.0	>3.0	
		扣分标准（分）	0	1	2	3	4	5	
4	测定未知样浓度的准确度（20分×2=40）	与准确值的相对偏差≤(%)	2.0	3.0	4.0	5.0	6.0		
		扣分标准（分）	3	7	11	15	20		
5	完成测定时限为（6分）	超过时间≤min	0	0：15	0：30	>0：30			
		扣分标准（分）	0	1	3	6			
6	操作分数为（30分）扣完为止，不进行倒扣	(1) 每个犯规动作扣0.5分，同一动作重复犯规最多扣2分 (2) 定容不准，每个扣2分 (3) 测定溶液重配一次扣2分 (4) 玻璃仪器未清洗干净，每件扣2分 (5) 仪器预热时间不到扣2分 (6) 不及时关光路扣1分，最多重复犯扣2分 (7) 溶液滴在仪器面板上或吸收池架内（仪器内）扣5分 (8) 吸收池不放垂直每次扣0.5分 (9) 计算中有错误，每独立一次扣5分（由于一次错影响到其他不再扣） (10) 原始记录中填写缺项、记录中不按规范改正、数据中有效位数不对或修约错误，每处（次）扣0.5分；计算结果缺项每项扣5分；原始记录不及时记录，每次扣1分。原始记录用其他纸张记录扣5分 (11) 损坏仪器每件扣5分								
7	原始记录为（2分）	记录清洁、文字端正							
8	实验结束工作为（2分）	(1) 实验结束，仪器不清洗扣1分 (2) 实验结束，堆放不整齐扣1分							
9	否决项	吸光度的原始数据未经监考老师同意不可更改，否则本次考核做0分处理，并不予补考							

附件一：

××××研究院检测中心
××及×××检验报告

SHSC/JL

3.1.1—2005

No

检验报告

产　品　名　称：_____

受检（委托）单位：_____

检　验　类　别：_____

××××研究院检测中心

声　明

1. 检验报告无检验单位公章（或检验专用章）无效。
2. 复制检验报告未重新加盖检验单位公章（或检验专用章）无效。
3. 检验报告无主检、审核、批准人签字无效。
4. 检验报告涂改无效。
5. 未经本实验室书面批准，不得部分复制检验报告。
6. 送样委托检验结果，仅对所送样品有效。
7. 对本检验报告若有抱怨，应于收到检验报告之日起十五日内向检验单位提出。

地址：××市×××路×××号　　　　　　电话：

邮政编码：　　　　　　　　　　　　　　传真：

电子信箱：

银行账号：　　　　　　××××研究院

　　　　　　　××××××××××××××

　　　　　　　　工行×支行××××分理处

　　　　　　　　汇款用途：写明××中心检验费

××××研究院检测中心

检 验 报 告　No

共3页第1页

产品名称		商标	
型号规格等级		生产工艺	
任务来源文号		检验类别	
受检（委托、经销）单位		配合式	
生产单位		样品编号	
抽样情况	地点		所抽批生产日期	年 月 日	批号	
	样本基数或批的吨位		包（吨）	样本数量或抽样量		包
	抽样方式			抽样日期		年 月 日
	抽（送）样人			到样日期		年 月 日
委托样品送样人		到样日期	年 月 日	样品数量	kg
检验依据 判定原则					
检验项目					
检测起讫日期					
检验结论	签发日期： 年 月 日				
备注					
受检单位地址		邮政编码	

批准：　　　　　　　　审核：　　　　　　　　主检：

批准人职务：□ 中心常务副主任
　　　　　　□ 中心副总工程师

××××研究院检测中心

检 验 报 告

检验结果汇总表　　No

共3页第2页

序号	检验项目名称	标准要求及标明值要求	检测结果	本项结论	备注
1					
2					
3					
4					
5	以下空白				
6					
7					
8					
9					
10					
11					
12					
13					
14					
15					
16					

××××研究院检测中心

检 验 报 告　　No

共3页第3页

检验用主要检测仪器名称型号						
检验环境条件						
分包检验情况	检验项目					
	分包实验室	名称		邮编		
		地址		电话		
样品特性状态观察						
检测情况其他说明						

附件二：

×××××× 厂质监科检验报告

No：××××

产品名称：液体无水氨

产品标准号（或检验依据）：GB 536—1988

批号_____ 批量_____

检验日期_____

分析检验数据

检验项目	指标		实测数据
	一等品	合格品	
外观	无色液体		
氨含量% ≥	99.8	99.6	
残留物含量% ≤	0.2	0.4	
结论			
备注	（应注明检验用的计量器具名称和编号）		

检验者： 复（审）核者： 批准者：

×××××× 厂质监科产品质量检验章